Forschung und Praxis

Band T 47

Berichte aus dem

Fraunhofer-Institut für Produktionstechnik und Automatisierung (IPA), Stuttgart

Fraunhofer-Institut für Arbeitswirtschaft und Organisation (IAO), Stuttgart

Institut für Industrielle Fertigung und Fabrikbetrieb (IFF) der Universität Stuttgart

Institut für Arbeitswissenschaft und Technologiemanagement (IAT) der Universität Stuttgart

Herausgeber: H.-J. Warnecke und H.-J. Bullinger

26. IPA-Arbeitstagung
22. und 23. November 1995

Fabrikstrukturen im Zeitalter des Wandels – welcher Weg führt zum Erfolg?

Herausgegeben von H.-J. Warnecke

Springer-Verlag Berlin Heidelberg GmbH 1995

Dr.-Ing. Dr. h.c. mult. H.-J. Warnecke
o. Professor an der Universität Stuttgart
Fraunhofer-Institut für Produktionstechnik und Automatisierung (IPA), Stuttgart

Dr.-Ing. habil. Dr. h.c. H.-J. Bullinger
o. Professor an der Universiät Stuttgart
Fraunhofer-Institut für Arbeitswirtschaft und Organisation (IAO), Stuttgart

ISBN 978-3-540-60722-9   ISBN 978-3-662-07163-2 (eBook)
DOI 10.1007/978-3-662-07163-2

Dieses Werk ist urheberrechtlich geschützt. Die dadurch begründeten Rechte, insbesondere die der Übersetzung, des Nachdrucks, der Entnahme von Abbildungen und Tabellen, der Funksendung, der Mikroverfilmung oder der Vervielfältigung auf anderen Wegen und der Speicherung in Datenverarbeitungsanlagen, bleiben, auch bei nur auszugsweiser Verwertung, vorbehalten. Eine Vervielfältigung dieses Werkes oder von Teilen dieses Werkes ist auch im Einzelfall nur in Grenzen der gesetzlichen Bestimmungen des Urheberrechtsgesetzes der Bundesrepublick Deutschland vom 9. September 1965 in der Fassung vom 24. Juni 1985 zulässig. Sie ist grundsätzlich vergutungspflichtig. Zuwiderhandlungen unterliegen den Strafbestimmungen des Urheberrechtsgesetzes.

© 1995 Springer-Verlag Berlin Heidelberg
Originally published by Springer-Verlag Berlin Heidelberg New York in 1995

Die Wiedergabe von Gebrauchsnamen, Handelsnamen, Warenbezeichnungen usw. in diesem Werk berechtigt auch ohne besondere Kennzeichnung nicht zu der Annahme, daß solche Namen im Sinne der Warenzeichen- und Markenschutz-Gesetzgebung als frei zu betrachten waren und daher von jedermann benutzt werden durften.

Sollte in diesem Werk direkt oder indirekt auf Gesetze, Vorschriften oder Richtlinien (z.B. DIN, VDI, VDE) Bezug genommen oder aus ihnen zitiert worden sein, so kann der Verlag keine Gewähr für Richtigkeit, Vollständigkeit oder Aktualität übernehmen. Es empfiehlt sich, gegebenenfalls für die eigenen Arbeiten die vollständigen Vorschriften oder Richtlinien in der jeweils gültigen Fassung hinzuzuziehen.

Grafische Gestaltung: IPA

Vorwort

Unternehmen stehen heute vor einer Entwicklungs- bzw. Wachstumsschwelle, die durch den gesellschaftlichen Wandel geprägt wird. Entscheidungen, die jetzt getroffen werden, sind für den Werdegang und die weitere Entwicklung des Unternehmens sehr wichtig. Insbesondere die Standortdiskussion bzw. die Beantwortung der Frage „Neubau oder Umstrukturierung" ist von weitreichender Bedeutung.
Herausragende Personen aus Wirtschaft und Forschung geben zu diesem Thema Impulse und Entscheidungshilfen und berichten aus der Praxis.
Ich wünschen der Tagung „Fabrikstrukturen im Zeitalter des Wandels – welcher Weg führt zum Erfolg?" gutes Gelingen und freue mich, Sie im November in Stuttgart begrüßen zu dürfen.

Stuttgart, im November 1995

Prof. Dr.-Ing. Dr. h.c. mult. H.-J. Warnecke

Inhalt

Marktorientiertes Produzieren in dynamischen Strukturen   9
Engelbert Westkämper

Modulare Fabrikstrukturen in der Automobilproduktion   23
Adolf Klauke

Unternehmenskultur leben und weitergeben   43
Reinhold Würth

Gestaltung logistikgerechter Fabrikstrukturen: Simultane Entwicklung von Fabriklayout und Steuerungskonzept bei einem KFZ-Zulieferer   59
Hans-Peter Wiendahl

Neuplanung versus Revitalisierung von Fabriken   85
Siegfried Wirth

Die Fabrik auf der grünen Wiese: Wie planen und realisieren?   109
Michael Mezger

Statt Reißbrett: Simulationsgestützte Planung neuer Werke für die Behandlung und Instandhaltung der ICE-Züge im Jahr 2000   125
Richard Spieß

Dynamische Werkstrukturen: Der Weg zur rechtlich selbständigen Fertigung am Beispiel der Carl Schenck AG   147
Gerhard Engelken

Form follows flow – die Fabrik der Zukunft als Innovationszentrum   165
Gunther Henn

Strategien für die Produktion im 21. Jahrhundert   195
Bernd-Dietmar Becker

Betriebszweig »Reduktion«: »Missing-Link« auf dem Weg zum Materialkreislauf   223
Dirk Althaus

Marktorientiertes Produzieren in dynamischen Strukturen

Engelbert Westkämper

Marktorientiertes Produzieren in dynamischen Strukturen

Prof. Dr.-Ing. Dr. h.c. Engelbert Westkämper

Fraunhofer-Institut für Produktionstechnik
und Automatisierung (IPA)

Institut für Industrielle Fertigung
und Fabrikbetrieb (IFF)
der Universität Stuttgart

Einführung

Im letzten Jahrzehnt unseres Jahrtausends befinden wir uns in einem extremen Umbruchprozeß. Die Bedingungen, unter denen Unternehmen auf den Märkten agieren und sich behaupten müssen, verändern sich so nachhaltig und in so vielen Dimensionen gleichzeitig, wie es bisher nie der Fall war. Nicht nur Neuigkeiten im herkömmlichen Sinne, sondern einschneidende Veränderungen, unerwartete Situationen, Turbulenzen und Bestürzung prägen das heutige Erscheinungsbild von Politik, Gesellschaft, Wirtschaft und auch jeder einzelnen Person am Standort Deutschland.

Die Globalisierung der Märkte schreitet immer weiter fort, was die internationale Wettbewerbssituation zusehends verschärft. Durch Währungsschwankungen und andere unvorhersehbare Ereignisse wie Umwelt- oder Naturkatastrophen können Nachfrageschwankungen entstehen, die eine sehr kurzfristige Anpassung der Kapazitäten nach sich ziehen. Durch neue Technologien und Materialien ergeben sich unter Umständen Wettbewerbsimpulse, die eine Dynamisierung der Produktionsstrukturen notwendig machen.

Vor diesem Hintergrund wird deutlich, daß wir gegenwärtig an der Schwelle zu einem neuen Verständnis von Unternehmensorganisation stehen, welches die Turbulenz der Umfeldbedingungen nicht ignoriert oder auszugrenzen versucht, sondern die Vielschichtigkeit und Unvorhersagbarkeit des Geschehens bewußt akzeptiert.

Die Realisierung eines neuen Bewußtseins im Unternehmen kann mit Sicherheit nicht pauschalisiert werden; es können aber Wege zu einer zukunftsorientierten Unternehmensstruktur aufgezeigt werden. Angesprochen werden soll hierbei ein Orientierungsrahmen mit grundlegenden Aspekten, zu beachtenden Randbedingungen und aktuellen Strömungen sowie einsetzbaren Techniken, Methoden und Instrumenten, die eine zeitgemäße und möglichst optimale Gestaltung unserer Fabriken wirkungsvoll unterstützen.

Organisation, Technik und Logistik sollen zusammen die Forderung nach einem optimalen Kundenbezug erfüllen. Oberste Prämisse soll sein: "Kundenbezug bis in die Werkstatt!"

Die Gestaltung von flexiblen Produktionsstrukturen ist in diesem Zusammenhang von grundlegender Bedeutung. Verschiedene Beispiele aus der Praxis sollen die Machbarkeit dieser Ausführungen verdeutlichen und belegen.

Überleben und gewinnen am Standort Deutschland

In immer neuen Presseberichten und Mediendarstellungen werden Qualität und Wettbewerbsfähigkeit des Industriestandortes Deutschland kritisch beleuchtet. So vermeldet beispielsweise das Handelsblatt vom 5.9.1995 unter Berufung auf den "World Competitiveness Report" der Lausanner Manager-Hochschule IMD Verluste an internationaler Wettbewerbsfähigkeit gleich in mehreren ausschlaggebenden Bereichen wie der Qualität des Managements oder dem Faktor Arbeit. Der SPIEGEL vom 11. September verweist in einem mehrseitigen Beitrag ("Die Jobs wandern aus." SPIEGEL 37/1995) auf den ständig zunehmenden Export von Arbeitsplätzen, zu dem deutsche Unternehmen durch die schlechten ökonomischen Randbedingungen gezwungen sind. Wie so oft werden als Hauptursachen die starren Arbeitszeiten und die unverhältnismäßig hohen Lohnnebenkosten angeführt.

Die Argumente sind bekannt, die Lösungen dagegen nicht. Sicher ist nur, daß auf schnelle Effekte zielende Reorganisationen eher das Gegenteil dessen bewirken, was sie eigentlich bezwecken sollen: Eine Straffung der Prozesse am heimischen Standort führt zumeist zu einer Auslagerung zusätzlicher Wertschöpfungsbereiche in die aufstrebenden Länder Osteuropas und Ostasiens, die ihrerseits wachsende Märkte bei kostenseitig günstigeren Bedingungen bieten (siehe Abb. 1).

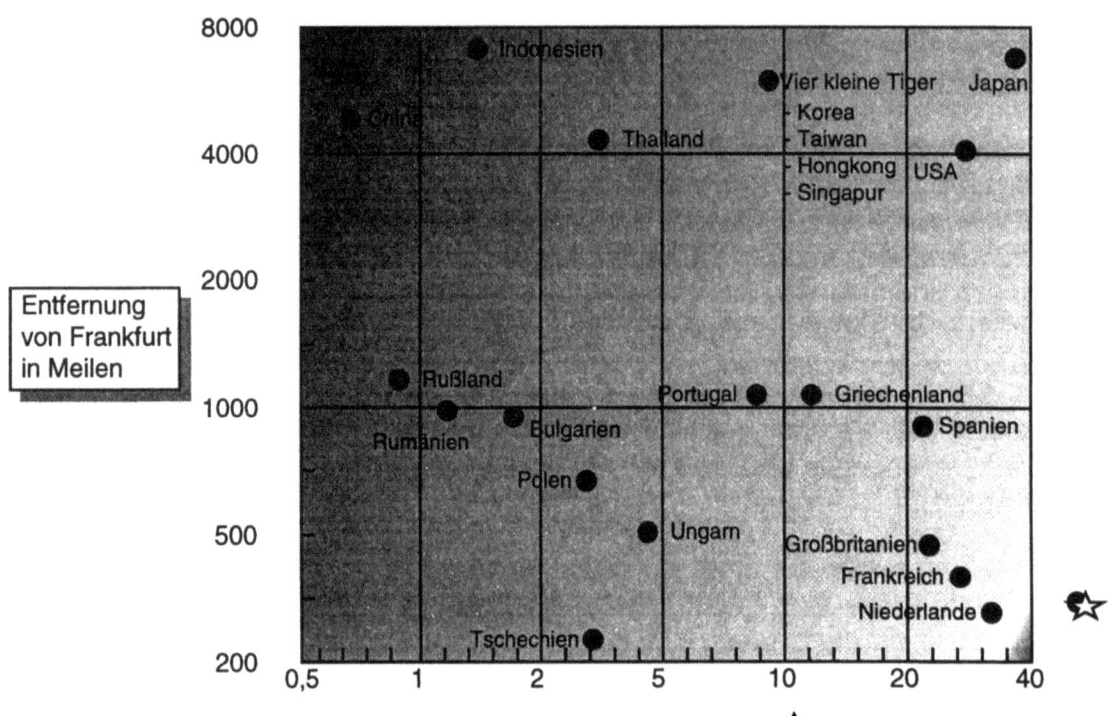

Quelle: iwd, Nr. 25/1995 + 9/1995   Arbeitskosten 1993 (DM/h), ☆ Deutschland: 42,66 DM/h

Abb. 1:   Wettbewerber der Wertschöpfung für Deutschland

Erfolgsfaktor "Hochleistungsorganisation" - Beherrschen von Grenzbereichen

Um unter diesen Bedingungen wettbewerbsfähig zu bleiben, bedarf es einer "Hochleistungsorganisation", die es beherrscht, sich im Grenzbereich einer sicheren Prozeßführung zu bewegen (siehe Abb. 2).

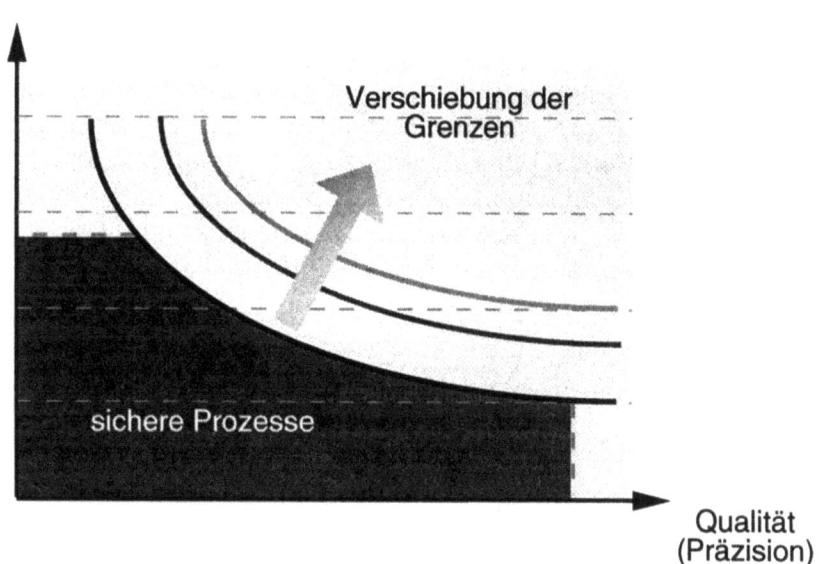

Abb. 2: Sichere Prozeßführung im Grenzbereich von Leistung und Qualität

Hohe Leistung und hohe Qualität scheinen sich grundsätzlich gegenseitig auszuschließen. Je höher wir einen Prozeß in den Grenzbereichen von Leistung und Qualität betreiben, umso unsicherer wird er. Gelingt es allerdings, Prozesse mit hoher Leistung zu betreiben und dabei gleichzeitig sofort die Endqualität zu erreichen, so können hohe Einsparungen an Bearbeitungszeit und -kosten erzielt werden.

Innerhalb dieser Thematik kann der Begriff der Qualität weiter gefaßt werden. Es geht nicht nur um die tatsächliche Qualität der Produkte am Ende der Produktionskette, es geht um die Qualität der Arbeit in jeder Prozeßstufe, in der Prozeßkette, an jedem Arbeitsplatz und bei jeder Tätigkeit im Betrieb. Qualität ist das, was der jeweilige Abnehmer eines Produktes oder einer Dienstleistung darunter versteht. Die Zufriedenheit des Kunden - des internen wie des externen - ist somit das Ziel der Tätigkeiten in der gesamten Kette der Auftragsabwicklung. Ein Merkmal der Qualität ist die perfekte Lieferung der Leistung zum gewünschten Termin an den Verwendungsort. Es ist klar, daß diese Art der perfekten Leistung zu einer neuen Qualität der innerbetrieblichen und außerbetrieblichen Logistik und zu einem anderen Leistungsgrad führen muß.

Durch Wissen zum Erfolg - Die lernfähige Organisation

Trotz aller Schwierigkeiten schaffen es doch eine ganze Reihe deutscher Unternehmen auf den turbulenten Weltmärkten, erfolgreich zu sein. Das Alleinstellungsmerkmal gegenüber den Wettbewerbern ist dabei in vielen Fällen das überlegene Wissen: Entweder gelingt es, Standorte mit schwer kopierbaren Wissenskomponenten anzureichern, oder das für den Herstellungsprozeß selbst notwendige Wissen ist an anderen Standorten so nicht verfügbar. In beiden Fällen tritt das Wissen als essentielle Ressource der betrieblichen Wertschöpfung in Erscheinung. Um so erstaunlicher ist, mit welcher Nachlässigkeit nach wie vor mit dieser Schlüsselressource umgegangen wird. Beim Wissensmanagement werden Ineffizienzen in Kauf genommen, die beispielsweise bei der Materialwirtschaft undenkbar wären. Der Preis ist letztlich ein Verlust der Fähigkeit zu permanenten Produkt- und Prozeßinnovationen. Stärkung der Wertschöpfung heißt darum auch Stärkung der Innovationsfähigkeit durch effizientes Wissensmanagement. Das Prinzip des Wissensmanagements kann am Modell des industriellen Lernsystems verdeutlicht werden (siehe Abb. 3).

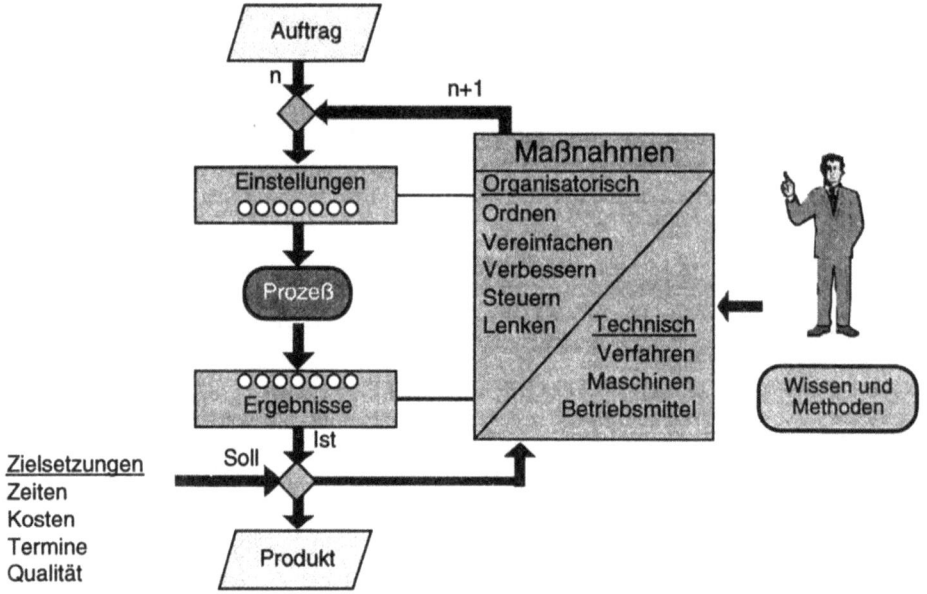

Abb. 3: Das industrielle Lernsystem

Das Optimieren eines Fertigungsablaufes, das Führen eines Prozesses oder einer Prozeßkette im sicheren Bereich, aber auch das Reagieren auf Fehler und Störungen und das Beseitigen von Verschwendung jeglicher Art im laufenden Betrieb, sind Formen des industriellen Lernens. Das industrielle Lernen entsteht durch Beobachtung und Analyse von Prozessen und durch Reaktionen, welche im Sinne der konkreten Zielsetzungen zu Verbesserungen führen. Es ist somit ein stetes Verbessern unter Festlegung strenger Zielkriterien. Das Verbessern geschieht in einer turbulenten und komplexen Umgebung mit ständig wechselnden Einflußgrößen und Faktoren. Durch Ordnen, Systematisieren, durch Steuern und Lenken sollen Wege gefunden werden, welche zur kontinuierlichen Leistungssteigerung beitragen.

Die wandelbare Fabrik - Gestaltung flexibler Produktionsstrukturen durch dynamisches Produktionsmanagement

Das industrielle Lernsystem ist die Grundlage des dynamischen Produktionsmanagements. Die turbulente Umgebung einer Fabrik ist gekennzeichnet durch Nachfrage, Preise, Leistungen, Qualitäten und Termine. In starren Produktionsstrukturen bleibt die aktuelle und tatsächliche Marktsituation weitestgehend unberücksichtigt. Gemäß der Unternehmensorganisation zeigen Verbesserungsmaßnahmen ein lineares Verhalten.

Im Gegensatz dazu zeigt Abb. 4 ein dynamisches Produktionsmanagement. Das Marktverhalten ist dabei weitestgehend analysiert und erweist sich nicht als lineare Struktur. Veränderungen und Turbulenzen bezüglich der Marktparameter führen hier zur sofortigen Reaktion und Aktion im dynamischen Produktionsmanagement. Basis der unternehmerischen Beweglichkeit sind flexible Produktionsstrukturen wie autonome Zellen, Segmente mit Marktbezug, variable Prozeßketten, Lernfähigkeit und Produktionsnetzwerke.

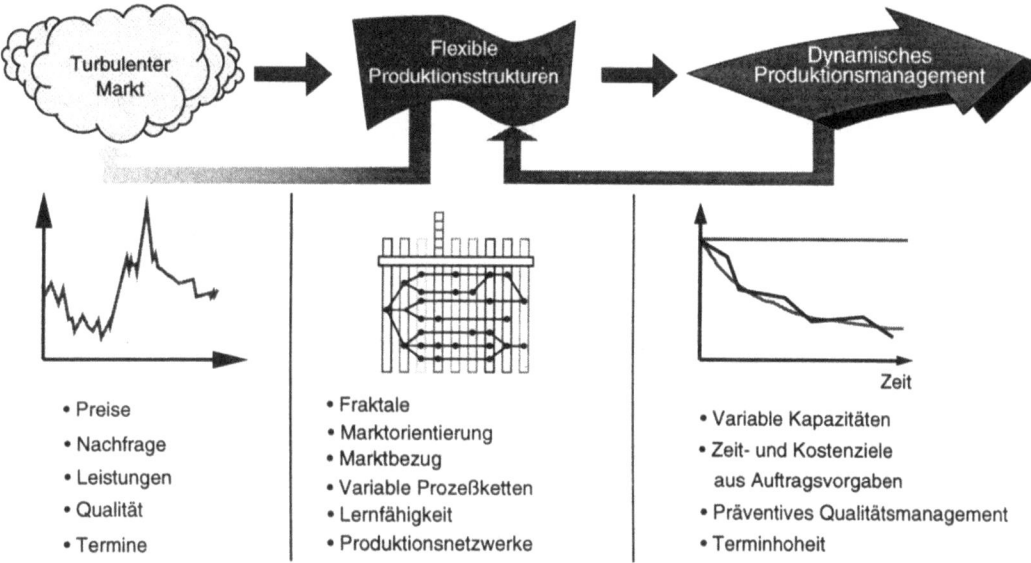

Abb. 4: Dynamisches Produktionsmanagement im turbulenten Umfeld

Das Leitbild oder die Vision der Produktion der Zukunft kann nur ein Modell sein, welches unmittelbar auf die sich ändernden Rahmenbedingungen, Produktionsaufgaben, Technologien und Ressourcen reagiert. Es muß geprägt sein durch einen Prozeß des ständigen industriellen Lernens und dabei die Produktivität, Flexibilität, Qualität, Rentabilität und Umweltverträglichkeit als Leistungskriterien heranzuziehen. Es ist nicht nur das Bild des kurzfristig agierenden und agilen Unternehmens, sondern das eines wohl organisierten und dezentralisierten Unternehmens mit einem Höchstmaß an Effizienz und Eigenverantwortung in seinen einzelnen Organen. Es lehnt sich sozusagen an das Bild lebender Wesen bzw. Organismen an, auf dem auch die Philosophie des Fraktalen Unternehmens beruht.

Aus der Erkenntnis heraus, daß wir in Deutschland nicht dadurch wettbewerbsfähig werden, daß wir andere Produktionsphilosophien übernehmen oder adaptieren d.h. reagieren, sondern einen eigenen Weg suchen müssen, entwickelte Warnecke das Modell der Fraktalen Fabrik.

Ein Fraktal ist eine selbständig agierende Unternehmenseinheit, deren Ziele und Leistungen eindeutig beschreibbar sind.

Selbstähnlichkeit	Fraktale sind aus ähnlichen Elementen und Beziehungen modular aufgebaute Teilsysteme
Selbstorganisation	Fraktale betreiben Selbstorganisation - die Abläufe werden mittels angepaßter Methoden optimal organisiert
Selbstoptimierung	Fraktale formulieren ihre Ziele, bilden sich um, entstehen neu und lösen sich auf
Zielorientierung	Das Zielsystem ist widerspruchsfrei und muß der Erreichung der Unternehmensziele dienen
Dynamik	Fraktale sind über ein Informations- und Kommunikationssystem vernetzt. Sie bestimmen selbst über Art und Umfang ihres Zugriffes.

nach H J Warnecke

Abb. 5: Merkmale des Fraktalen Unternehmens

Abb. 5 zeigt die wesentlichen Merkmale dieser Philosophie. Die Grundprinzipien der Selbstähnlichkeit, der Selbstorganisation und Selbstoptimierung erhöhen die Dynamik und Vitalität einzelner Organisationen der Unternehmen. Diese Philosophie kann mit Elementen des industriellen Lernens kombiniert in der Tat zu einer nachhaltigen Verbesserung von Leistung und Effizienz führen. Warnecke erkannte aber auch, daß derartige Fraktale in ein unternehmensweites Ziel- und Kommunikationssystem eingebunden werden müssen, um die einzelnen Aktivitäten zu harmonisieren. Hier setzt ein neues Konzept an, welches auch moderne Lösungen der Informations- und Kommunikationstechnik systematisch nutzt.

Moderne Methoden der Informationstechnik erlauben den unmittelbaren Austausch von Informationen zwischen Kunde und Hersteller. Produkte können auf diese Weise unmittelbar zwischen diesen beiden Parteien spezifiziert und definiert werden. Dabei lassen sich durchaus dislozierte Datenbanken, wissensbasierte und lernfähige Systeme und selbst die virtuelle Realität als Mittel einsetzen. Hier entsteht die Produktnachfrage und der einzelne Kundenauftrag. Marktbeobachter registrieren die Veränderung der Nachfrage in Verbindung mit Marketingstrategien. Kundenberatung und Dienstleistung erfolgen ebenso über Netzwerke wie die Angebots- und Auftragsbearbeitung. Im Verhältnis Hersteller-Kunde entwickelt sich so eine neue Qualität der Beziehung. Es liegt nahe, die Versorgung des Marktes und der Kunden rein auftragsbezogen abzuwickeln.

Abb. 6: Markt- und kundenorientierte Produktion in offenen Netzwerken

Die Abb. 6 zeigt schematisch, wie sich Unternehmen auf diese Weise zu dynamischen und extrem flexiblen Strukturen entwickeln. Einzelne autarke Elemente oder Fraktale werden in Prozeßketten integriert. Das Auftragsmanagement stellt die Integration zwischen Hersteller und Kunde sowie zwischen den einzelnen Elementen über offene Netzwerke sicher. Die Montage wird extrem markt- und kundennah disponiert. Zwischen Montage und Vorfertigung bzw. den Vorlieferanten entsteht eine neuartige Kunden-Hersteller-Beziehung. Konstruktion und Fertigung werden systemtechnisch vollständig integriert. Marktbeobachter analysieren kontinuierlich die Nachfrage und die voraussichtlichen Anforderungen an Art, Qualität, Menge und Preis der herzustellenden Produkte. Beschaffungsbeobachter analysieren permanent potentielle Quellen für die Deckung des Produktionsbedarfs. Alle Elemente sind in Informations-Netzwerken miteinander verbunden.

In der Konsequenz müssen Unternehmen ihre Flexibilität abermals erhöhen. Um auf Kundenaufträge unmittelbar zu reagieren, benötigen die Unternehmen vor allem eine hohe Beweglichkeit in den Produktvarianten, den Produktionstechnologien und den Produktionskapazitäten. Die Prozeßketten von der Konstruktion und Fertigung bis zur Montage werden direkt betroffen. Die Auftragsabwicklung benötigt prozeßkettenorientierte Hilfsmittel, die durch Kommunikationssysteme unterstützt werden. Die Fertigung und Montage ist auf Konzepte auszurichten, in denen die Kapazitäten kurzfristig je nach Auftragslage und Auftragszusammensetzung kurzfristig verändert werden können.

Im Hinblick auf eine Flexibilisierung der Kapazitäten erscheint die Öffnung der Produktionsnetzwerke ein sinnvoller Weg. Es ist vorstellbar, daß Bedarfe mit kurzfristigen Terminen am Beschaffungsmarkt gemakelt werden. Hieran kann jeder teilnehmen, der die dafür erforderlichen Voraussetzungen bietet: Kommunikationsschnittstellen, Null-Fehler-Produktion, Flexibilität bezüglich der

Fertigungsaufgaben. Die Produktionsstrukturen entwickeln sich so zu offenen Systemen mit variablen Konzepten und hoher Agilität. Der Systemführer steuert den Beschaffungsmarkt über Beschaffungsmarktbeobachter. Die Schnittstellen zwischen Zulieferer und Abnehmer entwickeln sich durch die Kommunikationstechnik in analoger Weise wie die zuvor genannten Schnittstellen zwischen Hersteller und Kunde.

Wir stehen heute am Beginn dieser Entwicklung. Sie wird geprägt durch eine absolute Kundenorientierung der Unternehmen und durch die sich ständig steigerndeNutzung der Informations- und Kommunikationstechnik. Voraussetzung sind kurzfristig veränderbare Produktionskonzepte und eine Integration der Geschäftsprozesse in Prozessketten. Diese marktorientierten Konzepte werden demjenigen Vorteile geben, der lange Wege vermeidet und in unmittelbarer Kundennähe produziert und vertreibt. Die Fabriken erhalten damit erneut ein anderes Gesicht. Sie müssen Layout und Struktur kurzfristig verändern können. Sie benötigen sichere aber vollständig integrierte Fertigungs- und Montagesysteme. Sie benötigen Mitarbeiter, die sich sehr weit mit dem Unternehmen identifizieren und der Motivation, stets an der Spitze zu stehen. Vor allem aber müssen die Systeme der Produktionsplanung und -steuerung dynamisiert und unter Verwendung der Kommunikationstechnik dezentralisiert werden. In dieser Welt der Marktorientierung haben Systeme, die Dienst nach Vorschrift verlangen, keine Zukunft.

Als letzter Gesichtspunkt der Entwicklung bleibt, daß auch die Deproduktion, d.h. die Instandhaltung, die Demontage, die Aufbereitung und schließlich das Recycling ebenfalls in die dynamischen Produktionsnetzwerke integrierbar sind. Für die Deproduktion müssen Informationen bereitgestellt werden, die aus der Produktion stammen. Informationssysteme bilden die Klammer ,die die Elementen dieser zukunftsorientierten Produktionssysteme zusammenhalten. Erst dadurch lassen sich die Materialkreisläufe real schließen und ein systematischer Schutz natürlicher Ressourcen entwickeln.

Zusammenfassung

Der sich ständig beschleunigende Wandel aller Umfeldbedingungen und Standortparameter ist für viele Unternehmen in Deutschland eine bedrohliche Neuerung. Sie müssen sich in einem Netzwerk zunehmend komplexer werdender Abhängigkeiten und Randbedingungen zurechtfinden. Eine kurzfristige Straffung der Prozesse am heimischen Standort führt jedoch oft nur zu einer weiteren Auslagerung unserer Wertschöpfungsbereiche in kostengünstigere Länder.

Um unter diesen Bedingungen den Standort Deutschland wettbewerbsfähig zu halten, bedarf es einer "Hochleistungsorganisation", die in der Lage ist, hohe Qualität mit hoher Leistung zu verbinden. Hierbei ist unter Qualität das zu verstehen, was die Bedürfnisse der jeweiligen Abnehmer eines Produktes oder einer Dienstleistung am besten befriedigt.

Die Schlüsselressource, mit der es eine ganze Reihe deutscher Unternehmen doch schafft, auf dem turbulenten Weltmärkten erfolgreich zu sein, ist überlegenes Wissen: Stärkung der Wertschöpfung heißt darum auch Stärkung der Innovationsfähigkeit durch effizientes Wissensmanagement. Das Prinzip des dynamischen Produktionsmanagements kann am Modell des industriellen Lernsystems verdeutlicht werden, bei welchem der aktuelle Wissensstand des Unternehmens kontinuierlich erhöht wird.

Daraus abgeleitet ist die Gestaltung flexibler Produktionsstrukturen durch dynamisches Produktionsmanagement. Hierbei wird versucht, die turbulente Umgebung einer Fabrik in Nachfrage, Preis, Leistung, Qualität und Terminen möglichst weitgehend zu berücksichtigen.

Durch marktorientiertes Produzieren in dynamischen Strukturen haben Unternehmen auch in der heutigen schnellebigen Zeit und unter den herrschenden Bedingungen die besten Voraussetzungen, um am heimischen Standort zu bestehen.

Literatur

Warnecke, H.-J.	Aufbruch zum Fraktalen Unternehmen, Springer-Verlag, Berlin Heidelberg, 1995
Westkämper, E.	Mit leistungsfähigen Technologien Werkstücke mit hoher Präzision fertigen. In: Hohe Prozeßsicherheit, Hohe Leistung, Hohe Präzision Essen, Vulkan-Verlag 1993
Sihn, W. Vollmer, E.	"Den Quantensprung zur Hochleistungsorganisation schaffen", Zeitschrift für Logistik 6/95, Zürich, Industrie Verlag AG,1995
Wildemann, H.	Die Modulare Fabrik - Kundennahe Produktion durch Fertigungssegmentierung, München, gfmt, 1988
Westkämper, E.	Intelligente Werkzeugmaschinen für die Produktion 2000, Düsseldorf, VDI-Z, 1993
Westkämper, E.	Durch industrielles Lernen die Leistung der Produktion steigern, (HOB) 11/93, AGT Verlag Thum, 1993

Modulare Fabrikstrukturen in der Automobilproduktion
Adolf Klauke

Modulare Fabrikstrukturen in der Automobilproduktion

- Praxisbeispiele -

Dr.-Ing. A. Klauke

Volkswagen AG

Wolfsburg

November 1995

Modulare Fabrikstrukturen in der Automobilproduktion

Inhalt

1   **Einleitung**

2   **Ideen für die "Grüne-Wiese-Planung"**

2.1   Leitlinien der modularen Fabrikstruktur

2.2   Verantwortung entlang der Prozeßkette

2.3   Layout einer modularen Fabrik

2.4   Planungsansätze prozeßorientierter Fabrikstruktur

2.5   Material- und Informationsfluß am Beispiel Modul Cockpit

3   **Umsetzung der Ideen in einer neuen Fahrzeugmontage**

4   **Einführung modularer Fertigungsstrukturen in einer vorhandenen Fabrik**

4.1   Fabrik in der Fabrik

4.2   Modulare Strukturierung der Montage

5   **Ausblick**

1 Einleitung

Der Wettbewerb in der Automobilindustrie wird zunehmend anspruchsvoller. Die Anforderungen an die Fahrzeughersteller haben sich grundlegend geändert. Konnten die Automobilproduzenten bisher dem Markt die Produkte diktieren, so ist heute der Kunde der bestimmende Faktor. Diese, im Prinzip triviale Feststellung, hat jedoch revolutionäre Auswirkungen auf die gesamte Prozeßkette und die Unternehmenskultur. Um erfolgreich im Wettbewerb zu bestehen, muß das Kunden-Lieferanten-Prinzip durchgängig entlang der Prozeßkette umgesetzt werden. Dies läßt sich durch eine Strukturierung des Unternehmens in eigenständige, sich selbst organisierende und optimierende Unternehmenseinheiten realisieren. Ein Baustein dieser ganzheitlichen Betrachtung ist die modulare Fabrikstruktur. Im folgenden Beitrag werden Lösungsansätze und Praxisbeispiele aufgezeigt.

2 Ideen für die "Grüne-Wiese-Planung"

2.1 Leitlinien der modularen Fabrikstruktur

Kennzeichnend für die Planung neuer Fabrikstrukturen war in der Vergangenheit eine separate Betrachtung von Fertigung und Logistik. Dabei kristallisierten sich Suboptima der jeweiligen Bereiche heraus.

Durch die ungenügende Berücksichtigung einer ganzheitlichen Sichtweise in der Planungsphase wurde kein Gesamtoptimum entlang der Prozeßkette erzielt.

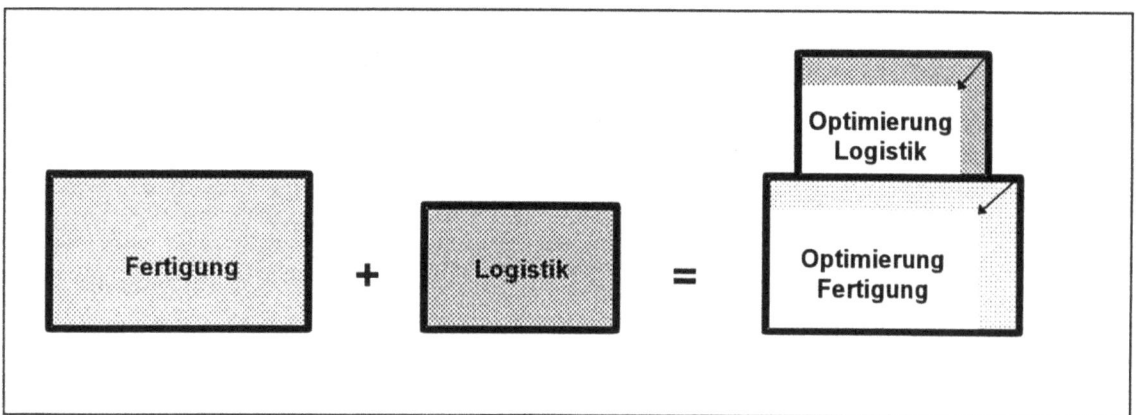

Bild 1: Traditionelle Planung neuer Fabrikstrukturen

- Trennung Lagerbereiche / Fertigung --> lange Transportwege

- Produktionssynchrone Anlieferungen: Anlandung nicht immer direkt am Einbauort

- Keine optimalen Erweiterungsmöglichkeiten für quantitatives und qualitatives Wachstum

- Keine optimalen Erweiterungsmöglichkeiten für höhere Fertigungstiefen

Die Module werden in unterschiedliche Kategorien eingeteilt.

Module 1. Ordnung

Module 1. Ordnung sind Zusammenbauten, die direkt in die Karosserie eingebaut werden können, z. B. Cockpit.

Module 2. Ordnung

Module 2. Ordnung sind Zusammenbauten, die in ein Modul 1. Ordnung eingebaut werden können, z. B. Fußhebelwerk.

Module n. Ordnung

Module n. Ordnung sind Zusammenbauten, die als Einheit in ein Modul höherer Ordnung eingebaut werden können, z. B. Gaspedal.

2.2 Verantwortung entlang der Prozeßkette

Ein Grundprinzip der modularen Fabrikstrukturierung ist die möglichst durchgängige Organisation der Verantwortung entlang der Prozeßkette.

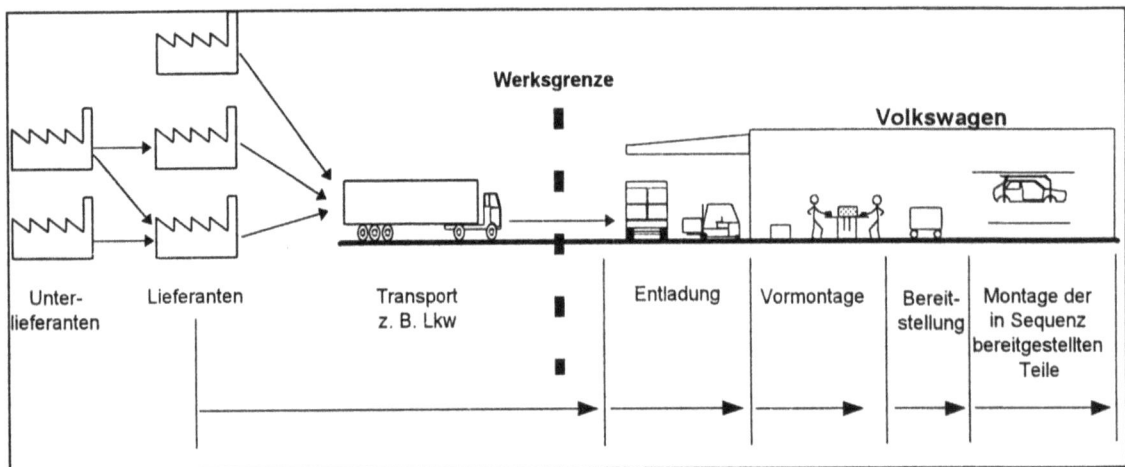

Bild 2: Organisation der Verantwortung entlang der Prozeßkette

Das Team einer Fertigungseinheit ist ergebnisverantwortlich. Es verantwortet auch die Logistikkette der anzuliefernden Komponenten der Module.

Jede Einheit der Prozeßkette versteht sich als Kunde der vorgeschalteten, sowie als Lieferant der nachfolgenden Einheit.

2.3 Layout einer modularen Fabrik

Bei der Layoutgestaltung hat die Anordnung der Module höchste Priorität. Um kurze Material- und Informationsflüsse zu gewährleisten, wird die Fabrik nach dem "form follows flow"-Prinzip konzipiert.

Beispielhaft sei hier die dezentrale Anordnung der Logistikflächen dargestellt, wodurch die Strukturierung der gesamten Fabrik in Einzelfabriken transparent wird.

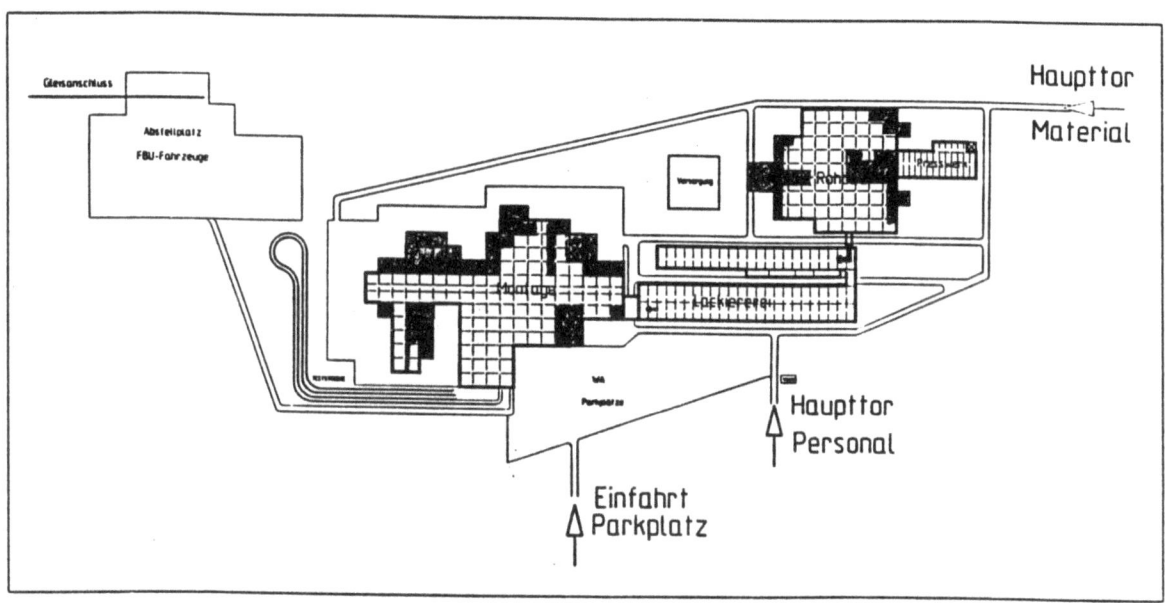

Bild 3: Generallayout einer modularen Fabrik

Die Anordnung der Module, die Gestaltung des Baukörpers sowie die Freiflächen außerhalb der Produktionshallen lassen ein Wachsen der Fabrik, z. B. bei Stückzahlerhöhungen, in fast alle Richtungen zu.

2.4 Planungsansätze prozeßorientierter Fabrikstruktur

Eine prozeßorientierte Gestaltung der Fabrikstruktur unter Einbeziehung der Lieferantenbeziehungen erfolgt nach folgenden Grundsätzen:

- Montagefläche der Kernfertigung zentral
- Vormontage im Materialfluß
- Materialfluß von außen nach innen
- Dezentrale Material-Anlandung

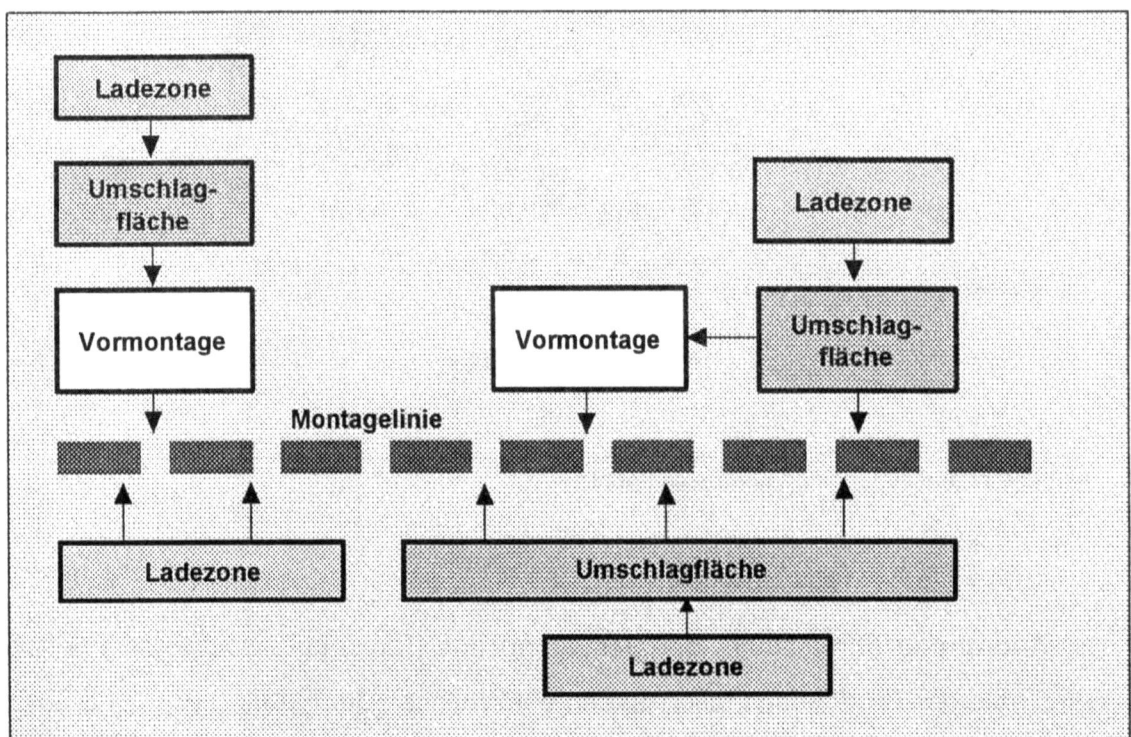

Bild 4: Prozeßorientierte Fabrikstruktur

Dabei ergibt sich eine dezentrale Anordnung der Logistikflächen.

2.5 Material- und Informationsfluß am Beispiel Modul Cockpit

Um kurze Materialflüsse zu gewährleisten, ist eine räumliche Nähe von Materialumschlagplätzen, Submodulfertigung, Modulmontage und Verbauort im Fahrzeug erforderlich.

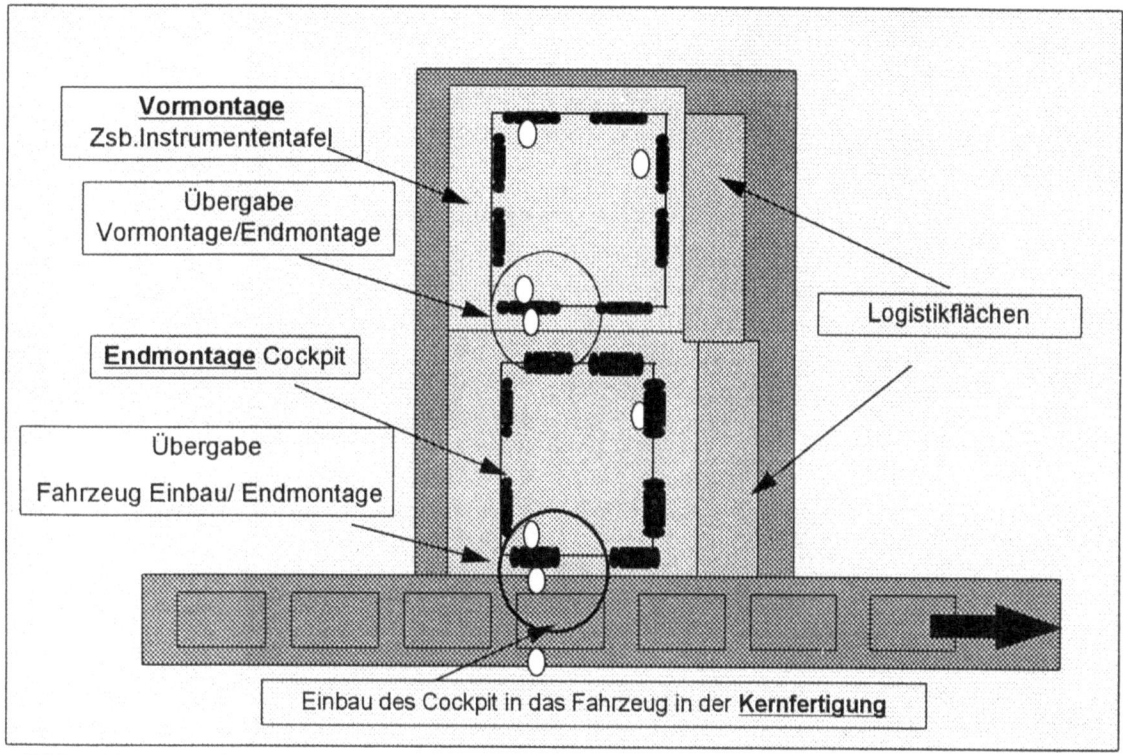

Bild 5: Modul Cockpit

Durch den direkten Kontakt von Lieferanten und Kunden entlang der Prozeßkette ergeben sich extrem kurze Kommunikationswege. Neben der EDV-gestützten Fertigungssteuerung basiert der Informationsfluß zwischen Vormontage, Endmontage und Kernfertigung im wesentlichen auf verbaler Kommunikation. Dadurch werden kurze Reaktionszeiten der Qualitätsregelkreise erreicht.

3 Umsetzung der Ideen in einer neuen Fahrzeugmontage

Basierend auf der "Grüne-Wiese-Planung" wird zur Zeit eine Montagehalle für ein neues Fahrzeugmodell realisiert. Die Fahrzeugmontage wird in sieben Module plus Kernfertigung gegliedert.

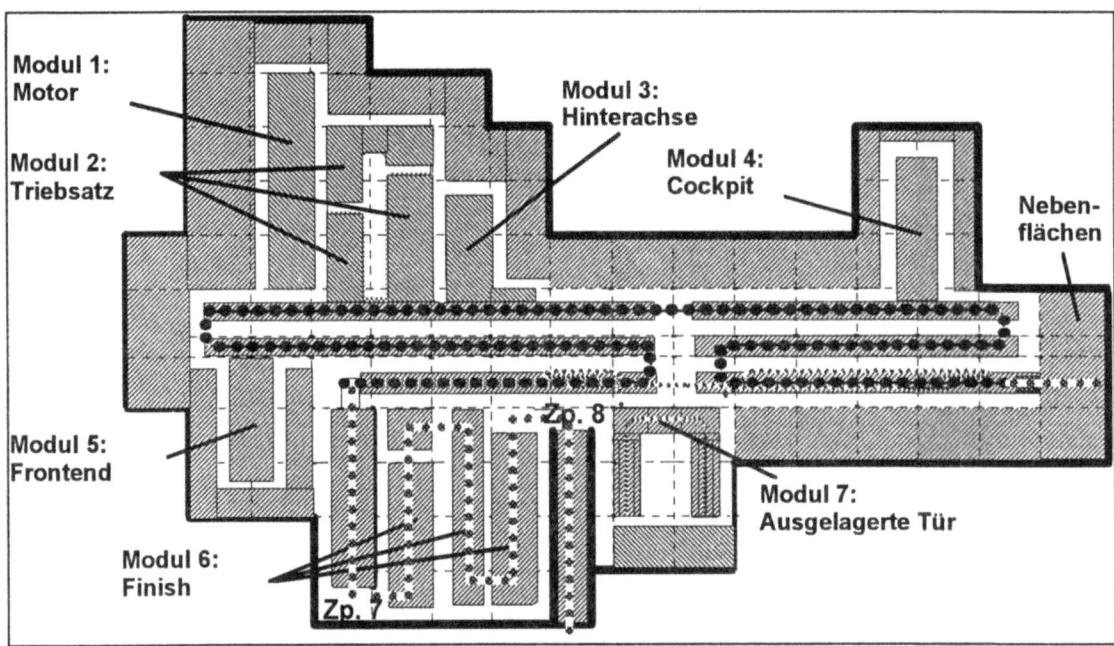

Bild 6: Layout neue Fahrzeugmontage

Aufgrund der Modularisierung können sowohl interne als auch externe Betreiber für die Module eingesetzt werden.

Der dadurch initiierte Wettbewerb erschließt zusätzlich zur prozeßorientierten Hallenstruktur weitere Einsparpotentiale.

4 Einführung modularer Fertigungsstrukturen in einer vorhandenen Fabrik

4.1 Fabrik in der Fabrik

Im Gegensatz zur modularen Strukturierung einer neuen Fabrik, ergeben sich für eine Neuorganisation in einem vorhandenen Werk zusätzliche Herausforderungen:

- Durchgängige Segmentierung aller Fertigungsbereiche für ein Produkt.
- Optimale Nutzung der vorhandenen Hallenstrukturen, da das Prinzip "form follows flow" nur bedingt anwendbar ist.

Mit der Einführung modularer Fertigungsstrukturen für ein neues Produkt in einer vorhandenen Fabrik wird eine "Fabrik in der Fabrik" geschaffen. Um möglichst kurze Material- und Informationsflüsse zu gewährleisten, ist auch hier die räumliche Nähe der einzelnen Fertigungsbereiche anzustreben. Hierbei ist zu berücksichtigen, daß ein Gesamtoptimum für alle Produkte der Fabrik erreicht wird.

4.2 Modulare Strukturierung der Montage

Wie in der bereits aufgezeigten neuen Fahrzeugmontage (Grüne Wiese), sind auch hier die Module in Flußrichtung zur Kernfertigung angeordnet.

Die sich durch den vorhandenen Baukörper ergebenden Freiflächen können zukünftig für weitere Fertigungsumfänge genutzt werden, z. B.

- erhöhte Fertigungstiefe in Nähe der Kernfertigung,
- quantitatives Wachstum der Produkte,
- qualitatives Wachstum der Produkte.

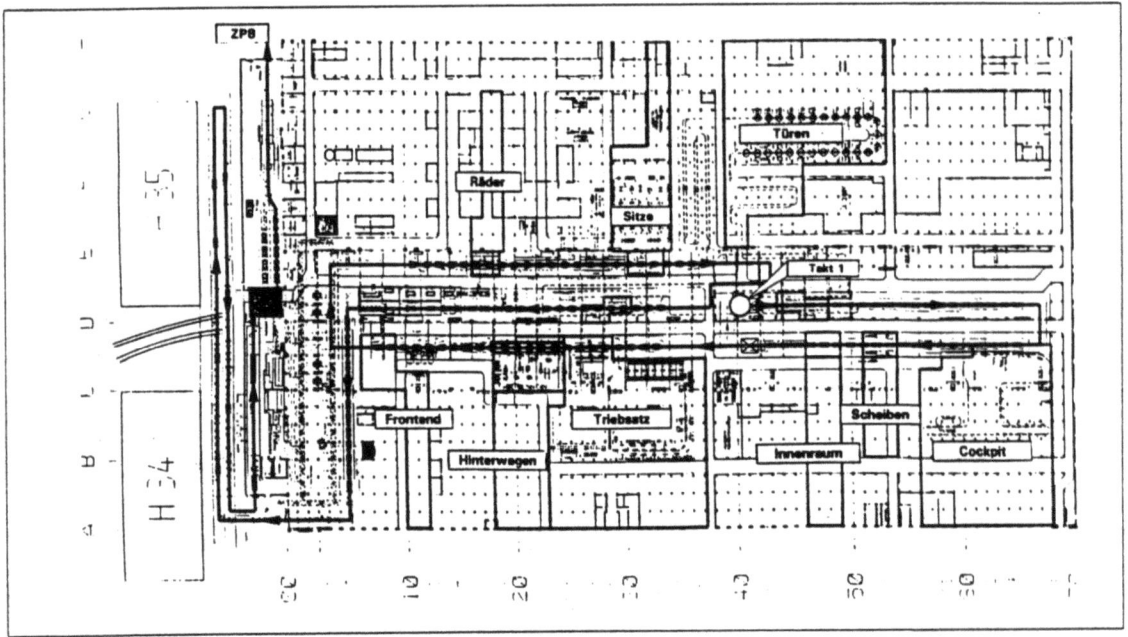

Bild 8: Modulkonzept in einer vorhandenen Hallenstruktur

5 Ausblick

Am Beispiel der Montage-Logistikflächenstruktur wird die Entwicklung sehr deutlich.

Waren in der Vergangenheit die Logistikflächen zentralisiert, so wurden sie im Laufe der Zeit immer mehr verbaupunktorientiert angeordnet.

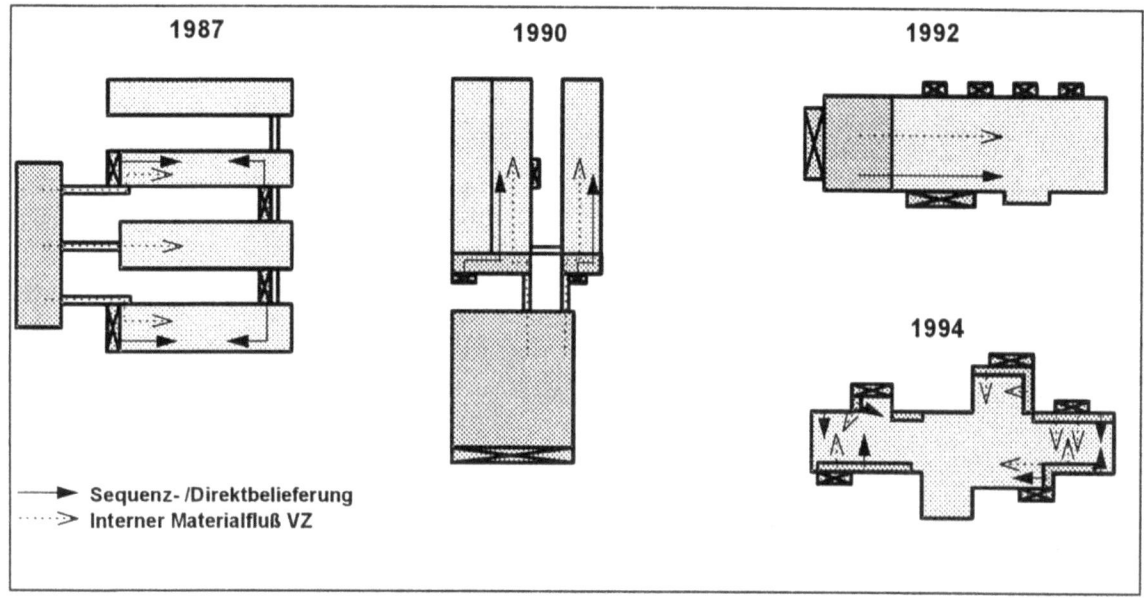

Bild 9: Evolution der Montage-Logistikflächenstruktur

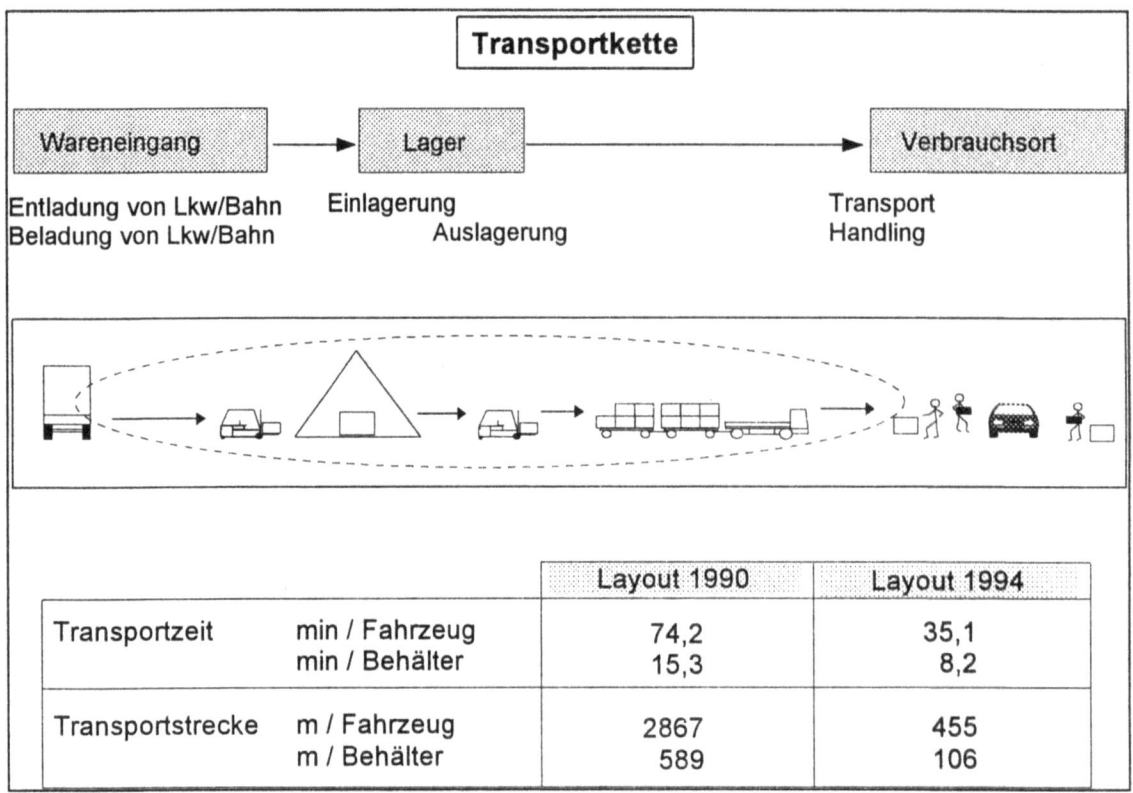

Bild 10: Entwicklung von Transportzeit und -strecke

In Zukunft muß die dargestellte Evolution im Montagebereich konsequent auf alle anderen Prozeßschritte (Preßwerk, Rohbau, Lackiererei) ausgedehnt werden.

Neben der Modularisierung wird eine durchgehende Segmentierung aller Fertigungsbereiche, z. B. nach Produktvarianten, erfolgen, um überschaubare Fabriken zu schaffen.

Kriterien für die dargestellte Fabrikstruktur-Entwicklung waren die Optimierung von

- Fertigungs- und Materialflußprozessen
- Informationsfluß
- Kosten

Um alle Potentiale der modularen Fabrikstruktur auszuschöpfen, müssen in Zukunft zusätzlich folgende Aspekte vermehrt Berücksichtigung finden:

- Unternehmenskultur (Werte und Visionen)
- Ziele und Strategien, auf allen Ebenen kommuniziert und vereinbart
- Arbeitsorganisation (Aufbauorganisation, flexible Arbeitszeitmodelle, Entlohnungssystem, etc.)

42

**Unternehmenskultur
leben und weitergeben**
Reinhold Würth

UNTERNEHMENSKULTUR LEBEN UND WEITERGEBEN

REINHOLD WÜRTH

1. WER IST WÜRTH?

Das Unternehmen Adolf Würth GmbH & Co. KG wurde 1945 von meinem Vater als Schraubengroßhandlung gegründet, die im süddeutschen Raum tätig war und zum Zeitpunkt des frühen Todes meines Vaters - er starb im Alter von 45 Jahren - 2 Mitarbeiter beschäftigte. Einer dieser Mitarbeiter war ich selbst, nachdem ich 1949 offiziell als kaufmännischer Lehrling ins Unternehmen eingetreten war.

Die Gunst der Nachkriegszeit nutzend konnte das Unternehmen kontinuierlich ausgebaut werden, so daß wir 1994 einen Weltumsatz von 3,55 Mrd. DM erreichten. Über die Hälfte der z.Zt. mehr als 17.400 Mitarbeiter ist als fest angestellte Verkäufer im Außendienst tätig. Für 1995 erwarten wir einen Weltumsatz von 4,2 bis 4,3 Mrd. DM.

2. WAS TUT WÜRTH?

Würth ist zum weitaus größten Teil klassisches Direktvertriebs-Unternehmen auf dem Gebiet Montage- und Verbindungstechnik. Ein Verkaufsprogramm von 38.000 verschiedenen Artikeln für den Montage-, Wartungs- und Reparaturbedarf (z.B. Schrauben, Muttern, Kabelverbinder, Klammern, Dübel, chemische Produkte, Möbelbeschläge und Werkzeuge) wird lagermäßig geführt und unter eigener Marke angeboten.

Der Kundenkreis umfaßt das Handwerk sowie die Klein- und Mittelindustrie. Weltweit werden über rechtlich selbständige Verkaufsgesellschaften in 52 Ländern mehr als 1.200.000 Kunden bedient. Neben der Firmenzentrale in Künzelsau / Baden-Württemberg werden in Deutschland 50 Verkaufsniederlassungen unterhalten.

3. DAS GESELLSCHAFTLICHE UMFELD

In unserer heutigen Gesellschaft ist eine gewisse Orientierungslosigkeit festzustellen, die geprägt ist durch

1. das Abtreten der Aufbaugeneration aus Politik und Wirtschaft nach dem Zweiten Weltkrieg,

2. das stürmische Vordringen der neuen Medien wie Television, Telekommunikation und Computerisierung sowie die
3. Verflachung der Gottgläubigkeit.

Schon heute steht fest, daß es seit der Erfindung des Rades in grauer Vorzeit und der Buchdruckerkunst durch Johannes Gutenberg um 1450 keine größere, allumfassende Veränderung gegeben hat, als eben durch die Computerisierung, die noch lange nicht abgeschlossen ist, sie steht ganz im Gegenteil immer noch am frühen Anfang. Ohne daß wir dies intellektuell realisieren, befinden wir uns in der größten Revolution aller Zeiten:

Könnten wir uns in das Jahr 2100 versetzen, dann dürften aus der Betrachtung jener Zeitgenossen Männer wie Konrad Zuse, Heinz Nixdorf oder Steve Jobs mehr und vor allem Positiveres zur Entwicklung der menschlichen Gesellschaft geleistet haben als Karl Marx und Friedrich Engels.

Versuchen wir, die unterschiedlichsten gesellschaftlichen und volkswirtschaftlichen Trends zu analysieren und stellen dann die Frage "was bedeutet dies alles für uns?", dann erlauben Sie mir als notorischem Optimisten eine Stellungnahme:

1. die Probleme des Umweltschutzes, die zu ihrer Lösung noch riesige Kraftanstrengungen bedürfen, werden behoben werden. Ich vertraue dabei auf den Erfindungsreichtum und die Lernfähigkeit der Menschheit und
2. der unternehmerische Nachwuchs wird in den nächsten 30 Jahren gefordert sein auf Gebieten, die heute allenfalls sozusagen Nebenkriegsschauplätze unternehmerischen Tuns sind.

4. FÜHRUNGSTECHNIK - FÜHRUNGSKULTUR

Jedes Wirtschaftsunternehmen ist ein soziologisches Gebilde, das vom Gründer, von der Führungsmannschaft eine charakteristische und einmalige Genetik, eine Firmenkultur, einen Unternehmenscode eingepflanzt bekommen hat. Unter Berücksichtigung des vorher Gesagten - die Weltwirtschaft befindet sich aufgrund von Computerisierung und Roboterisierung in einem ausgeprägten Revolutionsprozeß - sei die Vermutung, ja die Prognose, erlaubt, daß erfolgreiche Unternehmen im 21. Jahrhundert anders zu führen sein werden, als dies in der Vergangenheit der Fall war.

Wir selbst haben in unserem Unternehmen zwei Begriffe eingeführt, nämlich FÜHRUNGSTECHNIK und FÜHRUNGSKULTUR. Ersteres umschreibt jene Teile der Betriebswirtschaftslehre, die sozusagen Stand der Technik sind und sowohl den Auszubildenden im dualen Bildungssystem von der kaufmännischen Schule, als auch den Studenten an Berufsakademien, Fachhochschulen und in verfeinerter und vertiefter Form an den Universitäten nahegebracht werden.

Wir subsumieren unter dem Begriff FÜHRUNGSTECHNIK all jene Wissensgebiete in Marketing, Organisationslehre, Finanz- und Rechnungswesen usw., die nahe der Naturwissenschaft, d. h. der Mathematik liegen und damit für rationales, logisches Lernen sauber darstellbar und verargumentierbar sind.

Unter dem Begriff FÜHRUNGSKULTUR fassen wir all jene Teile der Unternehmensführung zusammen, die eher der Geisteswissenschaft, d.h. der Psychologie oder der Philosophie zuzuordnen sind. Klassische Beispiele hierfür sind Begriffe wie

- Motivation
- Unternehmenskultur
- Firmencode
- Mythen und Symbole (Tom Peters)
- Leadership
- Unternehmer im Gegensatz zum Manager usw.

Diese und Begriffe sind größtenteils abstrakt und verschließen sich mathematischen Denkansätzen. Ich gehe in meiner Arbeit davon aus, daß für ein erfolgreiches Unternehmen der Bereich FÜHRUNGSKULTUR zu Lasten der Führungstechnik an Wichtigkeit stark zunehmen wird.

FÜHRUNGSTECHNIK setze ich heute als selbstverständlichen Stand der Betriebswirtschaftslehre voraus: Management- und Verkäufer-Informations-Systeme, Finanzierungsrichtlinien im Konzern, Planungs- und Prognosesimulationstechniken usw. werden heute in jedem verantwortungsvoll geführten Unternehmen in aller Fülle angewandt. Die Schaffung von Wettbewerbsvorteilen auf diesem Gebiet ist deshalb nahezu unmöglich.

Differenzierungsstrategien im Bereich von Produktinnovation und Produktqualität werden ebenfalls immer schwieriger, weil das Produzieren von Waren fast gleicher Qualität unter dem Zwang der Stückkostenoptimierung mit immer größeren Fertigungsserien bei Zuhilfenahme verfeinerter Meßtechniken sowie computerisierter und roboterisierter Fertigungsprozesse immer einfacher wird. Wo soll dann ein Unternehmen noch Chancen zur strategischen Wettbewerbsdifferenzierung finden? Nun, eindeutig bleibt als Aufmarschgebiet, als Glacis für strategische Wettbewerbsvorteile, der weite Bereich des human capital, der Soziologie, auch der Philosophie, der Führungskultur.

5. VISIONEN

Der erfolgreiche Kaufmann unterscheidet sich vom durchschnittlichen Kollegen durch die Fähigkeit, Visionen aufzubauen, das Undenkbare zu denken. Ich selbst wurde in meiner langen Unternehmerlaufbahn von meinen Mitarbeitern oft belächelt, ja ausgelacht.

Beispiel: 1978, als wir im Konzern gerade 333 Millionen DM umsetzten, erklärte ich öffentlich, 1985, zur Zeit des 40jährigen Betriebsjubiläums, einen Weltumsatz von 1 Milliarde DM erzielen zu wollen. Ergebnis: Wie schon so oft, schmunzelten meine Mitarbeiter, nun, das Ziel wurde präzise erreicht.

Oder: 1985 erklärte ich, wir würden spätestens 1992 2 Milliarden DM umsetzen. Auch diese Zielsetzung wurde im Unternehmen bezweifelt. Tatsächlich haben wir die 2 Milliarden DM Umsatzgrenze schon 1989, also drei Jahre früher, überschritten.

Das sind aber Quisquilien, wenn ich an den japanischen Industriellen Konosuke Matsushita denke. Dieser hocherfolgreiche Unternehmer beginnt im Greisenalter nicht einen Fünf- oder Zehnjahresplan für sein Unternehmen auszuarbeiten, nein - er hinterläßt seinem Unternehmen die Planung für die nächsten 150 Jahre (vgl. John Sculley, Meine Karriere, Econ Verlag, Düsseldorf, 1987, S. 390). Ich gestehe, daß ich nie im Traum auf die Idee gekommen wäre, eine Hundertfünfzig-Jahresplanung zu erarbeiten. Denkt man aber darüber nach, dann stellt sich die Frage, warum eigentlich nicht?!

6. FÜHRUNGSSTIL

Eigene Erfahrungen und Beobachtungen erfolgreicher Unternehmen zeigen ganz unabhängig vom Führungsstil - zentral/dezentral, autoritär/liberal - einen gemeinsamen Nenner für exzellente Leistung über lange Zeiträume: Der Führungsstil solcher Betriebe ist berücksichtigt Begriffe wie Ehrlichkeit, Geradlinigkeit, Berechenbarkeit nach innen und außen.

Der Führungsstil des Hauses Würth ist geprägt von

- Hochachtung vor den Mitarbeitern und deren Leistungen,
- dem Willen, den besten Kundenservice zu bieten,
- das Gesamtunternehmen dezentral zu führen.

Gerade der Dezentralismus, der für alle In- und Auslandsgesellschaften sondern auch für die deutschen Unternehmen gepflegt wird, überläßt jedem Geschäftsführer die Gewinnverantwortung. Von den einzelnen Geschäftsleitungen wiederum wird erwartet, den Führungsstil der Zentrale bis in die Fachabteilungen hinein weiterzutragen, d.h. die Gewinnverantwortung möglichst weit nach vorne an die Front zu geben.

Dezentralismus bedeutet ausdrücklich nicht laissez faire. Der Verantwortliche hat nicht nur Gewinne sondern auch Verluste zu verantworten. Der Dezentralismus entläßt andererseits die Konzernleitung nicht aus ihrer Verantwortung.

Jeweils nach Monatsende gehen von allen Konzernbetrieben des In- und Auslandes die sogenannten 'Plan-Ist-Vergleiche' ein. Vom Controlling werden diese Zahlen sowie die Hintergrundberichte verarbeitet. Bei geringfügigen Abweichungen erfolgt ein Hinweis, bei markanten Differenzen zwischen Planung und Ist-Resultat werden Steuerungsimpulse ausgelöst, die von der Empfehlung bis zur Anweisung reichen können. Wir arbeiten hier nach dem Motto: Je höher die Erfolge einer Geschäftsleitung sind, desto größer sind natürlich auch deren Freiheitsgrade.

7. DANK UND ANERKENNUNG

Einen breiten Raum bei der Mitarbeitermotivation nimmt der Bereich Dank und Anerkennung ein. Meinen Mitgeschäftsführern und mir ist es ein tiefempfundenes Anliegen, den Mitarbeitern für ihren Einsatz, für ihre Loyalität, für Spitzenleistungen Anerkennung auszusprechen und herzlichen Dank zu sagen. Tödlich für jede Mitarbeitermotivation wäre, gute oder gar Spitzenleistungen der Mitarbeiter als selbstverständlich hinzunehmen, nach dem Motto des Schwaben, der auf die Frage seiner Ehefrau, ob das Essen nicht schmecke, antwortet: "Solang i nix sag, is scho recht". Lassen Sie mich mit Beispielen zeigen, was gemeint ist:

Die Führungskultur wird gelebt unter Aussagen wie jugendlich, fröhlich, leistungsbereit, lebensstark, kraftvoll, optimistisch.

In den 40 Jahren meiner unternehmerischen Arbeit habe ich sehr viel Vertrauen geschenkt und sehr viel Verantwortung delegiert und bin dabei fast nie enttäuscht worden.

Mein Glaube an das Gute im Menschen ist erhalten geblieben. Gerne halte ich es mit Tom Peters, der in einem seiner Seminare sagte: "Wenn die Geschäftsleitung meint, alle Mitarbeiter seien faul, dumm, vielleicht sogar diebisch, dann braucht sich eine Unternehmensführung nicht zu wundern, wenn sie genau exakt diese Art von Mitarbeitern hat.

Diesem Stil folgend habe ich immer eher mit Bitte und Vorschlag als mit Anweisung und Kommando gearbeitet, eher mit Dank und Anerkennung als mit Kritik und Tadel.

Seit dem 01. Januar 1994 bin ich aus der aktiven Geschäftsleitung in die Position des Beiratsvorsitzenden übergewechselt, ließ gerade 10 Wochen nach Jahresbeginn das Top- und Mittelmanagement zusammenrufen, nur um als Beiratsvorsitzender der gesamten aktiven Geschäftsleitung herzlich zu danken für die tolle Leistung in den ersten Wochen nach meinem Ausscheiden. Ich gratulierte den Damen und Herren und erklärte, daß sie bei dem schönen Umsatzwachstum in den ersten drei Monaten 1994 zu einem neuen Rekord aufgebrochen sind und offensichtlich mehr können, als dies unter meiner Leitung der Fall war.

Dank, Lob, Anerkennung zählen, sofern sie von Herzen kommen und ernst gemeint sind, zu den besten Motivatoren, die ich mir überhaupt vorstellen kann. Tödlich für die Leistungsbereitschaft unserer Mitarbeiter wäre, wenn wir gute Leistungen oder gar einen Topeinsatz unkommentiert als selbstverständlich hinnehmen würden!

Wichtigste Grundlage des Erfolgs bei Würth war, daß das Unternehmen immer nach Ehrlichkeit, Berechenbarkeit und Geradlinigkeit gegenüber Mitarbeitern und Öffentlichkeit gesucht hat. Wenn Sie erfolgreiche Betriebe und Unternehmen aus Ihrer Umgebung analysieren, werden Sie feststellen, daß eben Erfolg, Ehrlichkeit, Berechenbarkeit und Zuverlässigkeit unveränderbar zusammengehören. Wohlgemerkt, ich spreche hier nicht vom kurzfristigen, trickreichen Erfolg, der bei mittelfristiger Betrachtung in sich zusammenfällt wie ein Kartenhaus, sondern vom Erfolg im Langzeitkontinuum.

8. KOMMUNIKATION UND INFORMATION

Die Motivation von Mitarbeitern ist nur möglich, wenn ein gewisses Wir-Gefühl entwickelt werden kann. Dies ist selbstverständlich nur möglich, soweit die Mitarbeiter sehr umfassend über die Entwicklung des Gesamtunternehmens informiert werden.

Im Haus Würth sind die Mitarbeiter über die Umsatzentwicklung des laufenden Geschäftsjahres informiert. Genauso selbstverständlich wissen alle Beschäftigten, welches Betriebsergebnis erwirtschaftet wurde oder welche Ziele für die Folgejahre geplant sind. Zu unserem Verständnis von Information und Kommunikation gehört, daß jeder Mitarbeiter volle Klarheit erhält, warum welche Entscheidungen so und nicht anders getroffen wurden. Informationen sind im Hause Würth Holschulden. Nicht akzeptiert wird die Aussage: "Das habe ich nicht gewußt", wenn dem Mitarbeiter bei entsprechender Bemühung die Information zur Verfügung gestanden hätte.

Information über das Betriebsgeschehen und Kommunikation mit den Damen und Herren in allen Betriebsabteilungen ist integraler Bestandteil nicht nur des Managementstils, sondern vor allem der Motivation der Mitarbeiter. Um einen ungefilterten Eindruck über das Betriebsklima zu erhalten, führen wir einmal jährlich im Innen- und Außendienst eine anonyme, formatierte Fragebogen-Aktion durch. Darin sind auch durchaus kritische Fragen enthalten wie z.B.

- Wie empfinden Sie den Führungsstil Ihres Vorgesetzten? oder
- wie empfinden Sie Ihr Einkommen im Verhältnis zur geforderten Leistung?

Die Auswertung dieser zwischen 15 und 20 DIN A 4 Seiten umfassenden Fragebögen läßt bei Vergleich der Trends gegenüber den Vorjahren aufkommende Unmuts- und Unzufriedenheitspotentiale weit im Vorfeld deutlich werden, wodurch dem Management rechtzeitiges Modifizieren, Adaptieren oder Adjustieren von Sachverhalten zu Gunsten der Mitarbeiterinnen und Mitarbeiter möglich wird.

9. DAS UNTERNEHMEN IM WERTEWANDEL DER ZEIT

Die Anfangs erwähnten gravierenden Veränderungen der Gesellschaft, insbesondere das Auseinanderfallen der bis in die erste Hälfte dieses Jahrhunderts fest gefügten Familienverbände, als noch mehrere Generationen unter einem Dach zusammenlebten, stellen auch ganz neue Anforderungen an ein Unternehmen.

War das Unternehmen in der Vergangenheit in erster Linie ein Ort, um das Geld für den Lebensunterhalt zu verdienen, so haben sich die Ansprüche mittlerweile stark gewandelt.

In den letzten Jahren wurden immer wieder Untersuchungen durchgeführt, nach welchen Kriterien z.B. Hochschulabsolventen sich ein Unternehmen aussuchen. Interessanterweise rangiert der Faktor Einkommen erst auf Platz vier oder tiefer. Viel wichtiger wurde eingestuft, ob es sich um ein Unternehmen handelt, das einen guten Ruf hat, Karrierechancen bietet, einen zeitgemäßen Führungsstil aufweist und in den täglichen Arbeit z.B. beim Umweltschutz verantwortungsbewußt handelt. Die Grundaussage war, die zukünftige Arbeit müsse Spaß machen.

Es reicht heute nicht mehr aus, den Bürgern nur höheren Wohlstand und mehr Freizeit zu verschaffen und die Menschen dann richtungs- und ziellos mit diesem vermeintlichen Mehr an Lebensqualität alleine zu lassen. Die Frage nach dem Sinn des Lebens wird immer stärker werden, je weniger der Sinn des Lebens im reinen Verdienen des Lebensunterhalts und der materiellen Zukunftssicherung seine ausschließliche Zweckerfüllung findet. Die Mitarbeiterinnen und Mitarbeiter wollen und sollen durch Freude am gemeinsam erzielten Erfolg ein Zusammengehörigkeitsgefühl im Unternehmen erleben können.

Eine verschworene Betriebsgemeinschaft, Mitarbeiter, die von ihrem Tun und ihrem Unternehmen begeistert sind, bieten den Kunden mehr Zuwendung, mehr Freundlichkeit und lassen diesen die Zusammenarbeit mit einem solchen Lieferanten als angenehm, sympathisch und problemlos erscheinen.

Der Kunde wird sich unter mehreren Wettbewerbern gleicher Produktqualität und Serviceleistung wohl kaum intellektuell, aber um so mehr emotional zur Auftragsvergabe jenen Lieferanten aussuchen, dessen Mitarbeiter durch Ehrlichkeit, Geradlinigkeit, Bescheidenheit, Freundlichkeit, Zuvorkommenheit beeindrucken.

Berufsethik ist das Gewissen eines Betriebs - die Mitarbeiter leben nur in Harmonie nach innen und außen, wenn sich das Unternehmen im Normbereich unserer Gesellschaft bewegt. Ein solches Netzwerk menschlich angenehmer Beziehungen und Kontakte im Betrieb und mit allen mit einem Unternehmen verbundenen Partnern, die in Harmonie gelebte Berufsethik, machen einen Anbieter fast unschlagbar.

10. DAS UNTERNEHMEN - KOMMUNIKATIONSPLATZ DER ZUKUNFT

Die Einführung demokratischer Mitbestimmungsstrukturen durch das Betriebsverfassungsgesetz hat ebenso wie die Veränderungen des Sozialverhaltens der Menschen dazu geführt, die Bereitschaft der Wirtschaft zu mehr Öffentlichkeitsarbeit deutlich zu verstärken. In einem Umfeld des abklingenden Ost-/West-Konfliktes, einem Szenario boomartigen Wirtschaftswachstums mit Wohlstand und Freizeitangeboten in seither nicht gekanntem Ausmaß, sind die Bürger nörglerisch, mürrisch, unzufrieden - sicher auch aus Mangel an Zukunftsperspektiven.

Die Menschen wollen wissen, was sie mit ihrer Freizeit, mit ihrem Wohlstand, anfangen sollen, sie suchen nach Sinnerfüllung. Für viele Menschen, vor allem in den anonymen Ballungsgebieten, ist der Betrieb, das Unternehmen heute nicht nur ein Platz zum Geldverdienen. Häufig ist der Betrieb der einzige Ort der Begegnung mit anderen Menschen, ist das Unternehmen ein Stück eigenes Leben, in dem man Jahre oder Jahrzehnte seiner Zeit verbringt, mit dem man sich verbunden fühlt, in dessen vertrauter Umgebung man Wärme findet und sich wohlfühlt. Hieraus läßt sich ableiten, daß das Unternehmen in Zukunft im Rahmen der Sozialverpflichtung des Eigentums ganz andere Aufgaben und Ziele verfolgen muß, als dies in der Vergangenheit der Fall war.

11. TRENDS ZUKÜNFTIGER UNTERNEHMENSFÜHRUNG

Lassen Sie mich für die Weiterentwicklung der Unternehmensführung meine Vorstellungen wie folgt formulieren:

- Die Normierung der Wirtschaft im Bereich der Führungstechnik wird immer weiter fortschreiten.

- Als Folge werden Wettbewerber für den Kunden immer weniger unterscheidbar und mehr und mehr austauschbar.

- Betriebsabläufe im Bereich der Führungstechnik werden immer mehr automatisiert, auch über externe Datenbanksysteme.

- Die Betriebswirtschaftslehre hat heute einen Stand höchster Perfektion im Feld der Führungstechnik erreicht, im Bereich der Führungskultur ist noch ein weites Forschungsgebiet offen.

- Der kleinste gemeinsame Nenner erfolgreicher Unternehmer und Unternehmen ist zu finden in Eigenschaften wie Ehrlichkeit, Berechenbarkeit, Zuverlässigkeit, Vertrauen, Bescheidenheit und Demut.

- Das erfolgreiche Unternehmen der Zukunft kämpft permanent gegen Routine, Bürokratie, Kameralismus und Verwalterdenken zugunsten kreativer Unruhe und visionären Unternehmertums.

- Liberalität und Dezentralismus, der Respekt und die Hochachtung vor dem Arbeitseinsatz jedes einzelnen Mitarbeiters und jeder einzelnen Mitarbeiterin muß breit ausgeprägt sein.

- Ein Unternehmen ist aus betriebswirtschaftlicher Notwendigkeit berechtigt, aus gesellschaftspolitischer Verantwortung gefordert, den Mitarbeitern eine Unternehmenskultur anzubieten, die Harmonie, menschliche Wärme und Geborgenheit ausstrahlt.

Beherzigen wir als Unternehmer diese zentralen Punkte, so sind wir meines Erachtens auf gutem Weg, auch den zukünftigen Anforderungen gewachsen zu sein.

Verzeichnis von Veröffentlichungen

BÜCHER

REINHOLD WÜRTH, BEITRÄGE ZUR UNTERNEHMENSFÜHRUNG, Verlag Paul Swiridoff, Schwäbisch Hall 1985, ISBN 3-921279-07-0

REINHOLD WÜRTH, THOUGHTS ON COMPANY MANAGEMENT, Verlag Paul Swiridoff, Schwäbisch Hall 1985, ISBN 3-921279-08-9

KARLHEINZ SCHÖNHERR, NACH OBEN GESCHRAUBT, REINHOLD WÜRTH - DIE KARRIERE EINES UNTERNEHMERS, ECON Verlag, Düsseldorf 1991, ISBN 3-430-18031-7

ARCHITEKTEN-WETTBEWERB, VERWALTUNGSGEBÄUDE DER ADOLF WÜRTH GMBH & CO. KG, Verlag Paul Swiridoff, Schwäbisch Hall o.J., ISBN 3-921279-08-9

REINHOLD WÜRTH, ERFOLGSGEHEIMNIS FÜHRUNGSKULTUR - BILANZ EINES UNTERNEHMERS, Campus-Verlag, Frankfurt/New York 1995, ISBN 3-593-35266-4

REINHOLD WÜRTH, MANAGEMENT CULTURE: THE SECRET OF SUCCESS - AN ENTREPRENEUR TAKES STOCK, Campus-Verlag, Frankfurt/New York 1995, ISBN 3-593-35421-7

Hans Peter Schwarz, WÜRTH - DIE ARCHITEKTUR WEITERBRINGEN, Aries Verlag, München 1995, ISBN 3-920041-63-1

BEITRÄGE IN BÜCHERN UND SAMMELWERKEN

Alexander Demuth (Hrsg.), Imageprofile 1991 "UNTERNEHMENSKULTUR", ECON Verlag, Düsseldorf 1990, ISBN 3-430-14942-8, WAS MACHT EIN UNTERNEHMEN ALS ARBEITGEBER ATTRAKTIV? Seite 63-74

TÜBINGER UNIVERSITÄTSREDEN BAND 42, Die Verleihung der Ehrensenatorenwürde Reinhold Würth, Günter Kraut, Ansprachen anläßlich der Feiern am 22.02. und 25.03.1991, Attempto Verlag Tübingen GmbH 1991. UNTERNEHMENSFÜHRUNG - QUO VADIS?

Prof. Dr. Erich Zahn (Hrsg.), AUF DER SUCHE NACH ERFOLGSPOTENTIALEN - STRATEGISCHE OPTIONEN IN TURBULENTER ZEIT, Tagungsband zum Stuttgarter Strategieforum 1991, STRATEGIE UND VISION AM BEISPIEL DER WÜRTH-GRUPPE

Richard Matheis (Hrsg.), ERFOLGSMANAGEMENT 2000, Konzepte für Menschen, Märkte, Unternehmen, FAZ, Frankfurt; Gabler, Wiesbaden 1992, ISBN 3-409-19154-2 UNTERNEHMENSKULTUR UND MOTIVATION; Seite 296-307

Bundesvereinigung Logistik (BVL) e.V. (Hrsg.), Tagungskatalog zum Deutschen Logistikkongreß '92 in Berlin, Logistik - Lösungen für die Praxis, Berichtsband über den Kongreß '92, Band 1, Huss-Verlag GmbH, München, DIE LOGISTIK IM SPANNUNGSFELD ZWISCHEN FÜHRUNGSTECHNIK UND UNTERNEHMENSKULTUR, Seite 323-334

Hans-Jörg Bullinger, Fraunhofer-Institut für Arbeitswirtschaft und Organisation (IAO), (Hrsg.) Informationsarchitekturen als strategische Herausforderung: Lean Management, Integrationsmanagement, Informationsmanagement FBO - Fachverlag für Büro- und Organisationstechnik GmbH, Baden-Baden 1992, ISBN 3-922213-22-7, Festvortrag: FÜHRUNGSKULTUR ALS NEUE DIMENSION DES ERFOLGES, Seite 9-21

Günter Würtele (Hrsg.), LERNENDE ELITE: Was gute Manager noch besser macht, FAZ, Frankfurt; Gabler, Wiesbaden 1993, ISBN 3-409-19177-1, THESEN ZUR UNTERNEHMENSFÜHRUNG IM JAHR 2010, Seite 86-110

Frank-Jürgen Witt (Hrsg.), MANAGERKOMMUNIKATION, Schäffer-Poeschel Verlag für Wirtschaft, Stuttgart 1993, ISBN 3-7910-0673-8, UNTERNEHMENS-, FÜHRUNGS- UND KOMMUNIKATIONSKULTUR, S. 17-26

Organisationsforum Wirtschaftskongreß, Köln (Hrsg.), DIE RESSOURCE MENSCH IM MITTELPUNKT INNOVATIVER UNTERNEHMENSFÜHRUNG, Betriebswirtschaftlicher Verlag Dr. Th. Gabler GmbH, Wiesbaden 1993 ISBN 3-409-19195-X, KARRIERE-MARKETING IM MITTELSTÄNDISCHEN UNTERNEHMEN, Seite 59-69

Siegmar Saul, FÜHREN DURCH KOMMUNIKATION, Beltz Verlag, Weinheim und Basel 1993, ISBN 3-407-36307-9, VORWORT, Seite 7 f.

Bruno Tietz / Joachim Zentes, OST-MARKETING / ERFAHRUNGSPOTENTIALE, OSTEUROPÄISCHER KONSUMGÜTERMÄRKTE, Econ-Verlag, Düsseldorf 1993, ISBN 3-430-19068-1, DIE OSTEUROPA- UND CHINA-STRATEGIE DER WÜRTH-GRUPPE, S. 193-206

Hermann Simon (Hrsg.), INDUSTRIELLE DIENSTLEISTUNG, Schäffer-Poeschel Verlag, Stuttgart 1993, ISBN: 3-7910-0655-X, DIENSTLEISTUNG ALS HERAUSFORDERUNG FÜR FÜHRUNG UND UNTERNEHMENSKULTUR; S. 309-317

Horst Rückle, MIT VISIONEN AN DIE SPITZE - ZUKUNFTSORIENTIERT DENKEN, HANDELN UND FÜHREN, Betriebswirtschaftlicher Verlag Dr. Th. Gabler GmbH, Wiesbaden 1994, ISBN 3-409-19089-9, DER VISIONÄR MIT DEM DICKKOPF, S. 197-201

Friedhelm W. Bliemel (Hrsg.), "MEHR MARKT" IN DER UNTERNEHMENSFÜHRUNG, Praxisbeispiele und Konzepte, Erich Schmidt Verlag, Berlin 1995, ISBN, 3-503-03817-5, MARKETING NACH INNEN, S. 28-42

Gestaltung logistikgerechter Fabrikstrukturen: Simultane Entwicklung von Fabriklayout und Steuerungskonzept bei einem KFZ-Zulieferer

Hans-Peter Wiendahl

60

**Gestaltung logistikgerechter Fabrikstrukturen:
Simultane Entwicklung von Fabriklayout und Steuerungskonzept
bei einem KFZ-Zulieferer**

Prof. Dr.-Ing. Dr.-Ing. E.h. H.-P. Wiendahl
Dipl.-Ing. Jens Möller
Dipl.-Ing. Peter Scholtissek
Institut für Fabrikanlagen, Universität Hannover

Beitrag zur IPA-Arbeitstagung Fabrikplanung

"Fabrikstrukturen im Zeitalter des Wandels -
Welcher Weg führt zum Erfolg"

am 22. und 23. November 1995 in Stuttgart

Einleitung

Den Gegenwind durch kontinuierlich steigende Anforderungen der Kunden bekam auch ein KFZ-Zulieferer für Produkte der Sonderausstattung hochwertiger Fahrzeuge deutlich zu spüren. Kürzere Lieferzeiten bei höchster Termintreue galt es bei sinkenden Stückzahlen und breiterer Variantenvielfalt zu realisieren. Bisher konnte dieser Druck durch höhere Bestände an Produkten im Fertigwarenlager und das flächenintensive Vorhalten angearbeiteter Halbzeuge in der Fertigung abgefangen werden.

Durch die geplante Einführung eines neuen Produktes ergab sich für den KFZ-Zulieferer die Notwendigkeit, entsprechende Produktionsflächen zu schaffen. Da aus Platzgründen ein separater Hallenneubau verworfen wurde, mußten die erforderlichen Produktionsflächen durch Reduzierung der Fläche eines bestehenden Produktionsbereiches um etwa 40 % gewonnen werden. Aus diesem Grund begann man in dem betroffenen Geschäftsbereich auch über die bestehende Fertigungsstruktur nachzudenken und beauftragte das Institut für Fabrikanlagen (IFA) mit der Entwicklung eines zukunftsorientierten Fertigungskonzeptes, das trotz der geforderten Flächenreduzierung sowohl die Kundenwünsche als auch die hausinternen Anforderungen nach einer schlanken Produktion erfüllen sollte.

1 Die Ausgangssituation

Da die angestrebte Schrumpfung der Produktionsflächen nicht nur durch eine neue Maschinenaufstellung zu realisieren war, sondern durch eine signifikante Reduzierung der Umlaufbestände unterstützt werden mußte, erfolgte die geplante Umstrukturierung dieses Produktionsbereiches in zwei sehr eng miteinander verflochtenen Teilprojekten. Das erste Teilprojekt sah eine modifizierte Planung, Steuerung und Abwicklung von Fertigungsaufträgen vor, die mit Hilfe der Simulationstechnik verifiziert werden sollte (Teilprojekt: Steuerungskonzeptentwicklung). Darauf aufbauend lag der Schwerpunkt im zweiten Teilprojekt Fabrikplanung auf dem Entwurf eines neuen anforderungsgerechten Produktionslayouts.

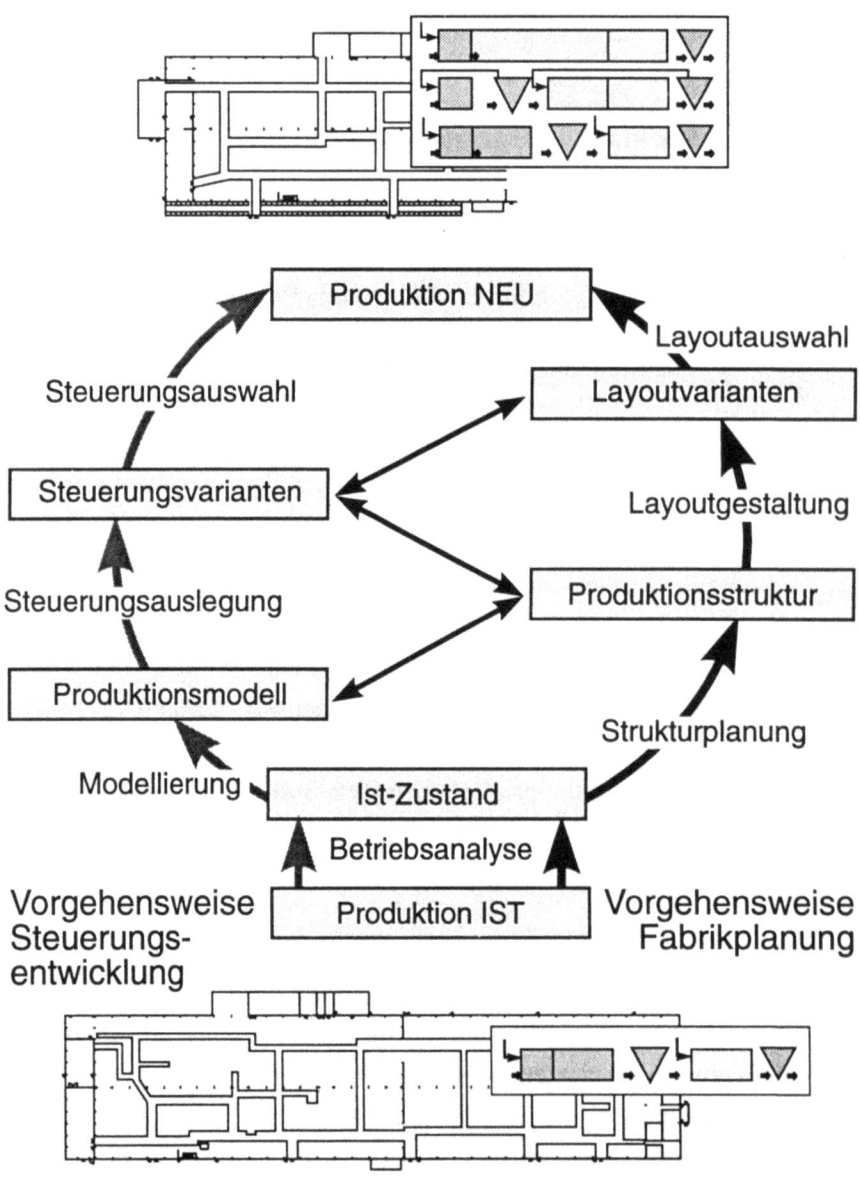

Bild 1: Zusammenwirken von Fabrikplanung und simulationsgestützter Entwicklung einer Fertigungssteuerung

1.1 Zusammenwirken von Fabrikplanung und Steuerungskonzeptentwicklung

Bild 1 stellt das enge Zusammenwirken der beiden Teilprojekte dar, wobei der Schwerpunkt der gemeinsam durchgeführten Betriebsanalyse beim Teilprojekt Steuerungskonzeptentwicklung auf der Erhebung und Aufbereitung von organisatorischen Daten, beim Teilprojekt Fabrikplanung auf der Erfassung und Analyse der geometrischen Daten lag. Aus der Modellierung des Unternehmensbereiches ging ein Simulationsmodell hervor, das als Grundlage für die Entwicklung der grundsätzlichen Struktur der neuen Fertigung genutzt wurde. In iterativer Vorgehensweise wurden alternative Steuerungskonzepte und entsprechende Layoutvarianten hinsichtlich ihrer Auswirkungen auf die geforderte Flächenreduzierung bewertet. Auf diese Weise ergab sich die endgültige Struktur der neuen Fertigung, die sich durch ein anforderungsgerechtes Steuerungskonzept und ein ablauforientiertes Fertigungslayout auszeichnet.

1.2 Ist-Zustand der Produktion

Die bestehende Fertigung des KFZ-Zulieferers erfolgte auf einer Fläche von über 11.000 m², wobei die Anordnung der Arbeitssysteme wesentlich durch die historisch gewachsene Entwicklung dieses Bereiches bestimmt wurde. Diesen Zustand belegen Ergebnisse der Materialflußbetrachtung, die im Rahmen der Betriebsanalyse durchgeführt wurde (**Bild 2**). Am Beispiel der beiden wesentlichen Produktrepräsentanten ist der extrem ungerichtete Materialfluß deutlich zu erkennen. Eine grobe Bestimmung der Materialflußlängen ergab für das eine Produkt einen Weg durch die Fertigung von ca. dem fünffachen der gesamten Hallenlänge. Bei dem zweiten Repräsentanten ergab sich sogar ein mittlerer Fertigungsweg, der dem sechsfachen der Hallenlänge entsprach. Die Aufnahme und Auswertung der geometrischen Daten führte darüberhinaus zu dem Ergebnis, daß unter Beibehaltung des bisherigen Steuerungskonzeptes ein Defizit an Bereitstellflächen von 1.173 m² vorliegen würde. Dabei wurden in dieser Flächenbilanz bereits alle Maßnahmen zur Flächengewinnung wie z.B. die Auslagerung aller hier nicht zwingend erforderlichen Arbeitssysteme oder Lagerplätze in andere Bereiche berücksichtigt.

Die vorwiegend kundenanonyme, losweise Fertigung war nach dem Werkstattprinzip organisiert, wobei es wegen der Gleichartigkeit der Produkte eine weitgehend festgelegte Arbeitsgangfolge gibt. Der Fertigungsablauf umfaßte je nach Produkt trotz der nur einstufigen Produktstruktur bis zu 30 Arbeitsgänge. Da die Rüstzeiten an einigen wichtigen Arbeitssystemen bis zu 2 Schichten betrugen, wurden entsprechend hohe Losgrößen gewählt. Lange Durchlaufzeiten der Aufträge von durchschnittlich 38 Arbeitstagen (AT) und ein hoher Anteil an Nacharbeit sorgten für einen Werkstattbestand von nahezu 60.000 Einheiten, was mehr als dem Doppelten der monatlichen Ausbringung entspricht.

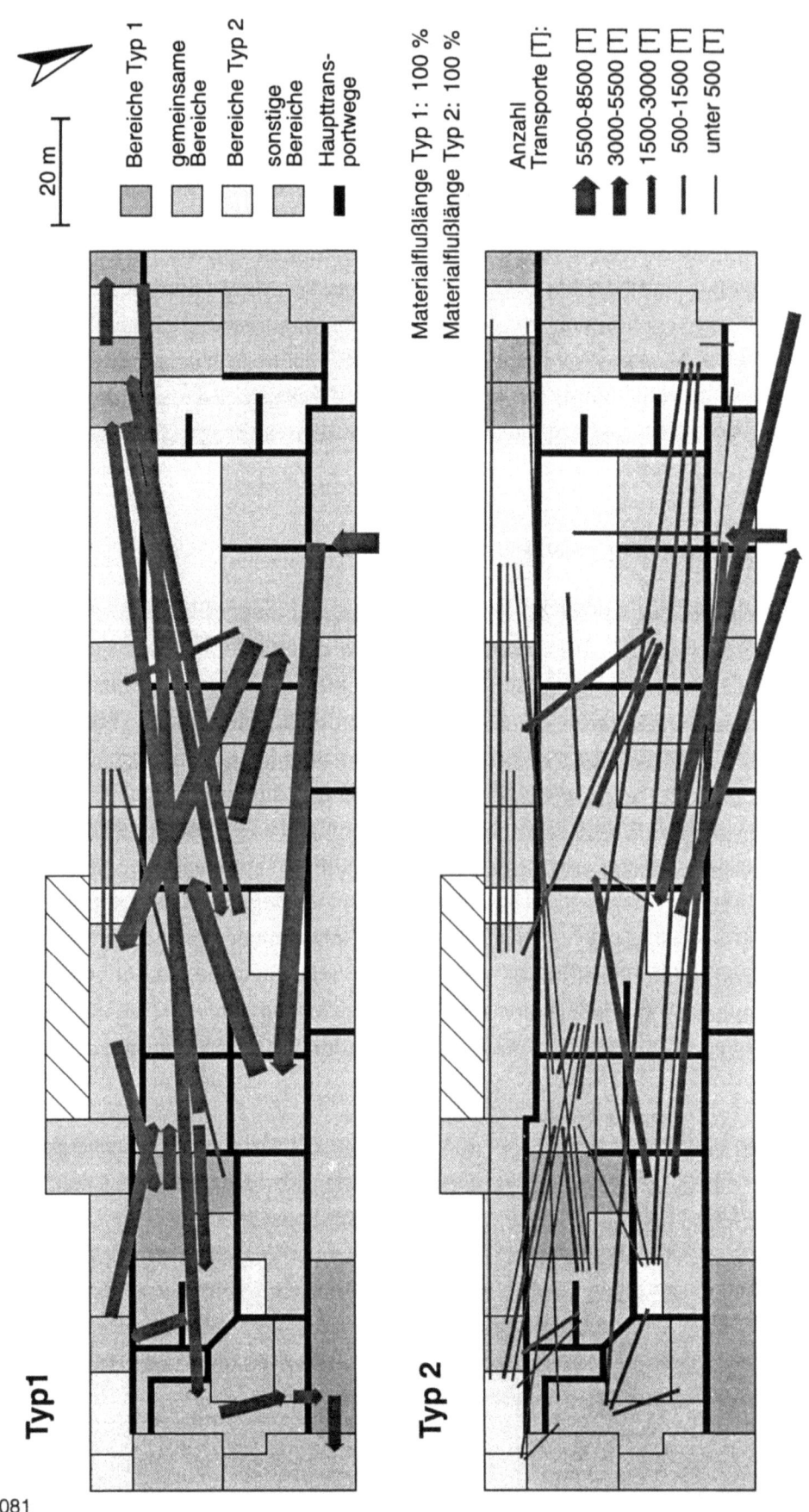

Bild 2: *Materialflüsse im Ist-Zustand des umzustrukturierenden Produktionsbereiches*

Die Planung und Abwicklung von Fertigungsaufträgen erfolgte entsprechend den Prognosen des Vertriebs, wobei die Lose meist recht groß ausfielen, um den Rüstzeitanteil an den kapitalintensiven Arbeitssystemen nicht zu stark ansteigen zu lassen. Die Aufträge durchliefen einen vorgelagerten Bereich zur Herstellung der Rohlinge ("Zuschnitt") sowie den Bereich "Mechanische Bearbeitung" mit mehreren Arbeitsgängen der Umformung, Wärmebehandlung, spanenden Bearbeitung, Reinigung und Kontrolle. Nach dem Abschluß der mechanischen Bearbeitung wurden die Lose meist geteilt. Nur die Stückzahl einer Produktvariante wurde weiterbearbeitet, für die auch ein konkreter Bedarf vorlag. Der restliche Teil verblieb in einem fiktiven Zwischenlager in der Werkstatt, bis der nächste Abruf für diese Variante erfolgte. Ihre letzte Veredelung erfuhren die Produkte durch mehrere Arbeitsgänge im Bereich "Oberflächenbearbeitung". Im Anschluß erfolgte eine ausführliche Kontrolle und der Transport zur Lackiererei, wo die Erzeugnisse eine variantenspezifische Schutzschicht erhielten und bis zur Auslieferung zwischengelagert wurden.

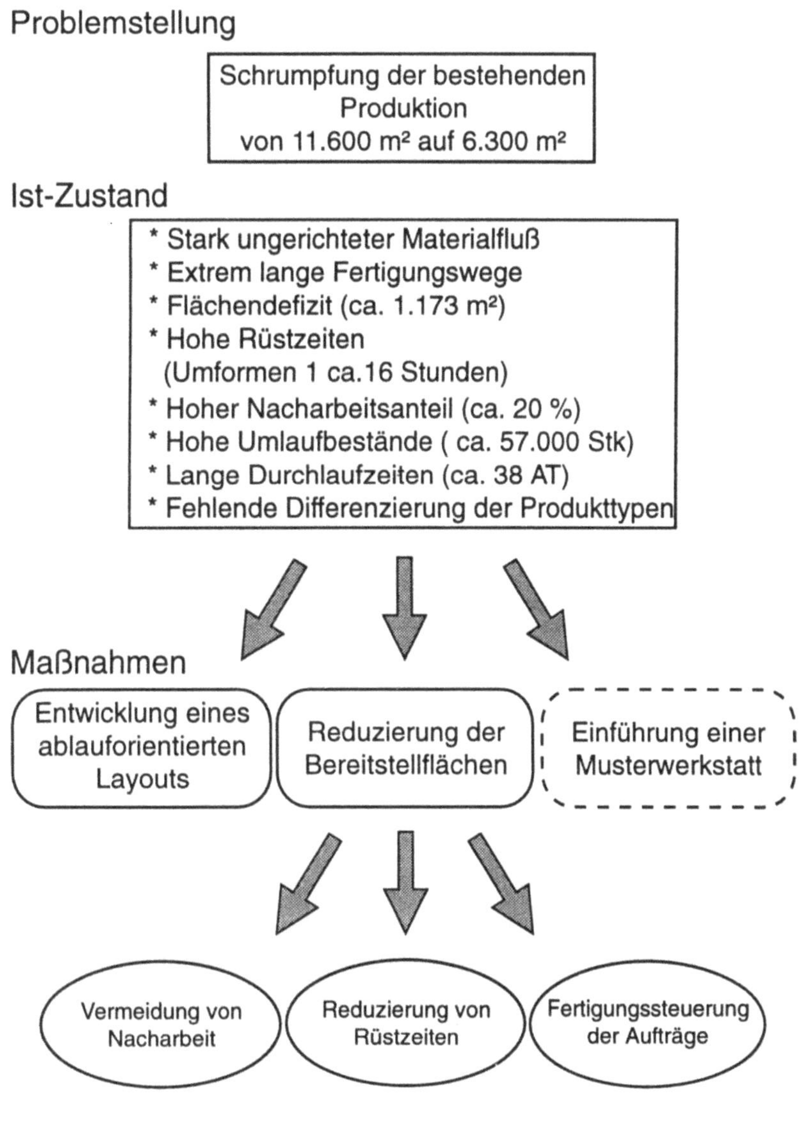

Bild 3: Resultierende Maßnahmen zur Umstrukturierung des Produktionsbereiches

Bild 3 zeigt zusammenfassend das Ergebnis der Betriebsanalyse. Zur Realisierung der vorgebenen Ziele, besonders bezüglich der Flächenreduzierung, wurden die folgenden Maßnahmen erarbeitet.

- Entwicklung eines ablauforientierten Layouts, um die Materialflußstruktur und die Transparenz in der Fertigung deutlich zu verbessern.
- Reduzierung der Bereitstellflächen, um das ermittelte Flächendefizit durch Vermeidung von Nacharbeit, Reduzierung von Rüstzeiten und eine veränderte Fertigungssteuerung der Aufträge zu kompensieren.
- Einführung einer Musterwerkstatt, um die Produktion von Groß- und Mittelserienprodukten von der zeitaufwendigen Fertigung der Prototypen zu entlasten (wurde erst im Anschluß an das Projekt von der Firma realisiert).

Die Maßnahmenliste verdeutlicht, daß die geplante Umstrukturierung auf zwei Säulen beruhen muß: Der Entwicklung eines verbesserten Steuerungskonzeptes einerseits und eines anforderungsgerechten Layouts (Fabrikplanung) andererseits. Viele Umstrukturierungsprojekte konzentrieren sich häufig lediglich auf einen dieser beiden Schritte oder führen beide Teilprojekte unabhängig voneinander aus. Die Bearbeitung beider Teilprojekte "in einem Stück" führt jedoch zu weitaus besseren Resultaten, wie im folgenden dargestellt werden soll.

2 Simulationsgestützte Entwicklung eines neuen Steuerungskonzeptes

Die Simulationstechnik ermöglicht es, Systemzustände zu analysieren, die in der Realität nicht berücksichtigt werden können, da die Behinderungen in der laufenden Produktion zu groß wären. Am Rechner läßt sich jedoch ein störungsfreies Experimentierfeld schaffen, um Lösungsmöglichkeiten hinsichtlich ihrer Tauglichkeit für die Produktion zu erproben. Am IFA wird seit vielen Jahren die Modellierung und Simulation industrieller Produktionsbereiche betrieben. Aus diesen Aktivitäten ging der Produktionssimulator ProSim III hervor, der speziell für die Modellierung ganzer Produktionsbereiche und deren Produktionsplanung und Fertigungssteuerung entwickelt wurde [1].

2.1 Produktionssimulation

Bild 4 verdeutlicht den Aufbau des Produktionssimulationssystems sowie den Ablauf von Simulationsexperimenten. Das erste Modul des Simulators modelliert die Funktionen der Produktionsplanung, Bild 4 oben. Durch dieses Modul werden ausgehend von den Primärbedarfen Beschaffungs- und Fertigungsaufträge gebildet. Für jede Teilfunktion (Bedarfsermittlung, Durchlaufplanung oder Auftragsbildung) können unterschiedliche Verfahren zum Einsatz kommen, z.B. unterschiedliche Losgrößenbestimmungsverfahren im Rahmen der Auftragsbildung. Soll die Produktionsplanung bei einer Analyse nicht mit abgebildet werden, übernimmt man die vom PPS-System des Unternehmens gebildeten Aufträge und steigt erst auf der nachfolgenden Steuerungsebene in den Simulationsbetrieb ein. Die auf der Steuerungsebene angesiedelten PPS-Funktionen haben im Rahmen der Beschaffungs- und der Fertigungssteuerung die Aufgabe, periodisch Aufträge freizugeben und der eigentlichen Ablaufsimulation zur Verfügung zu stellen (Bild 4 Mitte). Auch hier existieren für jede Einzelfunktion alternative Verfahren. Da jedes Verfahren als eigenständiges Programm realisiert wurde und mit einheitlichen Schnittstellen arbeitet, ist ein Wechsel unterschiedlicher Verfahrensalternativen leicht möglich.

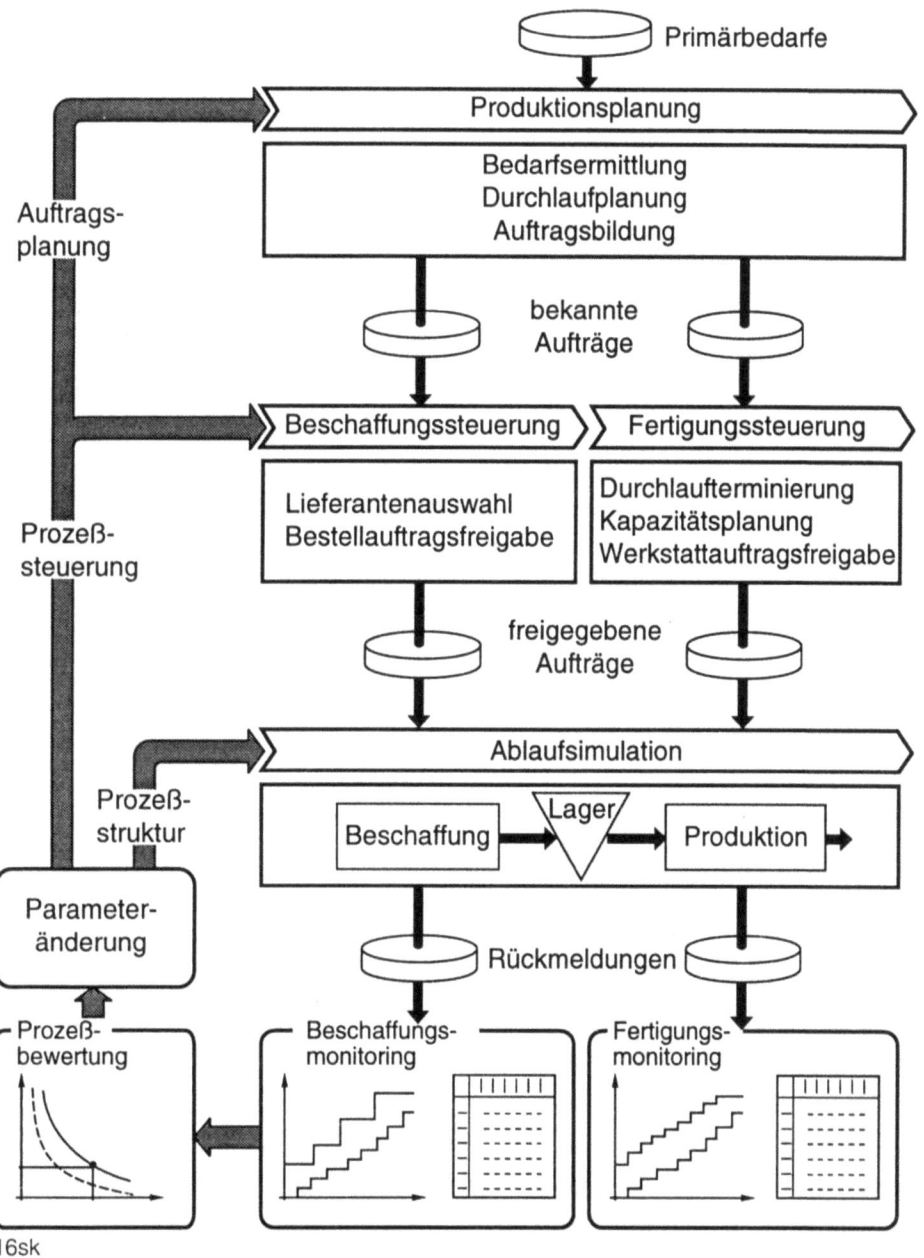

Bild 4: *Simulationsprüfstand zur Analyse der beschaffungs- und produktionslogistischen Prozeßkette*

Die Ablaufsimulation bildet die eigentlichen Beschaffungs-, Eigenfertigungs- und Montageabläufe ab. Das zur Modellierung der Eigenfertigung und Montage eingesetzte Simulationsmodul basiert auf dem am IFA entwickelten Trichtermodell [2]. Bei diesem Simulationsmodul handelt es sich um einen ereignisorientierten, deterministischen Simulator, der sich besonders für Produktionsbereiche eignet, die Aufträge losweise abarbeiten.

Ein wesentlicher Bestandteil eines Produktionssimulationssystems ist die Auswertung der Simulationsergebnisse. Die auf einem logistischen Zielsystem basierende Analyse, unterstützt durch aussagekräftige Graphiken, ist eine vielfach vernachlässigte Grundvoraussetzung zur effektiven Nutzung der Simulation. Module zum Beschaffungs- und Fertigungsmonitoring [3,4] bilden daher weitere Komponenten des Systems. Sie bieten Unterstützung bei der Aufbereitung und Interpretation der Simulationsergebnisse, wie dies im unteren Teil von Bild 4 angedeutet wird. Während eines Simulationslaufes werden dazu sämtliche Ereignisse, wie Arbeitsvorgänge, Lagerzugänge oder Materialbereitstellungen, protokolliert und den Monitorsystemen als Rückmeldedaten zur Verfügung gestellt.

Nach der Interpretation und der Bewertung des in einem Simulationslauf erreichten Zustandes ist es möglich, den Prozeß mit veränderten Parametern noch einmal zu starten. Wie im linken Teil von Bild 4 zu erkennen, ergeben sich für eine Parametervariation drei Eingriffsebenen. Auf der untersten Ebene kann der Anwender die Prozeßstruktur beeinflussen, indem er das Modell des betrachteten Produktionsbereiches verändert. Hier ist zum Beispiel das Einfügen einer neuen Maschine oder der Einsatz alternativer Arbeitspläne denkbar. Auf der Steuerungsebene kann der Anwender die Verfahren oder die Parameter der Fertigungssteuerung variieren, z.B. indem er unterschiedliche Verfahren zur Durchlaufterminierung einsetzt oder die Parameter des Auftragsfreigabeverfahrens verändert. Auf der Planungsebene ist es schließlich möglich, in den Dispositionsablauf einzugreifen und damit die Systemlast für die Steuerungsfunktionen zu verändern.

2.2 Aufbau des Simulationsmodells

Für den Aufbau des Simulationsmodells wurden die 42 Maschinengruppen des Untersuchungsbereiches mit etwa 100 Einzelarbeitsplätzen abgebildet. Zu jeder der etwa 50 Produktvarianten wurde ein eigener Arbeitsplan abgelegt. Der Untersuchungszeitraum umfaßte 14 Monate. **Bild 5** verdeutlicht die möglichen Lösungsprinzipien zur Konfiguration des eingesetzten Produktionssimulationssystems, wobei die Felder hervorgehoben wurden, die der speziellen Konfiguration für den ersten Modelltest und damit auch dem Ausgangszustand im Unternehmen entsprechen. Im Rahmen der Materialdisposition erfolgte aufbauend auf einer verbrauchsorientierten Bedarfsermittlung die Bildung von Aufträgen nach Standardlosgrößen. Die Fertigungssteuerung entsprach einer Push-Steuerung, wobei eine auftragsbezogene Terminierung durchgeführt, für jedes Arbeitssystem konstante Periodenkapazitäten eingestellt und die Aufträge terminabhängig freigegeben wurden. Wegen der einfachen Produktstruktur gab es bei dem ersten Modelltest keine Unterteilung in unterschiedliche Produktionsbereiche.

Als Fertigungsprinzip lag eine Mischform aus Werkstatt- und Reihenfertigung vor. Abzubildende Besonderheiten der Fertigung waren die Organisation der Mitarbeiter in Personalgruppen und die überlappte Fertigung der Arbeitsgänge der Aufträge. Die Schwerpunkte der Auswertung lagen auf der Analyse von Arbeitssystemen und den verschiedenen Lagerbereichen.

Teilfunktionen		Lösungsprinzipien				
Produktionsplanung	Bedarfs-ermittlung	Verbrauchs-orientiert	teils Verbrauchs-/ teils Bedarfsorientiert	Bedarfsorientiert		
				Auflösung nach Fertigungsstufen	Auflösung nach Dispositionsstufen	
	Mengenplanung	keine Mengen-zusammenfassung	feste Losgrößen	Lot for Lot	Grundmodell	dynamische Losbildung
Fertigungs-steuerung	Grundprinzip	Push-Steuerung			Pull-Steuerung	
	Ausprägung der Fertigungs-steuerung	Terminierung	Arbeitsgang-bezogen	Auftrags-bezogen	Belastungs-orientiert	
		Kapazitäts-steuerung	konstante Kapazitäten	periodische Kapazitätsanpassung	Bestellpunkt-Steuerung	KANBAN-Steuerung
		Auftrags-freigabe	Material-abhängig	Termin-abhängig	Belastungs-orientiert	
Fertigung	Komplexität der Produkte	einstufig (Fertigung oder Montage)	mehrstufig (Fertigung und Montage)		mehrstufig mit Beschaffung	
	Fertigungs-prinzip	Werkstattfertigung	Reihenfertigung		Fertigungsinseln	
	Besonderheiten der Fertigung	Personalgruppen / Mehrmaschinenbedienung	Überlappte Fertigung		Rüstfamilien-bildung	
Auswertung		Arbeitssysteme	Lager	Bereichsaufträge	Kundenauftrags-netze	

©IFA C1949sk3

Bild 5: Konfiguration des Produktionssimulationssystems

Um ein Simulationsmodell zu verifizieren, ist ein Modelltest durchzuführen, bei dem das Modell mit den gleichen Aufträgen wie das reale System belastet wird. Die Ergebnisse des Simulationslaufs sollten in den für die Fragestellung entscheidenden Punkten mit den Betriebsdaten der realen Fertigung übereinstimmen. Bei Abweichungen muß das Modell weiter angepaßt werden. Sollen geplante Prozesse untersucht werden, dann kann man eine vollständige Überprüfung des Modells nicht vornehmen. In diesem Fall erfolgt lediglich eine Teil-Validierung, in dem man Ergebnisse einzelner bekannter Bestandteile des realen Systems mit den entsprechenden Ergebnissen des Modells vergleicht.

Auch bei der vorliegenden Simulationsstudie erfolgte nur eine Teil-Validierung, da Bewegungsdaten des Ist-Zustands nur eingeschränkt verfügbar waren. Die Ergebnisse der ersten Simulationsläufe wurden mit den Mitarbeitern aus dem entsprechenden Unternehmensbereich diskutiert und nach einigen Anpassungen konnte der Modelltest zufriedenstellend abgeschlossen werden.

Im weiteren Verlauf des Simulationsprojektes wurden verschiedene Maßnahmen und alternative Steuerungskonzepte erprobt, um die Auswirkungen der einzelnen Veränderungen kennenzulernen. Aufbauend auf diesen Erfahrungen wurden verschiedene Konzepte erarbeitet und dem Unternehmen vorgelegt. Nach Abstimmungsgesprächen über durchführbare und im speziellen finanzierbare Maßnahmen sowie einigen weiteren Simulationsexperimenten wurde gemeinsam das neue Steuerungskonzept entwickelt.

2.3 Das neue Steuerungskonzept

Als notwendige Voraussetzungen für das Fertigungskonzept mußten auch Veränderungen in den technischen Abläufen erfolgen. So wurde für die weitere Planung unter anderem angenommen, daß die Nacharbeit im Bereich Oberflächenbearbeitung und die Rüstzeiten an den Engpaßsystemen der Mechanischen Bearbeitung auf etwa die Hälfte reduziert werden können. Diese Maßnahmen wurden ausgewählt, da durch Simulationsexperimente nachgewiesen werden konnte, daß hierdurch die größten Verbesserungen zu erzielen sind. Insbesondere aufgrund dieser Veränderungen konnten die Losgrößen und damit indirekt die Durchlaufzeiten und die Bestände deutlich reduziert werden. Gemeinsam mit den betroffenen Mitarbeitern wurden die Möglichkeiten zur Umsetzung dieser Maßnahmen diskutiert, da hier auch erhebliche Anstrengungen organisatorischer und finanzieller Art erforderlich wurden.

Die wichtigste Umstrukturierungsmaßnahme auf dem Weg zum neuen Fertigungskonzept war jedoch die Unterteilung der Produkte in drei Typen (Produktsegmentierung), wobei für jeden Typ eine spezifische Planung und Steuerung vorgesehen wurde (**Bild 6**).

Der Großserientyp (größer als 15.000 Einheiten pro Monat) wird auch weiterhin nach Prognosen des Vertriebs geplant. Die Prognosegenauigkeit erhöht sich jedoch mit der Reduzierung der Durchlaufzeiten. Die Produkte des Mittelserientyps (100 bis 2.000 Stück pro Monat) werden durch eine zweistufige Bestellpunktsteuerung kontrolliert. Dazu wird der Bereich Zuschnitt von den Bereichen Mechanische Bearbeitung und Oberflächenbearbeitung durch ein Zwischenlager entkoppelt. Die Einrichtung des Entkopplungslagers hinter dem Bereich Zuschnitt erschien besonders sinnvoll, da bei der Herstellung der Rohlinge deutlich größere Lose gebildet werden müssen, als dies im Bereich der Mechanischen Bearbeitung nach rüstzeitreduzierenden Maßnahmen der Fall ist. Das Unterschreiten eines Auslösebestandes im Entkopplungslager verursacht neue Aufträge zur Herstellung von Rohlingen. In Abhängigkeit vom Lackiererlager werden Aufträge für den Bereich der Fertigung ausgelöst, die im Gegensatz zum Ist-Zustand den gesamten Bereich ohne Losteilung oder Zwischenlagerung durchlaufen. Der Kleinserientyp (alle übrigen Produkte) wird nach dem gleichen Vorgehen gesteuert wie bisher. Dies bedeutet, daß die Auftragsfreigabe für den Bereich Zuschnitt nach den Prognosen des Vertriebs erfolgt und anschließend die kompletten Preßlose die Mechanische Bearbeitung durchlaufen. Die Oberflächenbearbeitung wird nur für die benötigten Mengen durchgeführt.

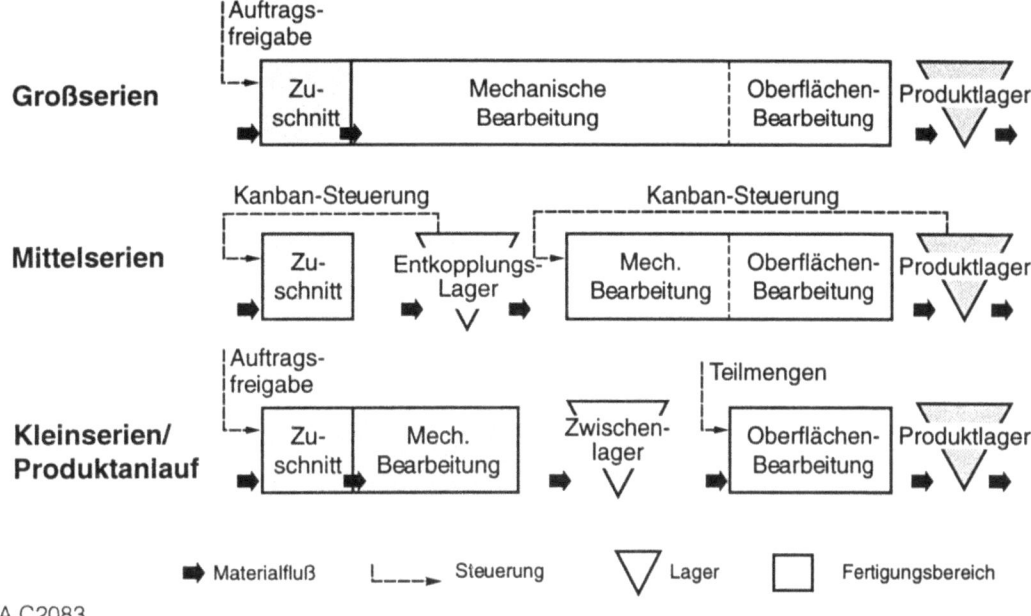

Bild 6: Das neue Steuerungskonzept aufbauend auf einer produktorientierten Segmentierung

2.4 Logistische Bewertung

Die wesentlichen Veränderungen durch die neue Struktur zeigen die Simulationsergebnisse der Mittelserien-Produkte (Typ II). Bei gleicher Ausbringung und verbesserter Termineinhaltung hat sich der Bestand und die Durchlaufzeit in der Mechanischen Bearbeitung mehr als halbiert und das Zwischenlager vor der Oberflächenbearbeitung wurde komplett vermieden. Dafür entstand das neue Entkopplungslager, aus dem sich die Mechanische Fertigung mit Rohlingen versorgt.

Da das Entkopplungslager ein bedeutender Bestandteil der neuen Struktur ist, werden die wichtigsten Simulationsergebnisse hier kurz zusammengefaßt. In diesem Lager müssen im Mittel 13.800 Rohlinge vorgehalten werden, um die unterschiedlichen Losgrößen in den entkoppelten Bereichen auszugleichen und die schwankenden Bedarfe der einzelnen Produkttypen abzupuffern. Die zwischengelagerten Rohlinge haben jedoch die wichtigste Wertschöpfungsstufe (Mechanische Bearbeitung) noch nicht durchlaufen. Zusätzlich sind sie von ihrem Volumen etwa um den Faktor vier geringer als die umgeformten Produkte.

Als geeignetes Hilfsmittel zur Auswertung der Simulationsergebnisse und zur Darstellung der dynamischen Abläufe hat sich das am IFA entwickelte Durchlaufdiagramm erwiesen. Das **Bild 7** zeigt ein solches Diagramm für alle Rohlinge im Entkopplungslager. Das Lagerdurchlaufdiagramm stellt in Form von Treppenkurven die Auftragsauslösung (Bestellung), den Lagerzugang und den Lagerabgang jeweils in Stück über der Zeit dar. Der senkrechte Abstand zwischen Lagerzugang und -abgang verdeutlicht den Bestand in dem Lager, der waagerechte Abstand die Lagerverweilzeit. Um den Bestandsverlauf hervorzuheben, wird dieser zusätzlich über der x-Achse als Funktion der Zeit abgebildet.

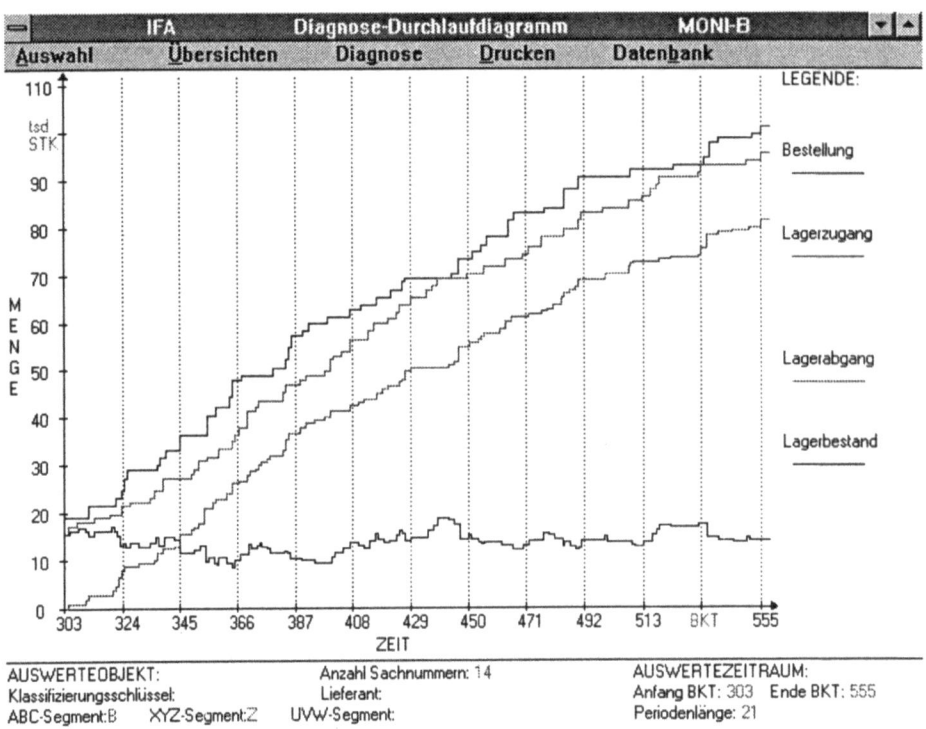

Umlaufbestand Rohlinge	5.795 Stk
Durchlaufzeit Rohlinge	18 AT
Bestand Entkopplungslager	13.829 Stk
Verweilzeit Entkopplungslager	44 AT

©IFA C2084

Bild 7: *Lagerdurchlaufdiagramm und Kennzahlen für das neu entstandene Entkopplungslager*

Die Analyse des Kennzahlenblattes ergibt, daß der Verlauf des Bestandes aller Rohlinge zusammen nicht so starken Schwankungen unterliegt, wie dies für die meisten einzelnen Rohlinge der Fall ist. Nur zu wenigen Zeitpunkten wird ein Maximalwert von 16.000 Einheiten überschritten. Als Mittelwert stellt sich hier ein Bestand von 13.829 Einheiten ein. Damit weist die Simulationsuntersuchung nach, daß ein Lager für 16.000 Rohlinge unter den Randbedingungen des hier vorgegebenen Untersuchungszeitraums ausreichen würde.

Die Basis des Durchlaufdiagrammes liegt in dem am IFA entwickelten Trichtermodell, mit dem sich auch der Auftragsdurchlauf durch die Fertigung abbilden läßt. [5]. **Bild 8** zeigt in komprimierter Form die Herleitung und die Nutzungsmöglichkeiten dieses Modells. Es stellt den Zusammenhang zwischen der die Durchlaufzeit beschreibenden Reichweite, der erbrachten Leistung und dem dazu erforderlichen Umlaufbestand an einem Arbeitssystem dar. Die sogenannte Trichterformel (Reichweite = Bestand / Leistung) beantwortet dabei die Frage, wie schnell (Reichweite) kann das System mit der nutzbaren Kapazität (Leistung) die wartenden Aufträge (Bestand) im Mittel abarbeiten.

a) Trichtermodell und Durchlaufdiagramm

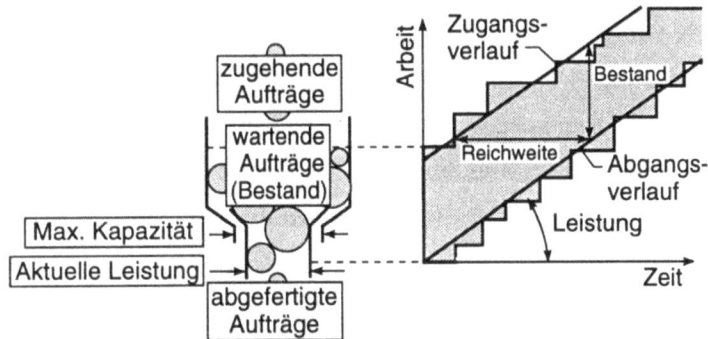

b) typische Betriebszustände an einem Arbeitssystem

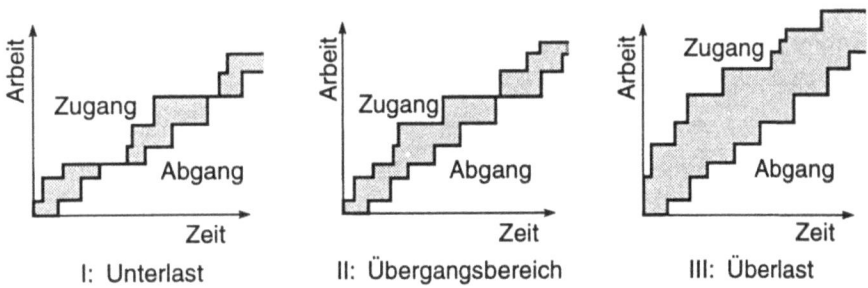

c) Darstellung der Betriebszustände in Betriebskennlinien

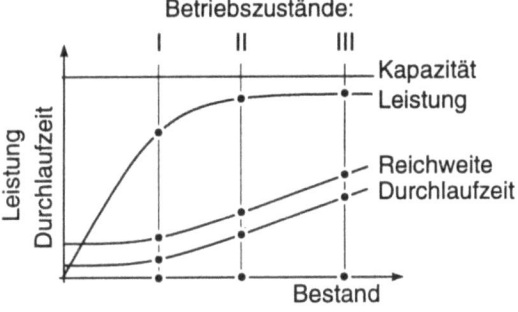

Bild 8: Vom Trichtermodell zur Betriebskennlinie [7]

Das Trichtermodell und das Durchlaufdiagramm beschreiben jeweils einen bestimmten stationären Betriebszustand. Durch Betrachtung von mehreren unterschiedlichen Betriebszuständen ist es möglich, von den einzelnen Zuständen im Durchlaufdiagramm zu verdichteten Informationen in Form von logistischen Betriebskennlinien zu gelangen [6]. Der untere Teil des Bildes zeigt diese Kennlinien, die die Zielgrößen Leistung und Durchlaufzeit aber auch die Reichweite als Funktion des Bestandes darstellen. Die Kennlinien verdeutlichen, daß sich die Leistung oberhalb eines bestimmten Bestandswertes nur noch unwesentlich ändert. Es liegt dann kontinuierlich ausreichend Arbeit vor, so daß keine Beschäftigungsunterbrechungen auftreten. Unterhalb dieses Bestandswertes, der auch als Abknickpunkt der Kennlinie bezeichnet wird, kommt es jedoch zunehmend zu Leistungseinbußen aufgrund eines zeitweilig fehlenden Arbeitsvorrates. eines bestimmten Bestandswertes mit dem Bestand an. Bei Bestandsreduzierungen sinkt die Durchlaufzeit, jedoch kann sie das Minimum, welches sich aus der Durchführungszeit der Aufträge und ggf. der Transportzeit ergibt, nicht unterschreiten. Zwischen der Reichweite und der Durchlaufzeit besteht eine feste rechnerische Beziehung, so daß die Kennlinien für diese beiden Größen parallel verlaufen. Eine genaue Ableitung findet sich in [7]. Es hat sich als zweckmäßig erwiesen, die Reichweite als Durchlaufzeitgröße zu benutzen, da sie sich direkt aus der Trichterformel berechnen läßt.

Anhand der Betriebskennlinien für das Engpaßsystem (Umformen) im Produktionsablauf des Typs II sollen beispielhaft die logistischen Verbesserungen verdeutlicht werden, die durch die vorgestellten Maßnahmen erreicht wurden (**Bild 9**). Hierbei führte insbesondere die Losgrößenreduzierung zu sehr viel kleineren Arbeitsinhalten pro Auftragslos. Diese kleineren Arbeitsinhalte bewirken im Vergleich zur Ausgangssituation eine Verschiebung des Abknickpunktes der Kennlinien [7]. Damit entsteht unter logistischen Aspekten ein sehr viel günstigerer Kennlinienverlauf, da sich nunmehr für eine bestimmte Leistung geringere Werte für Bestand und Reichweite einstellen. Dieser resultierende logistische Vorteil kann durch einen Vergleich des Ist-Zustandes mit dem neuen Betriebszustand an dem Engpaßsystem quantifiziert werden. Es zeigt sich, daß bei einer konstanten Leistung des Systems die Kennzahlen für Bestand und Reichweite einen um ca. 53% kleineren Wert annehmen.

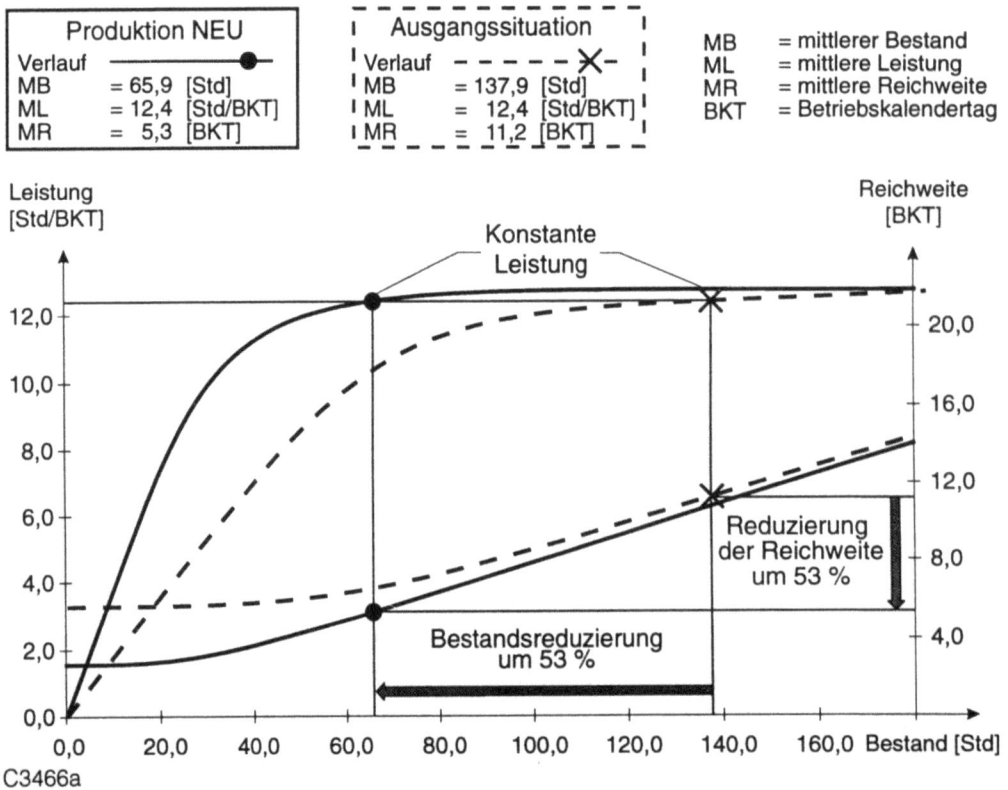

Bild 9: *Logistische Verbesserungen an einem Engpaßsystem in der Produktion NEU (Umformen TYP II)*

Da sich an den anderen Produktionssystemen ähnliche Bestandsreduzierungen ergaben, konnte durch das neue Logistikkonzept der Umlaufbestand in der Produktion auch insgesamt deutlich verringert werden. Dies bildete die entscheidende Voraussetzung für das Teilprojekt Fabrikplanung, die vorzuhaltenden Bereitstellflächen in der zukünftigen Produktion auf das vorgegebene Maß zu reduzieren.

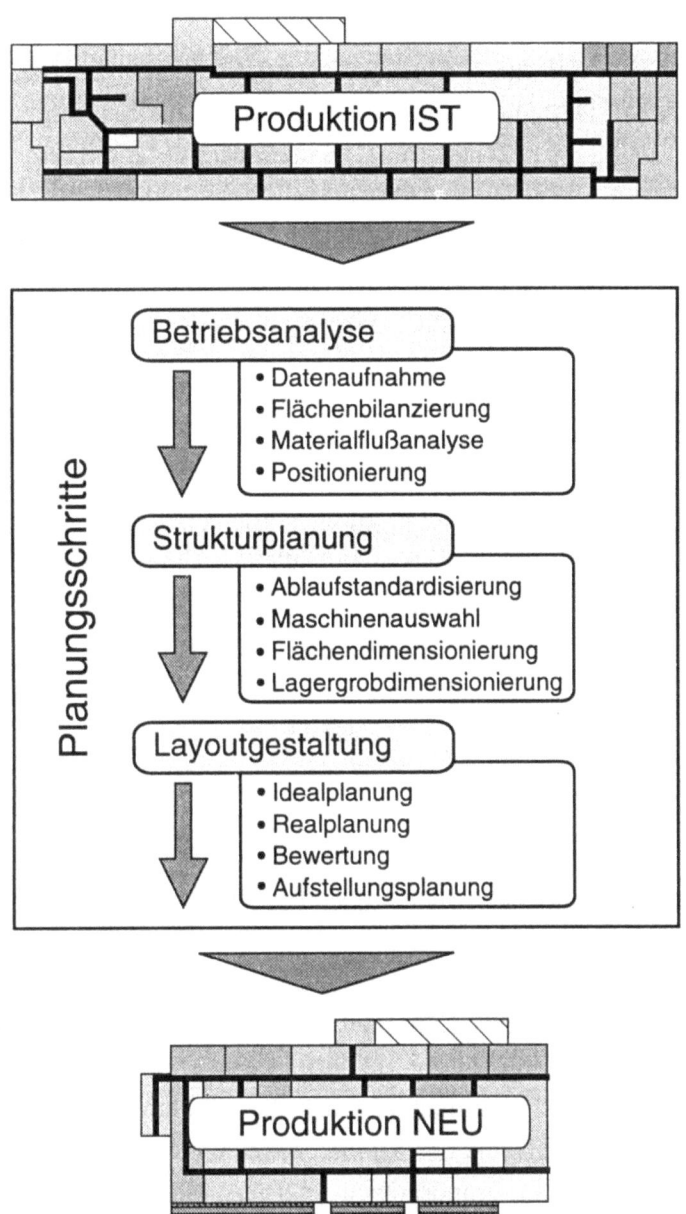

©IFA C2085

Bild 10: Schritte einer systematischen Fabrikplanung

3 Entwicklung eines anforderungsgerechten Layoutkonzeptes

Im folgenden sollen nun die Vorgehensweise und die Ergebnisse des Teilprojektes Fabrikplanung vorgestellt werden (**Bild 10**). Aufbauend auf den Ergebnissen der Flächenbilanzierung und Materialflußanalyse konnten im Rahmen der gemeinsam durchgeführten Betriebsanalyse die im Vorfeld erarbeitete Zielvorstellung detailliert und als Grundlage für die weiteren Schritte der Fabrikplanung festgeschrieben werden.

Dabei galt es im nächsten Schritt der Strukturplanung, Standardabläufe zu erarbeiten, die den grundsätzlichen Bearbeitungsablauf in der zukünftigen Produktion beschreiben. Diesem Ablauf konnten anschließend die erforderlichen Produktionsmittel mit ihrem jeweiligen Flächenbedarf zugeordnet werden. Die diesen Planungsschritt abschließende Dimensionierung der erforderlichen Bereitstellflächen bzw. Lagerflächen erfolgte unter Berücksichtigung der reduzierten Umlaufbestände, die sich aus den Simulationsuntersuchungen bei der Entwicklung des neuen Steuerungskonzeptes ergeben hatten.

Nach der grundsätzlichen Strukturierung der Produktion erfolgte in der Layoutgestaltung eine Variantenplanung, bei der zunächst eine von Restriktionen weitestgehend losgelöste Idealplanung als Maßstab für die anschließende Realplanung durchgeführt wurde. Unter sukzessiver Berücksichtigung der vorgegebenen Restriktionen konnten Real-Layoutvarianten erarbeitet werden, die mit Hilfe einer Nutzwertanalyse zu bewerten waren. Als Abschluß der Layoutgestaltung und der gesamten Planungsaufgabe wurde eine exemplarische Maschinenaufstellung entwickelt, die die Realisierbarkeit der Planung unter Beweis stellte.

3.1 Strukturplanung

Aufgrund der Ähnlichkeit des Produktionsablaufes der einzelnen Produkte erschien es sinnvoll, zu Beginn der Strukturplanung standardisierte Abläufe für die beiden betrachteten, wesentlichen Produkttypen festzulegen. Auf der Grundlage des zukünftigen Produktionsprogrammes konnte das in **Bild 11** dargestellte, ideale Funktionsschema erarbeitet werden, das für ca. 80 % des Produktspektrums Gültigkeit besitzt. Gemeinsam mit dem KFZ-Zulieferer erfolgte anschließend die Zuordnung der zukünftig erforderlichen Produktionsmittel zu diesem Funktionsschema. Das Bild verdeutlicht, daß die strukturelle Trennung von Groß- und Mittelserienfertigung mit Ausnahme der Wärmebehandlungen und der beiden elektrochemischen Oberflächenbehandlungen grundsätzlich realisiert werden konnte. Der Grund für die Beibehaltung von gemeinsam genutzten Verfahrensschritten lag vor allem in der Tatsache begründet, daß eine Trennung dieser Verfahrensschritte zu erheblichen finanziellen Investitionen bei einer unvermeidbaren Minderauslastung der jeweiligen Arbeitssysteme geführt hätte. Anhand dieses Schemas wird weiterhin deutlich, daß beide Produkttypen das elektrochemische Bad 1 jeweils zweimal durchlaufen und daß somit diese Notwendigkeit bei der abschließenden Layoutgestaltung besondere Berücksichtigung finden muß.

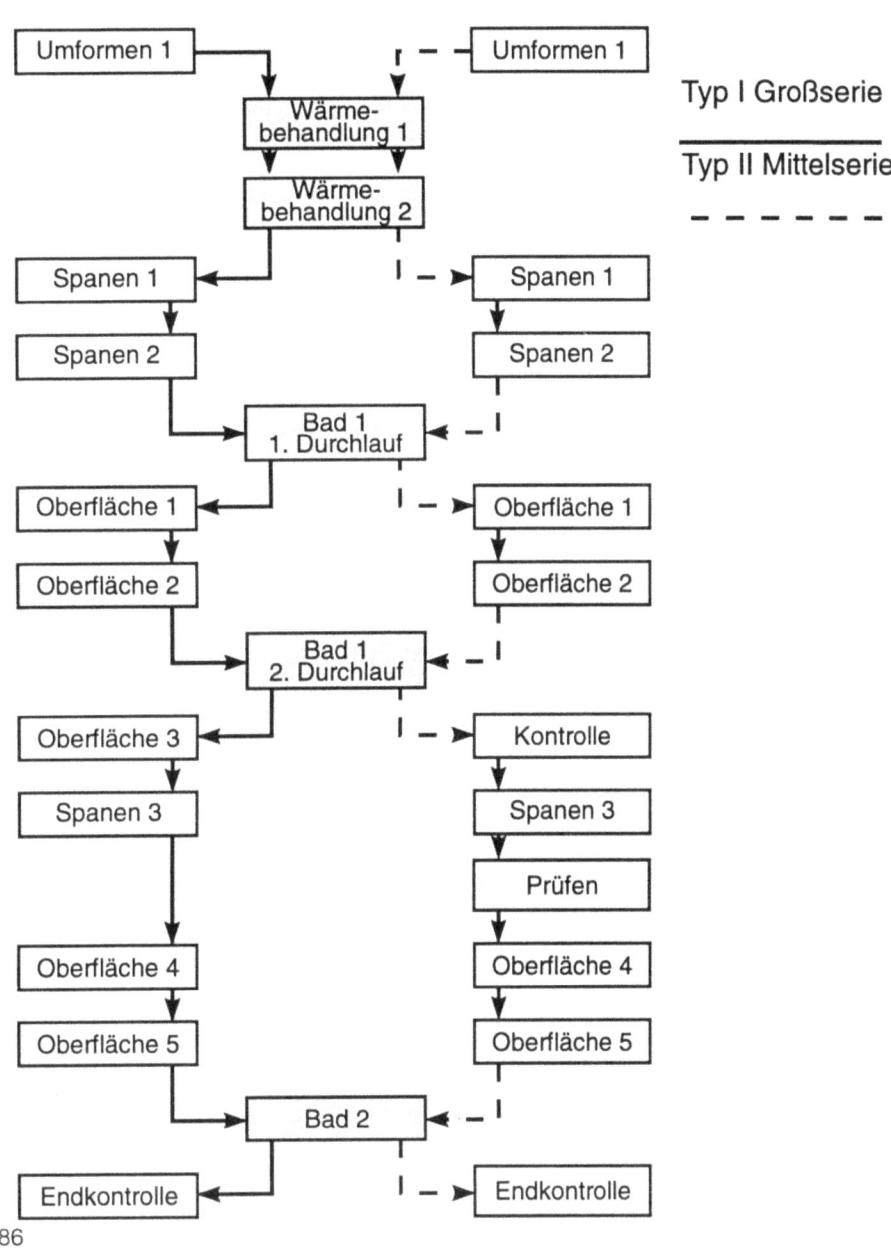

Bild 11: Ideales Funktionsschema der Produktion NEU

Die auf diese Art und Weise entstandenen Arbeitssystemgruppen bilden einerseits die grundlegende Struktur der zukünftigen Produktion und andererseits die Schnittstelle zum Projekt Steuerungskonzeptentwicklung, das die Simulationsergebnisse jeweils in Bezug auf diese Arbeitssystemgruppen verdichtete. **Bild 12** veranschaulicht anhand der Vorgehensweise bei der anschließenden Dimensionierung der Produktionsflächen den Zusammenfluß der Daten beider Teilprojekte. Zur Bestimmung des zukünftigen Flächenbedarfs konnten zunächst die Flächen der ausgewählten Arbeitssysteme bzw. Maschinen direkt aus der Flächenbilanzierung des Ist-Zustandes entnommen werden. Die Ermittlung der erforderlichen Transport- und Funktionsflächen erfolgte hingegen durch entsprechende Kennzahlen, die aus der Analyse des Ist-Zustandes resultierten.

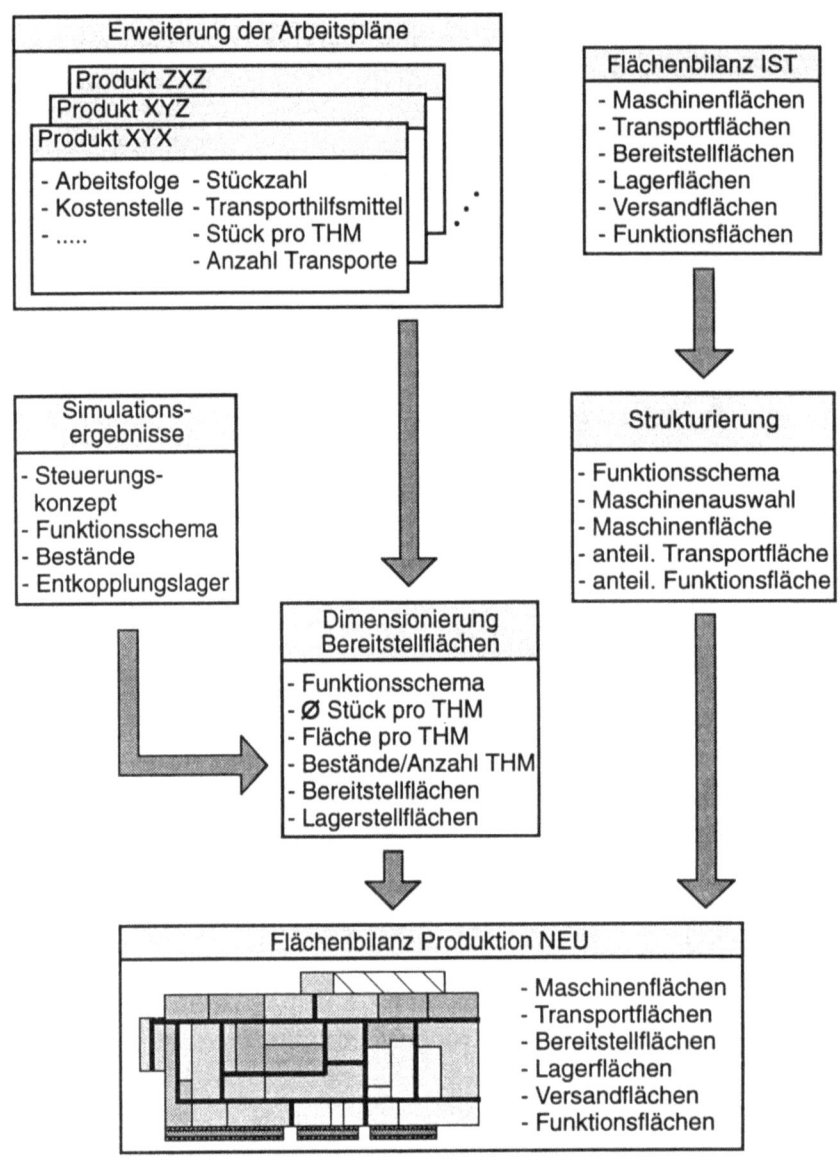

Bild 12: Vorgehensweise zur Dimensionierung der Produktionsfläche

Besondere Bedeutung kam jedoch der Ermittlung der erforderlichen Bereitstellflächen zu, die durch die Reduzierung der Umlaufbestände entscheidend verringert werden sollten. Anhand der bereits in der Materialflußanalyse genutzten Arbeitspläne erfolgte die Bestimmung einer durchschnittlichen Stückzahl pro Transporthilfsmittel für jeden Ablaufschritt des erarbeiteten Funktionsschemas. Da weiterhin die jeweils erforderliche Stellfläche eines Transporthilfsmittels bekannt war, ließ sich die insgesamt erforderliche Bereitstellfläche des jeweiligen Ablaufschrittes über die entsprechenden Bestandszahlen aus den Simulationsuntersuchungen direkt berechnen.

Zur Überprüfung dieses Dimensionierungsansatzes wurden zunächst simulativ die Bereitstellflächen ermittelt, die für die Produktion in der vorhandenen Struktur erforderlich waren. Der Vergleich mit den in der Betriebsanalyse aufgenommenen Bereitstellflächen in der Produktionshalle führte zu einer interessanten Aussage. Die Simulationsergebnisse lieferten einen etwa 8% höheren Bedarfswert und bestätigten somit anschaulich den Eindruck aus der Datenaufnahme, daß offensichtlich auch die Transportwege zusätzlich zur Bereitstellung genutzt wurden.

Nach der iterativen Erprobung alternativer Maßnahmen zur Bestandsreduzierung hinsichtlich des zu erwartenden Flächenbedarfes konnten schließlich die in Abschnitt 2.3 erläuterten Maßnahmen festgelegt werden, obwohl das angestrebte Ziel der Flächenreduzierung nicht vollständig zu erreichen war. Zusätzliche Maßnahmen zur Reduzierung der Umlaufbestände wurden von dem KFZ-Zulieferer zunächst zurückgestellt, da die neue Struktur innerhalb kürzester Zeit bei laufender Produktion zu realisieren war. Vielmehr sollten durch eine geringfügige Erweiterung des Hallenkomplexes um ca. 6% für einen neuen Versandbereich und für das Entkopplungslager weitere Flächenpotentiale in die Planung einbezogen werden. Insbesondere für die Lagergrobplanung erwies sich diese Entscheidung von Vorteil, da somit die Möglichkeit für den Aufbau eines Hochregallagers entlang der gesamten Hallenlänge entstand. Das geplante zweizeilige Lager bietet auf 6 Lagerebenen bei einem vergleichsweise geringen Flächenbedarf ausreichend Einstellmöglichkeiten für die einzulagernden Rohlinge des Mittelserientyps. Durch den Einsatz eines Schmalganghubstaplers zur Lagerbeschickung lassen sich die erforderlichen Transport- und Rangierwege ebenfalls auf ein Minimum reduzieren. **Bild 13** zeigt diese beiden Anbauten in Form eines Groblayouts, dessen Entwicklung im folgenden Abschnitt erläutert werden soll.

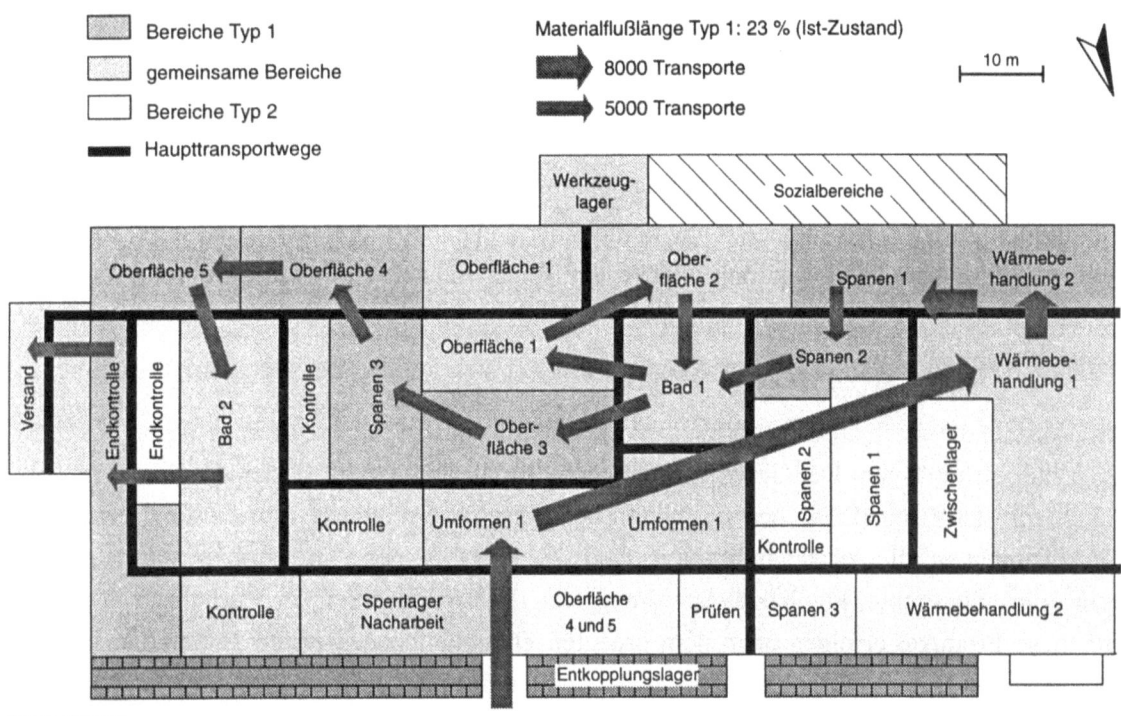

Bild 13: Produktion NEU: Grob-Layout und Materialfluß Typ 1

3.2 Layoutgestaltung

Im Rahmen der Layoutgestaltung wurden insgesamt 6 Anordnungsvarianten der erarbeiteten Produktionsstruktur mit unterschiedlichen Zielsetzungen entworfen. Eine Variante wurde dabei als Idealplanung losgelöst von den vorgegebenen Restriktionen ausgeführt, um einen Vergleichsmaßstab für die weiteren fünf, tatsächlich realisierbaren Varianten zu erhalten. Zur abschließenden Bewertung wurde ein hierarchisch gegliederter Katalog von Bewertungskriterien erarbeitet, nach denen die einzelnen Varianten im Rahmen einer Nutzwertanalyse beurteilt werden konnten. Das eindeutige Ergebnis der Beurteilung führte seitens des KFZ-Zulieferers zur Favorisierung der Variante, deren Anordnung und Materialfluß für die beiden Produkttypen in Bild 13 und in **Bild 14** dargestellt ist. Dieser Layoutvariante liegt der Ansatz zugrunde, die Bearbeitung des Mittelserientyps aufgrund der Variantenvielfalt so kompakt wie möglich zu gestalten und dabei gleichzeitig die Bereiche des Großserientyps zu separieren.

Wie der Materialfluß des Großserientyps verdeutlicht (Bild 13), waren die beiden ersten Arbeitsschritte Umformen 1 und Wärmebehandlung 1 von Seiten des Kfz-Zulieferers aufgrund des hohen Umtellungsaufwandes dieser Aggregate als Fixpunkte festgelegt worden und mußten somit räumlich stark getrennt verbleiben. Nach diesen beiden Fixpunkten erfolgt für den Großserientyp im direkten Anschluß eine weitere Wärmebehandlung sowie zwei spanende Bearbeitungsgänge, die bezogen auf den Materialfluß günstig zu dem nächsten Fixpunkt der elektrochemischen Behandlung (Bad1) gelegt werden konnten. Als wesentliche Forderung stellte sich hierbei, daß die vorhandenen Entsorgungseinrichtungen in diesem Bereich weiter genutzt werden können. Die folgenden Schritte Oberflächenbearbeitung 1 und 2 wurden für beide Produktgruppen so zusammengelegt, daß alle Produkte das bereits angesprochene, zweimalige Durchlaufen des zentral gelegenen Fixpunktes Bad 1 in einer Art "Runde" mit verhältnismäßig wenig Transportaufwand vollführen können.

Danach folgen für den Großserientyp, wiederum stark ablauforientiert, die Oberflächenbehandlungen 2 und 3, das Spanen 3 sowie die Oberflächenbehandlungen 4 und 5 im südlichen Hallenschiff. Nach einer weiteren elektrochemischen Behandlung (Bad 2) durchläuft dieser Produkttyp die Endkontrolle, um schließlich im angebauten Versandbereich verpackt und verladen zu werden.

Die Vorteile dieses ablauforientierten Layouts äußern sich eindrucksvoll in den grob bestimmten Materialflußlängen. Der Großserientyp benötigt nur noch ca. 23 % der Weglänge im Vergleich zum Ist-Zustand. Bei den Produkten der Mittelserie reduziert sich dieser Wert auf ca. 25% bezogen auf die Ausgangssituation (Bild 14). Am Fluß der Mittelserienprodukte ist weiterhin die angestrebte, kompakte Anordnung der Produktionsbereiche deutlich zu erkennen. Für diese Produkte erfolgen nach dem erneuten Durchlaufen des ersten Bades die weiteren Arbeitsgänge in umittelbar räumlicher Nähe zueinander. Die auftretenden Abweichungen im Produktionsablauf aufgrund der Variantenvielfalt können somit bei sehr kurzen Wegen realisiert werden. Anschließend wird, wie bei den Produkten der Großserie, die zweite elektrochemische Behandlung, die Endkontrolle und schließlich der Versand durchgeführt.

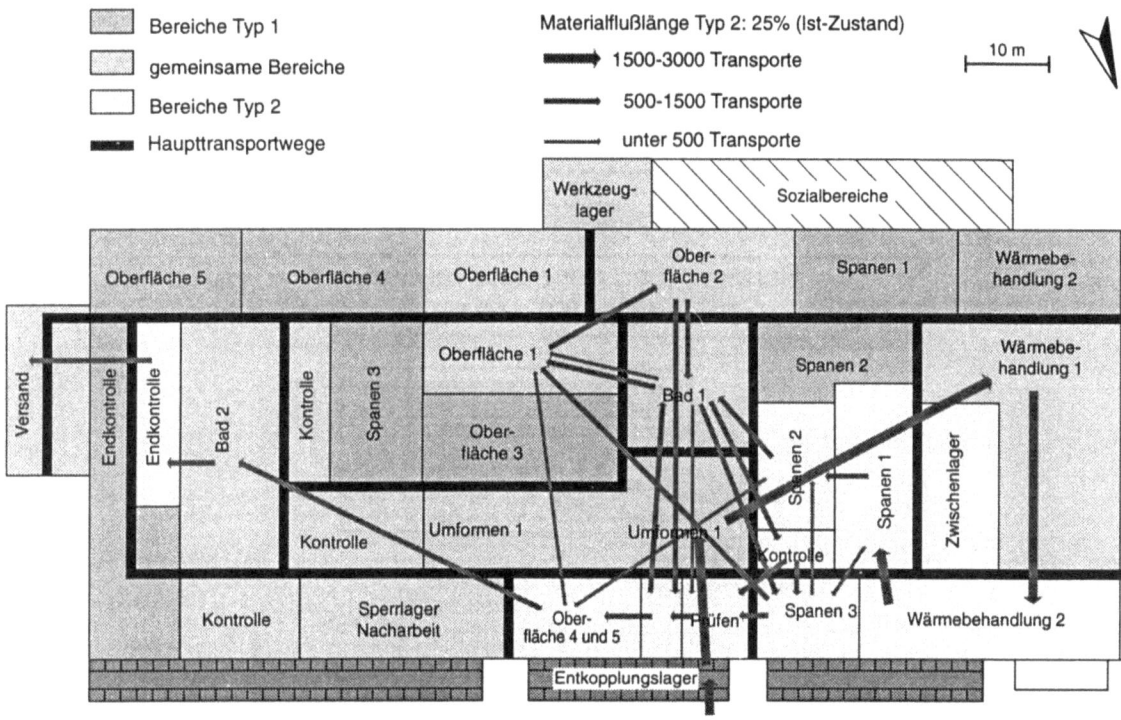

Bild 14: Produktion NEU: Grob-Layout und Materialfluß Typ 2

Im letzten Planungsschritt der Umstrukturierung wurde dieses Groblayout in Form einer detaillierten Maschinenaufstellung beispielhaft ausgeplant, um auch die Realisierbarkeit dieser Planung nachweisen zu können.

4 Bewertung des neuen Konzeptes

Bild 15 zeigt die wesentlichen Kennzahlen des erarbeiteten Konzeptes für den Produktionsbereich des KFZ-Zulieferers zusammenfassend auf. Durch die Entwicklung eines ablauforientierten Fertigungslayouts konnte eine neue und vor allem transparente Produktionsstruktur geschaffen werden, die sich durch eine drastische Verkürzung (ca. 75%) der erforderlichen Fertigungswege auszeichnet.

In eng abgestimmter Vorgehensweise wurde simulationsgestützt ein differenziertes Steuerungskonzept für die sich in der Stückzahlcharakteristik und der Variantenvielfalt stark unterscheidenden Produkttypen erarbeitet. Die Bewertung der logistischen Zielgrößen der neuen Struktur ergab eine deutliche Reduzierung der vorzuhaltenden Umlaufbestände sowie der zukünftig erreichbaren Durchlaufzeiten (Großserie um ca. 18% / Mittelserie um ca. 62%) im Vergleich zu der Ausgangssituation. Als Voraussetzung zur Realisierung dieser logistischen Potentiale müssen neben der Reduzierung der Nacharbeitsanteile vor allem die sehr hohen Rüstzeiten drastisch verringert werden, wenngleich dies mit einem gestiegenen Rüstaufwand verbunden ist.

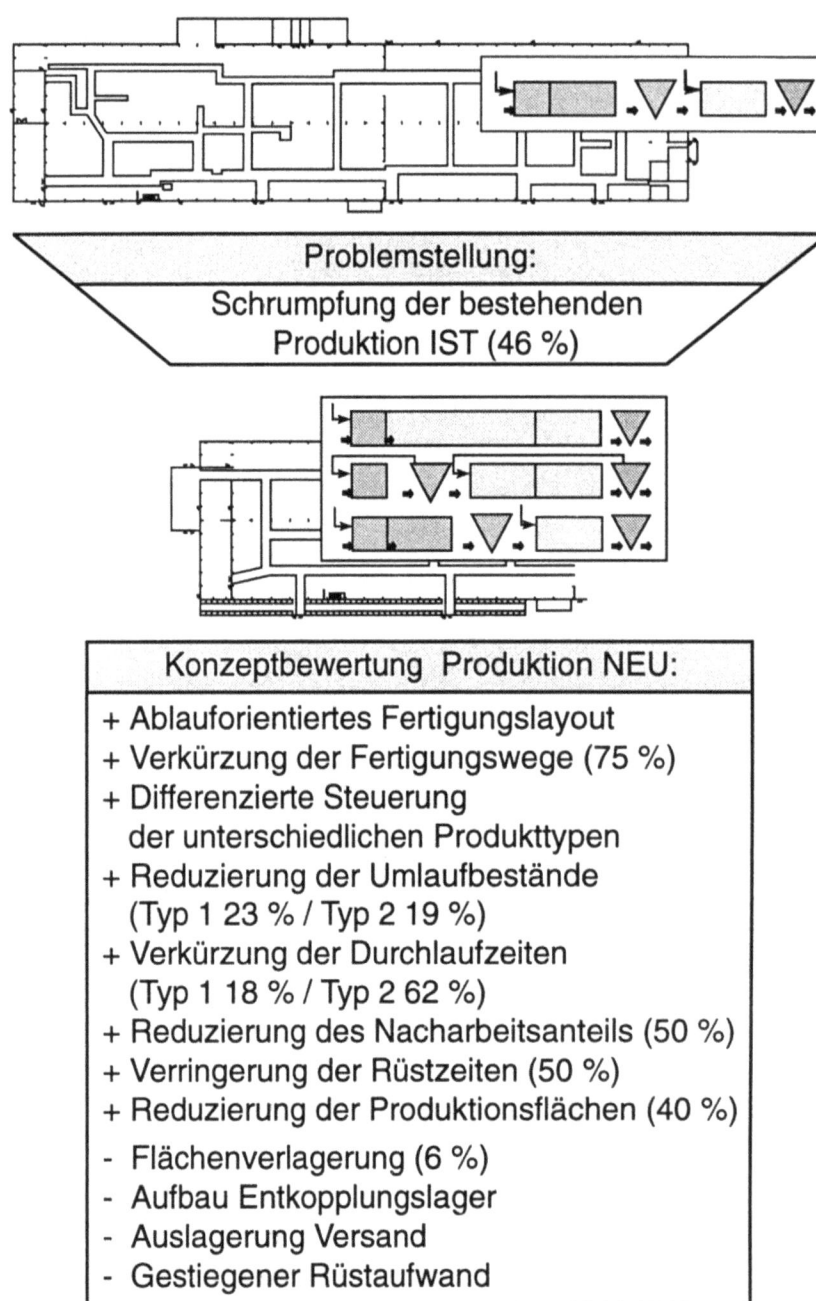

Bild 15: *Bewertung des Logistikkonzeptes für die Produktion NEU*

Da das Umstrukturierungsprojekt unter der Maßgabe einer auch innerhalb kürzester Zeit zu realisierenden Umsetzung durchgeführt wurde, erschien eine aus den oben genannten Maßnahmen resultierende Reduzierung der Produktionsfläche um "nur" 40% realistisch. Der somit erforderlichen Verlagerung der verbleibenden Produktions- und Lagerflächen (6%) konnte durch den Anbau eines neuen Versandes und dem Aufbau eines Hochregallagers Rechnung getragen werden.

Auf der Basis dieser neu geschaffenen Produktionsstruktur wird der Kfz-Zulieferer in die Lage versetzt, den zukünftigen Anforderungen des Marktes besser begegnen zu können. Im Zuge der kontinuierlichen Verbesserung der Produktion bietet das neue, zukunftsorientierte Konzept verschiedene Optionen, weitere Potentiale der logistischen Leistungsfähigkeit zu erschließen. Dadurch könnte trotz niedriger Bestände und kürzerer Durchlaufzeiten noch stärker kundenorientiert (höchste Lieferbereitschaft und Liefertreue) produziert werden.

Literatur

[1] *H.-P. Wiendahl, P. Scholtissek:* Produktionssimulation als Versuchsstand für Fertigungsstrukturen und PPS-Verfahren, VDI-Z 135 (1993), Nr. 3.

[2] *H.-P. Wiendahl:* Belastungsorientierte Fertigungssteuerung - Grundlagen, Verfahrensaufbau, Realisierung. Carl Hanser Verlag München Wien 1987.

[3] *J. Gläßner:* Controlling beschaffungslogistischer Abläufe. In: H.-P. Wiendahl (Hrsg.): IFA-Kolloquium 1993: Neue Wege der PPS, gfmt-Verlags KG, München, 1993.

[4] *W. Ullmann:* Controlling logistischer Produktionsabläufe am Beispiel des Fertigungsbereiches. Diss. Uni Hannover, 1993, Fortschrittsberichte VDI, Reihe 2 Nr. 311, Düsseldorf: VDI-Verlag, 1994.

[5] *Wiendahl, H.-P. und Nyhuis, P.:* Die logistische Betriebskennlinie - ein neuer Ansatz zur Beherrschung der Produktionslogistik. RKW-Handbuch Logistik, Erich Schmidt Verlag, HLo, 19 Lfg. XI/93.

[6] *Ludwig, E.:* Konfiguration einer durchlauforientierten Fertigungssteuerung bei Werkstättenfertigung. In: H.-P. Wiendahl (Hrsg): Neue Wege der PPS, Tagungsbericht zum IFA-Kolloquium 1993, S. 88 - 130. gfmt-Verlag, München 1993.

[7] *Nyhuis,P.:* Quantifizierung logistischer Rationalisierungspotentiale mit Betriebskennlinien. ZfB 64 (1994) 4, S. 443-464.

Neuplanung versus Revitalisierung von Fabriken
Siegfried Wirth

Neuplanung versus Revitalisierung

Prof. Dr. Dr.-Ing. Siegfried Wirth
Prof. Dr. sc. techn. Alfred Förster
Institut für Betriebswissenschaften und Fabriksysteme
Technischen Universität Chemnitz-Zwickau

Neuplanung versus Revitalisierung

1. Ausgangssituation

Produkte und Prozesse veränderten sich bei annähernd gleichbleibender zweidimensionaler Fertigungsstruktur in der Vergangenheit in etwa 20 bis 30 Jahren. Die Perioden des Produkt-, Prozeß- und Materialwechsels werden immer kürzer. Dimensionen und Strukturen von Unternehmen bzw. Fabriken unterliegen dynamischen Veränderungen /1/. Der Produktwechsel vollzieht sich in einigen Branchen, insbesondere der Elektrotechnik/Elektronik und des Maschinenbaues innerhalb von 1,5 bis 4 Jahren, d.h. immer häufiger in einer Zeitspanne unterhalb von 2 Jahren. Während sich der Produkt-, Produktions- und Strukturlebenszyklus ständig verringert, haben wir es mit einer relativ langen Lebensdauer eines Produktionsstandortes bzw. -gebäudes zu tun, der den technologischen Wechsel um ein Vielfaches überdauert. **Bild 1** zeigt die prinzipiellen Zusammenhänge zwischen Produkt- und Gebäudelebensdauer /2/.

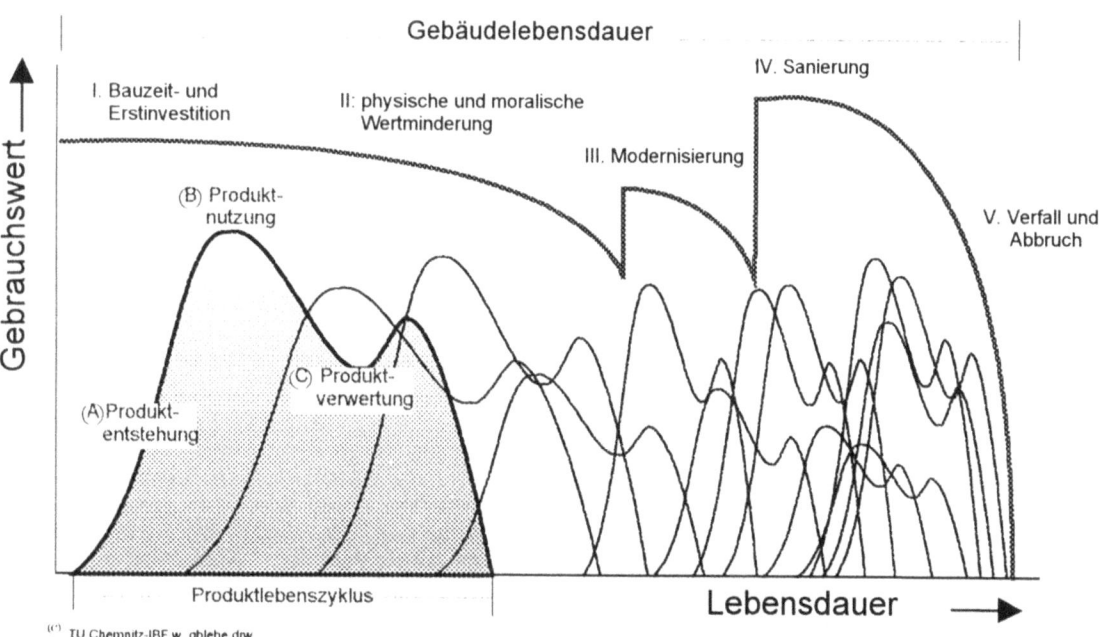

Bild 1 Zusammenhang zwischen Produkt- und Gebäudelebensdauer

Den tiefgreifenden Veränderungen in Technik, Technologie, Organisation und Unternehmenskultur stehen einerseits noch für die Ersttechnologie errichtete, relativ unverändert gebliebene räumliche Fabrikstrukturen und Produktionsgebäude gegenüber. Dies an historisch gewachsenen Standorten, die nur unter bestimmten Bedingungen die Anforderungen an eine moderne Produktions- und Fabrikstruktur erfüllen.

Andererseits ist eine permanente Flächen- und Gebäudefreisetzung sowie Um- und Neunutzung von Industriebrachen zu verzeichnen, die aus Umstrukturierung, Redimensionierung, Ausgründungen, Konzentration auf segmentierte Kernbereiche und Liquidierung von Betrieben resultiert.

Mit der nur teilweise gerechtfertigten Begründung eines hohen Bedarfes an neuen Standorten, werden noch zusätzlich (besonders in den neuen Bundesländern) Flächen- und wirtschaftliche Gebäudestrukturen gefördert und ausgebaut. Sie führen zu Ansiedlungen von neuen Industrie- und Gewerbegebieten für Produktions- sowie Dienstleistungsbereiche außerhalb der Ballungszentren. Damit vollzieht sich aus städtebaulicher Sicht eine Verschiebung von einer historisch entwickelten zu einer stadtrandlageorientierten Infrastruktur mit allen Vor- und Nachteilen.

Fazit:

Auf den ersten Blick sind Wirtschaftsregionen, die ein reichliches Flächenangebot an alten und neuen Standorten besitzen, gut, bieten sie doch ansiedlungwilligen Investoren ein vielfältiges Angebotsspektrum zu akzeptablen Bedingungen. In einem Überangebot von Flächen haben es aber Industriebrachen und damit Revitalisierungsstrategien schwer, als Standorte für neuer Betriebe, selbst bei erheblicher Förderung, angenommen zu werden. Damit stellt sich für Kommunen und Investoren die Kernfrage: Revitalisierung durch angepaßte Weiternutzung von Industriebetrieben an traditionellen Standorten mit gewachsener Infrastruktur, vorhandenen Ressourcen und Potentialen oder Neuplanung an neuen Standorten auf grüner Wiese, d.h. Revitalisierung versus Neuplanung?

Ihre Beantwortung hängt von den jeweiligen Zielkriterien, Standortanforderungen und Standortgegebenheiten ab. Als Entscheidungsindikatoren kristallisieren sich wirtschaftliche, technisch-organisatorische, ökologische und sozioökonomische Kriterien heraus.

2. Betriebswirtschaftliche Entscheidungskriterien, Überlebens- und Revitalisierungsstrategien

Ausgangspunkt aller Betrachtungen ist der jeweilige betriebswirtschaftliche Zustand der Fabrik, der durch geeignete Überlebens- und Revitalisierungsstrategien beeinflußbar ist. **Bild 2** zeigt in Anlehnung an /3/ vier Zustandsphasen einer Fabrik.

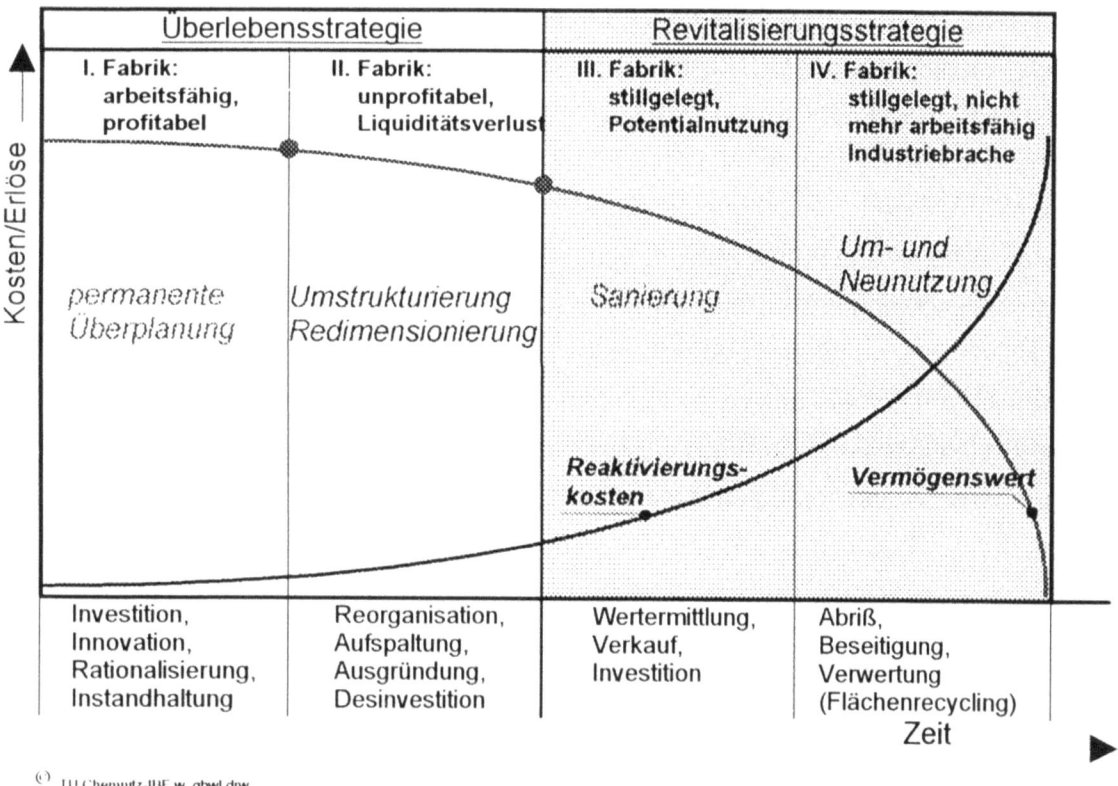

Bild 2 Betriebswirtschaftliches Zustandsmodell der Fabrik (i.A.a Strunz)

Diese werden durch die Potentialnutzung und -entwicklungsfähigkeit (insbesondere des Humanpotentials), die Liquidität, den technisch-wirtschaftlichen und ökologischen Zustand des Sachanlagenvermögens und die Kapitalstruktur des Unternehmens bestimmt. Sie definieren den Handlungsspielraum für Neuplanung und/oder Revitalisierung

2.1. Überlebensstrategien

Die <u>Phase I</u> charakterisiert die gesunde Fabrik. Innovationen in Produkten und Prozessen führen zu Investitionen verbunden mit ständiger Rationalisierung sowie zur Erhöhung der Verfügbarkeit der Fabrikanlagen. Potentialnutzung und Vermögenswert entwickeln sich auf hohem Niveau. Methodisch erfolgt eine permanente „Überplanung" der Fabrik hinsichtlich der Ressourcen und Struktur, in Abhängigkeit vom Produktionsprogramm und Unternehmensumfeld. Dafür existieren geeignete (Fabrik)Planungs- und Steuerungssysteme /4/.

Um wettbewerbsfähig zu bleiben, bedienen sich diese Unternehmen zunehmend ganzheitlicher Ansätze mit neuen Unternehmensphilosophien wie z.B. Agile Company /5/, Biotopisches System /6/, Ganzheitliches Unternehmen /7/, Partnerschaftliche Logistik /8/ und Lernendes Unternehmen /9/. Diese Ansätze lösen sich von den reinen Gewinn- und Kostenbetrachtungen. Sie integrieren Kreativität und Kompetenzen des Menschen. Moderne Produktions- und Fabriksysteme orientieren auf Unternehmenserfolg durch /10/.

- Produktausrichtung nach Kundengruppen und Kundenzufriedenheit;
- Weltweites Benchmarking bezüglich Zeit, Qualität und Kosten;
- Mitarbeiterzentriertes Führen und Handeln in flachen Hierarchien;
- Prozeßorientiertes und logistisches Denken;
- Permanente Verbesserung erreichter Standards.

Die <u>Phase II</u> charakterisiert eine Fabrik mit nur noch teilweise wirtschaftlichen Geschäftsfeldern. Darauf wird durch Ausgliederung, Ausgründung und Verlagerung von Produkten, Prozessen und damit von Arbeitsplätzen reagiert. Dieser Prozeß vollzieht sich bei Unternehmen, die nicht rechtzeitig kundengruppenorientierte Produkt- und Prozeßinnovation betreiben und sich an hergebrachten Produkten und Strukturen festhalten.

Potentialnutzung und Vermögenswert nehmen ab. Indem sich das Unternehmen auf Kernkompetenzen (z.B. Forschung und Entwicklung, Produktion, Lagerung, Transport, Absatz) zurückzieht, setzt es damit an seinem Standort Potentiale, d.h. Knowhow, Arbeitsplätze und Flächen frei. Das Abgeben von Kompetenzen und Ressourcen führt dazu, daß neue Kooperationen und damit neue Netze für Geschäfts- und

Produktionsprozesse aufgebaut werden. Dieser Prozeß wird durch die Anwendung von Umstrukturierungs-, Redimensionierungs- und Restrukturierungsmethoden, d.h. Reengineeringsmethoden begleitet /11/.

In diesem Falle ist das Problem zu lösen, wie mit den vorhandenen, veränderten Strukturen, Ressourcen und Potentialen neue, auf den Kundengruppennutzen ausgerichtete Produkte, hergestellt werden können /12/. Hier versagen konventionelle Überlebensstrategien, die nur auf den Markt und nicht auf den Kundengruppennutzen ausgerichtet sind. Dafür sind neue erweiterte Innovationsansätze nötig. Die Kriterien für und der Vergleich der verschiedenen Innovationsansätze gehen aus **Bild 3** hervor /13/.

Kriterien	HART_90	VDI	SCHU_91	WARN_92	MANN_93	BORN_94	BULL_95	WILD_95
Orientierung an Problemen in erfolgversprechenden Kundengruppen		☑	☑		☑	☑		
Anstoß aus dem Unternehmen (Stärken, besondere Fähigkeiten)	☑	☑		☑	☑	☑	☑	☑
Ausrichtung der Unternehmenspotentiale auf erfolgversprechende Kundengruppen				☑	☑	☑	☑	☑
Die Mitarbeiter werden als die wesentlichsten Potentiale im Innovationsprozeß gesehen	☑			☑	☑	☑	☑	☑
Beseitigung des Engpaßproblems (dessen Beseitigung löst automatisch auch andere Probleme)					☑	☑		
Einbindung von Innovationen in das strategische Konzept		☑	☑	☑	☑	☑	☑	☑
Innovationsprozeß wird durch ein interdisziplinäres Team gestaltet	☑	☑	☑	☑	☑	☑	☑	☑
Ideenfindung und -bewertung erfolgt gemeinsam mit dem Kunden	☑	☑	☑	☑	☑	☑	☑	☑
Produktentwicklung u. -realisierung erfolgt gemeinsam mit dem Kunden		☑			☑	☑		☑
Realisierung der Problemlösung mittels synergetischer Kooperationen						☑		
Die Teams handeln in unternehmerischer Ergebnisverantwortung			☑	☑	☑	☑	☑	☑
Schaffung einer dynamischen Aufbau- und Ablauforganisation	☑			☑	☑	☑	☑	☑
Prozesse bedingen eine Bewußtseinsänderung bei allen Mitarbeitern des Unternehmens	☑				☑	☑		

HART_90 Hartmann, SCHU_91 Schubert, WARN_92 Warnecke, MANN_93 Mann, BORN_94 Born, BULL_95 Bullinger, WILD_95 Wildemann

Bild 3 Vergleich ausgewählter Innovationsansätze

Der spezielle Ansatz der „synergetischen Kooperation" fußt primär auf den Fähigkeiten und Fertigkeiten der Menschen, als den wichtigsten Ressourcen eines Unternehmens, die in der Lage sind, die Fabrik von der Phase II in die Phase I zurückzuführen. Erste erfolgreiche Beispiele, die aus der Anwendung eines erweiterten Innovationsansatzes mit synergetischer Kooperation resultieren, liegen vor /14/.

Fazit:
Die Neustrukturierung verlangt kundengruppen-, produkt- und humanorientierte Produktionsstrategien, vernetzbare Strukturen und Lösungen auf der Basis erweiterter synergetischer Innovationsansätze, die das Humanpotential und nicht die Immobilie in den Mittelpunkt aller Betrachtungen stellt.

2.2. Revitalisierungsstrategien

Ist ein Unternehmen nicht mehr in der Lage, den Umstrukturierungsprozeß erfolgreich zu gestalten, wird es zahlungsunfähig. Hier setzen die Revitalisierungsstrategien ein, die durch Betriebssanierung, Um- und Neunutzung gekennzeichnet sind.

Die III. Phase charakterisiert eine Fabrik mit überwiegend unwirtschaftlichen Geschäftsfeldern. Die Zahlungsunfähigkeit führt zur schrittweisen „Stillsetzung" der Potentiale. Der Vermögenswert sinkt und die Reaktivierungskosten steigen überproportional an. Vorhandene, nutzbare Potentiale können über die Wertermittlung, den Verkauf und die Neuinvestitionen teilweise wieder genutzt werden. Die damit verbundene Sanierung zieht im allgemeinen eine Neunutzung der Fabrikanlage nach sich. Zum Wiedererreichen der Phase I und II können die bereits angegebenen methodischen Ansätze verwendet werden. Das Hauptproblem besteht in der wirtschaftlichen Zuordnung neuer Produkt- und Prozeßlösungen aus Produktion und Dienstleistung.

Die Phase IV ist durch die Stillegung der Fabrik charakterisiert. Sie existiert nur noch als nicht mehr arbeitsfähige Industriebrache mit einem geringen Vermögenswert und hohen Reaktivierungskosten. Der Standort wird durch Abriß, Altlastensanierung, Flächenrecycling und Parzellierung zur Um- bzw. Neunutzung angeboten. Als methodische Hilfsmittel bieten sich Standortplanungs- und -zuordnungsmodelle an. Die Kostenberechnung für Industriebrachen erfolgt nach DIN 276 sowie die Benutzungskostenrechnung (Gebäudeerstellung und -nutzung) nach DIN 18960.

Fazit:

Für die Um- und Neunutzung von Industriebrachen kommen Methoden der Standortplanung zur Anwendung, die auf vergleichende Betrachtungen von Standortanforderungen und -gegebenheiten beruhen.

Dabei sind nicht nur herkömmliche „harte" und „weiche" Standortfaktoren sondern auch solche wie z.B. Nutzungsformen (Vermietung, Eigentum), Betriebstyp (Existenzgründer, Umsetzungsbetriebe) und Betriebsgröße einzubeziehen. Die Revitalisierung von Industriebrachen ist häufig mit einer Umwidmung verbunden.

3. Technisch-organisatorische Entscheidungskriterien

3.1. Entwicklung der Fabrikationsprozesse

Der industrielle Wandlungsprozeß ist u.a. durch komplexitätsreduzierte, beherrschbare autonome, sich dynamisch verändernde Produktions- und Dienstleistungsstrukturen, gekennzeichnet.

Durch die Konzentration der Unternehmen auf ihre Kernkompetenzen nimmt die Betriebsgröße drastisch ab. Über 80 % der gewerblichen Industrie verkörpern kleine und mittlere Unternehmen mit einer Beschäftigungszahl von 50 (20) bis 200 Arbeitskräften. Die unternehmerische Zielstellung bezieht immer mehr die logistischen Prozesse von der Beschaffung über die Produktion bis zum Absatz der Produkte ein. Das **Bild 4** zeigt diese Veränderungen durch eine kunden- und logistikorientierte Unternehmensführung /15/.

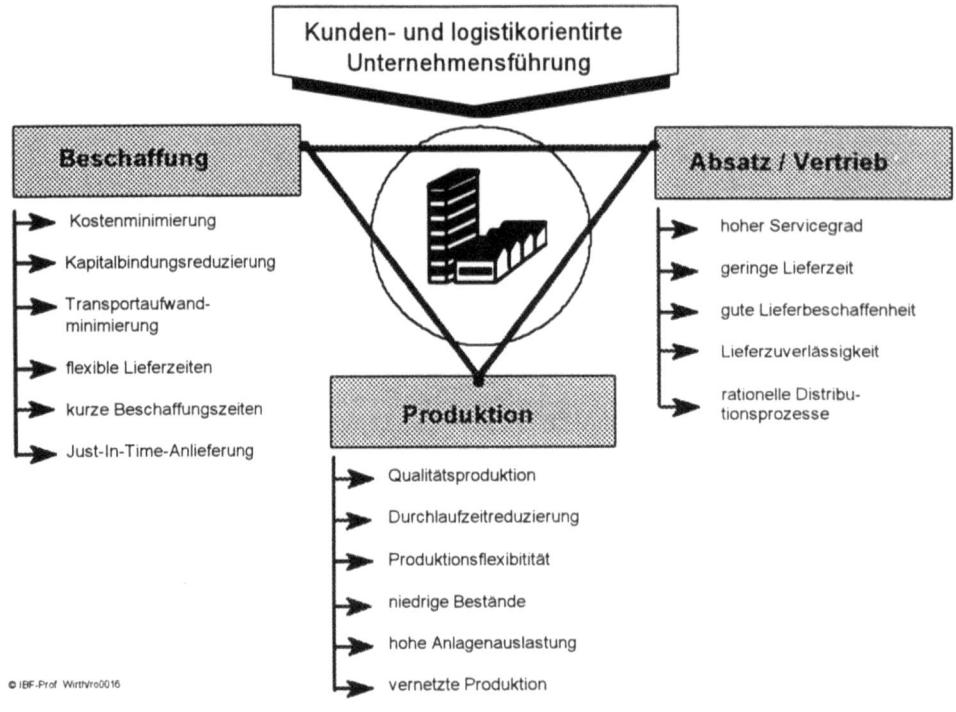

Bild 4 Kunden- und logistikorientierte Unternehmensführung

Speziell für kleine und mittelgroße Betriebe bilden sich kundenorientierte, überbetrieblich vernetzte Kooperationsbeziehungen zwischen gleichberechtigten Partnern heraus. Die Bündelung der Kräfte, Stärken und Potentiale verschiedener Partner und ihre synergetische Nutzung führt zu flexiblen Produktionsnetzen, in welchen das einzelne Unternehmen ein Knoten des Netzverbundes ist. Die Partner richten darin ihre jeweiligen Geschäfts- und Produktionsprozesse auf die Gesamtheit des Netzverbundes aus und bringen ihre spezifischen Kernkompetenzen als Teilleistung (z.B. Forschung, Entwicklung, Konstruktion, Beschaffung, Marketing, Arbeitsplanung, Produktion, Verwaltung) im Sinne eines Mitbewerbers ein. Dabei schälen sich gemäß **Bild 5** infrastrukur-, produkt- und funktionsorientierte Produktionsnetze heraus, die zwangsläufig zu neuen Arbeitsformen und -systemen führen /16/.

Die Prozeßorientierung löst die Funktionsorientierung ab. Diese technisch-organisatorischen Veränderungen haben gravierende Auswirkungen auf zukünftige Fabrik- und Gebäudestrukturen und deren Parameter.

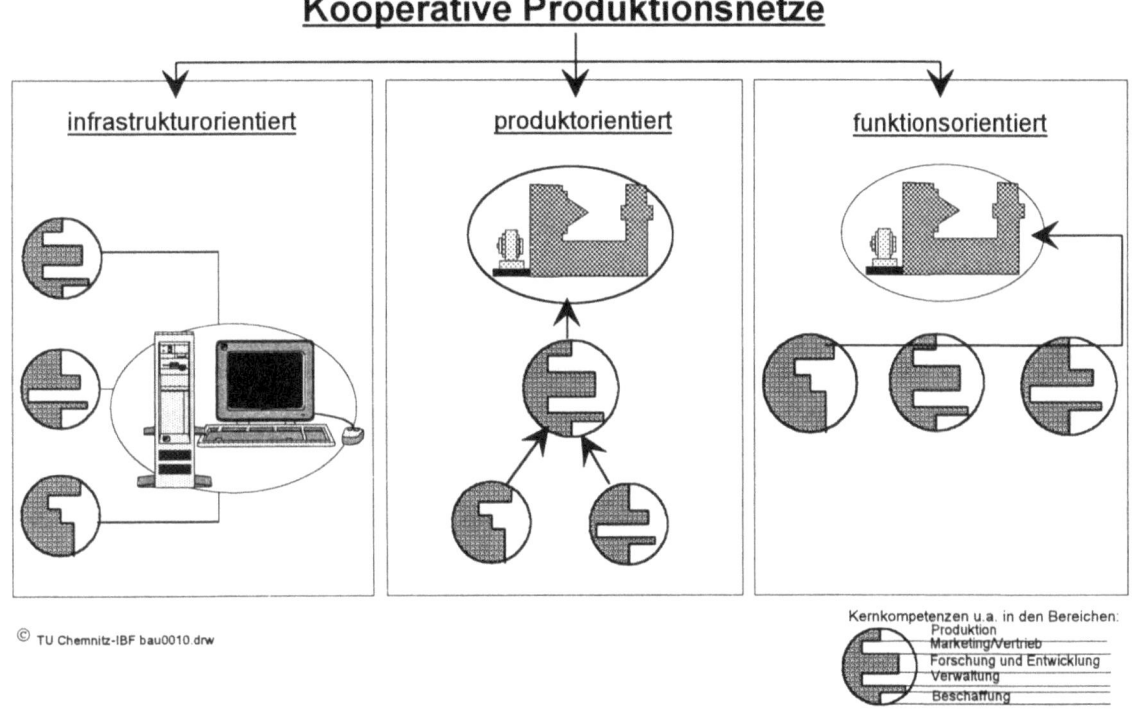

Bild 5 Kooperative Produktionsnetze

3.2. Anforderungen an Produktionsgebäude

Die Neuordnung der Fabrik setzt eine ganzheitliche Betrachtung voraus. Dies gilt nicht nur für den Auftrags-, Informations-, Stoff- und Energiefluß, sondern in zunehmendem Maße auch für die kommunikative, logistische und ökologische Einordnung aller Prozesse am Fabrikstandort und zwischen den kooperierenden Fabriken.

Produktionsgebäude haben somit nicht nur Anforderungen des Erstprozesses zu erfüllen, sondern auch den Erfordernissen bei einem Wechsel der Produktionsverfahren und Fabrikationsprozesse, also der Folgetechnologie, -organisation und -strukturen Rechnung zu tragen. Das gilt auch für die bauliche Anpassung eines vorhandenen Bauwerkes an neueinzuordnende Geschäfts- und Produktionsprozesse. Sind die Gebrauchsanforderungen der Prozesse bekannt, können diese bei einer Rekonstruktion der Gebäude berücksichtigt werden.

Dominierende Gebrauchsanforderungen an Gebäude sind geometrische Parameter, Nutzlasten, Gefäßsysteme, Infrastruktur (Logistik für Material, Energie, Kommunikation) und Ökologie /17/.

Gebäudeparameter /18/

Zu 85 % bis 90 % werden flexibel nutzbare eingeschossige Produktionsgebäude benötigt. Bei mehrgeschossigen Konstruktionen zeichnet sich durch den Einbau von Ebenen und auch den Einsatz von Regallager und Regalbediengerät über mehrere Geschoßebenen ein zunehmender Trend ab.

In Abhängigkeit von Automatisierungsgrad und Fertigungsart (Massen-, Mittelserien- und Kleinserienfertigung) werden menschzentrierte Fertigungslösungen die Gebrauchseigenschaften bestimmen.

Etwa 80 % der Werkzeugmaschinen in der metallverarbeitenden Industrie sind nicht länger als 3,5 m und nicht breiter als 2 m. Circa 80 % aller Werkzeugmaschinen benötigen eine Bodenbelastbarkeit von 25 kN/m^2 und etwa 20 % eine höhere Bodenbelastbarkeit. Ebenfalls liegt bei ca. 80 % aller Werkzeugmaschinen die benötigte Höhe unter 3,6 m. Demgegenüber wird bei integrierten gegenstandsspezialisierten Fertigungs- und Montageplätzen sowie flexiblen Fertigungsabschnitten eine komplexe Fläche von über 6 m x 6 m Rastermaß benötigt. Vorzugsmaße sind 15 m x 15 m (12 x 24; 12 x 18). Dort wo eine Just-in-time-Anlieferung nicht sinnvoll ist, zeichnet sich nach wie vor eine Tendenz der Integration von Lagern in die Produktionszone ab. Automatisierte Transportsysteme erfordern eine großzügige Auslegung der Transportwegbreite und geometrisch exakte Regelung. Gleiches gilt für die Lösungen mit integrierten Transport-, Umschlag- und Lagerprozessen.

Die Verkehrslasten betragen im Durchschnitt 30 kN/m^2 bis 50 kN/m^2. Flexibel verstellbare Wände mit Anschlußmöglichkeiten an das Gefäßsystem (Gas, Wasser, Energie) charakterisieren moderne Flächenstrukturen, die der speziellen Auftragslage angepaßt werden können.

Gebäudeinfrastruktur und Logistik

Von besonderer Bedeutung ist das Gefäßsystem sowie die auf eine logistikgerechte Unternehmensführung ausgerichtete Gebäude-, Kommunikations- und Materialflußtechnik. Sie stellt für ein modernes Management die Infrastruktur des Gebäudes nach innen und außen dar.

Bild 6 zeigt drei wesentliche Komponenten (Gebäudetechnik, Kommunikationstechnik, Materialflußtechnik) eines logistikorientierten Gebäudemanagement /19/.

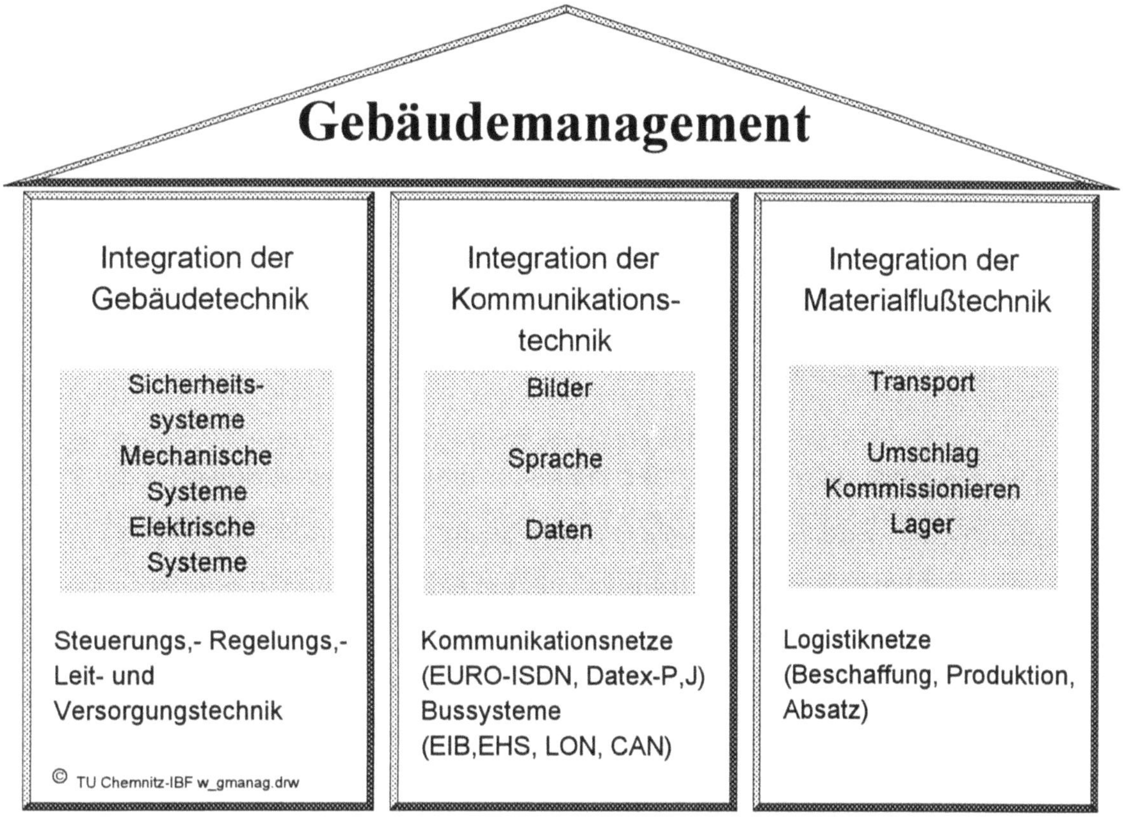

Gebäudemanagement

Integration der Gebäudetechnik	Integration der Kommunikationstechnik	Integration der Materialflußtechnik
Sicherheitssysteme Mechanische Systeme Elektrische Systeme	Bilder Sprache Daten	Transport Umschlag Kommissionieren Lager
Steuerungs,- Regelungs,- Leit- und Versorgungstechnik	Kommunikationsnetze (EURO-ISDN, Datex-P,J) Bussysteme (EIB, EHS, LON, CAN)	Logistiknetze (Beschaffung, Produktion, Absatz)

© TU Chemnitz-IBF w_gmanag.drw

Bild 6 Logistikorientiertes Gebäudemanagement

Es gewinnt für unterschiedliche Nutzungsformen (Miete, Kauf) an Bedeutung. Wobei die kommunikationstechnische Infrastruktur mit zunehmender Vernetzung von Unternehmen unabdingbar ist. Gleiches gilt für die Leittechnik in der Anwendung der Gebäudeautomatisierung zur Überwachung und Steuerung gebäudetechnischer Anlagen /20/, /21/.

Vorhandene Gebrauchseigenschaften und Gebäudeparameter können oftmals durch Sanierung, Instandhaltung, Modernisierung und durch Umnutzung verändert werden. Grundsätzlich besteht die Möglichkeit, die Gebrauchseigenschaften vorhandener Gebäudestrukturen zu verbessern.

Fazit:

Produktionsgebäude sind: Kommunikationszentrum, Hülle für Mensch und Technik, Funktionsträger technologischer und logistischer Prozesse, architektonisch-ästhetisches

Gestaltungselement sowie menschgerechte und ökologisch gestaltete Umwelt als gebaute Natur.

Bauwerke (vorhandene und neue) sind für moderne Fabrikationsprozesse wirtschaftlich (niedrige Betriebskosten), integrierfähig, nutzungsunabhängig, flexibel und anpassungsgerecht auszulegen. Dies schließt eine prozeßorientierte, multifunktionale, menschgerechte Planung und Gestaltung ein.

4. Ökologische Entscheidungskriterien, Altlastensanierung

Sowohl für Neuplanung aber ganz besonders für die Revitalisierung von Industrieflächen spielen die in **Bild 7** dargestellten Umweltlasten als Standortfaktor eine Rolle. Altlasten sind Belastungen des Bodens mit umweltgefährdeden Stoffen, die eine Nutzung des Bodens, des Grundwassers oder der Luft einschränken. Kommunen und Gewerbe sind verpflichtet, derartige konterminierte Flächen in Flächennutzungs- und Bebauungsplänen auszuweisen.

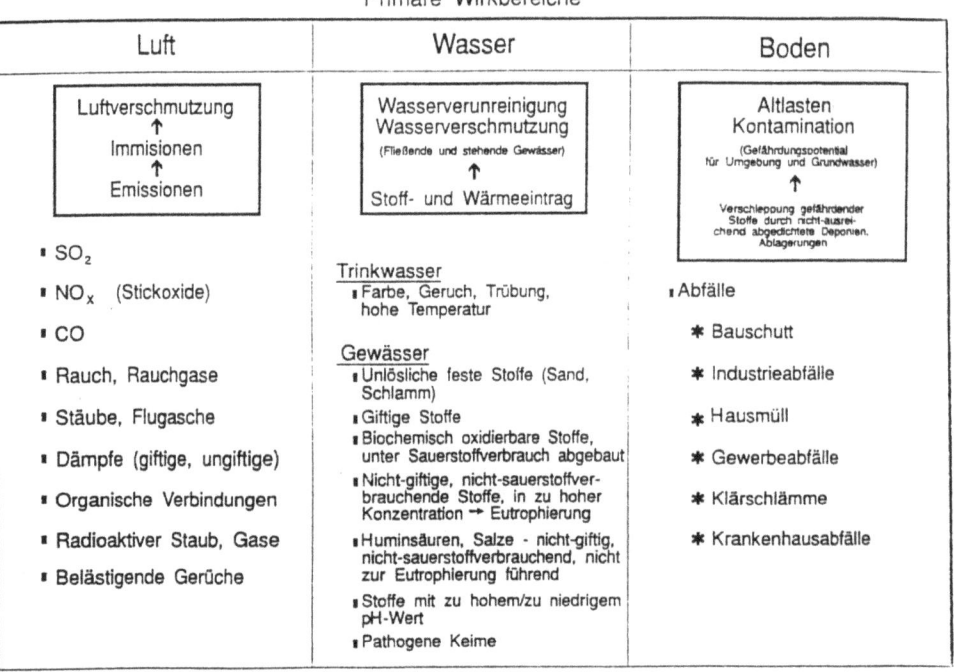

Bild 7 Ökologische Standortkriterien

Für historisch gewachsene Fabrikstandorte ist daher die Gefährdungsabschätzung von Altlasten nach folgenden Kriterien unerläßlich /22/:

- Ursprünge der Verunreinigung,
- Zeitpunkt ihrer Entstehung,
- Ausdehnung/Volumen, Menge, Freisetzung,
- Schadstoffart,
- Arten der Gesundheits- und Umweltgefährdung.

Bei der Altlastensanierung hat sich die in **Bild 8** dargestellte Vorgehensweise als sinnvoll erwiesen /21/. Sie hat zum Ziel, daß nach Durchführung von Sanierungsverfahren (z.B. Thermische: 100-1.500 DM/t; chemisch-physikalische: 100-350 DM/t; mikorbiologische: 50-150DM/t) keine Gefahren mehr für Leben und Gesundheit des Menschen ausgehen.

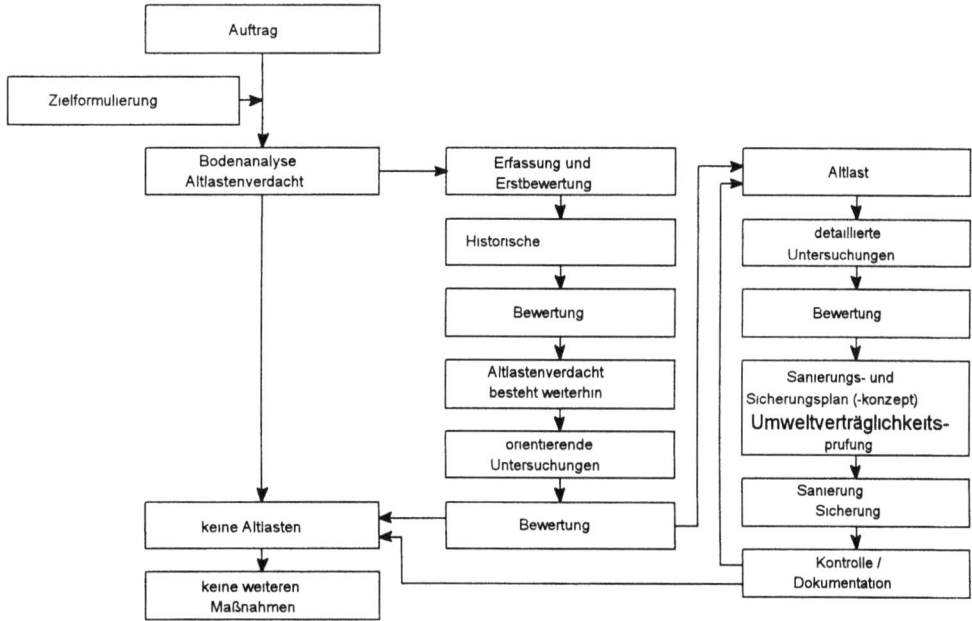

Bild 8 Vorgehensweise bei Altlastensanierung

Fazit:

Das Altlastenproblem wird somit zum entscheidenden finanziellen Faktor der Standortwahl im Rahmen der Revitalisierungsstrategie.

5. Sozioökonomische Entscheidungskriterien, Handlungsalternativen Revitalisierung - Neuplanung

5.1. Sozioökonomische Kriterien

Eine sinnvolle Nutzung bestehender Gewerbeflächen anstelle der Neuerschließung auf grüner Wiese sollte Grundanliegen jeder vernünftigen Standortplanung sein. Dabei muß die Altindustriefläche einer konkreten Stärken- und Schwächenanalyse, d.h. einer detaillierten lokalen Standortanalysierung unterzogen werden. Für die Ansiedlung von Unternehmen sind neben den herkömmlichen Standortfaktoren weitere Kriterien gemäß **Bild 9** heranzuziehen.

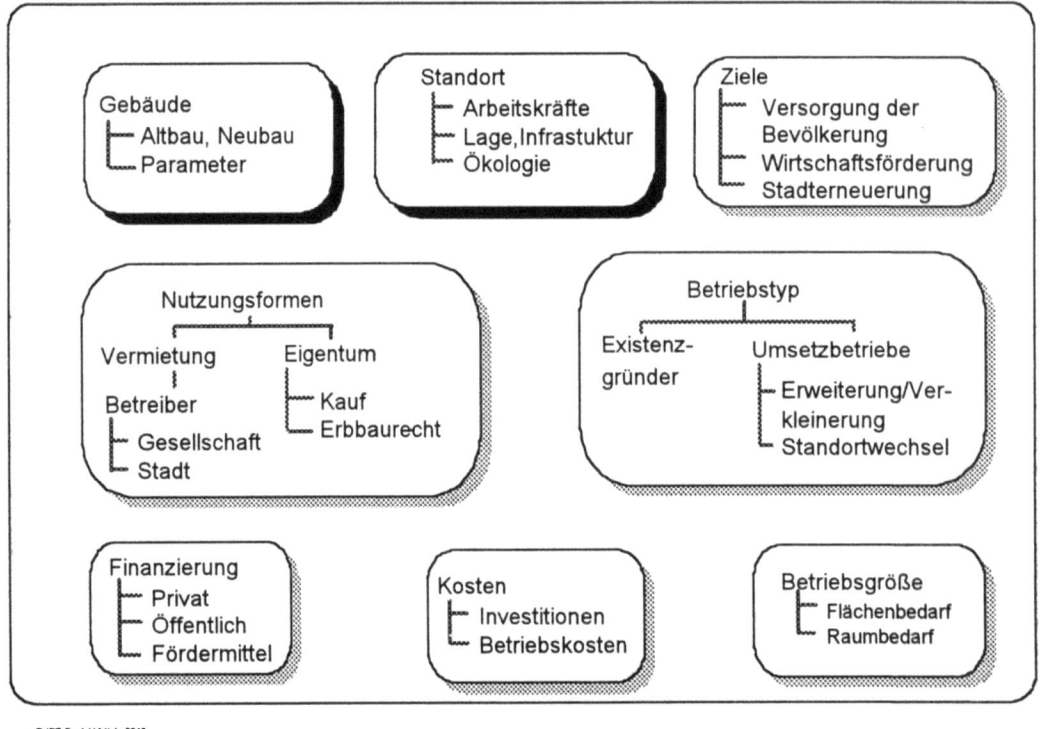

Bild 9 Kriterien zur Ansiedlung von Unternehmen

Zusammen mit diesen, einschließlich den bereits beschriebenen, wirtschaftlichen, gebäudetechnischen und ökologischen, sind vor allen Dingen die sozioökologischen Entscheidungskriterien für eine Bewertung von Bedeutung. In der Standorttheorie werden diese als sogenannte „weiche" Standortfaktoren bezeichnet (vgl. **Bild 10**) /23/, /24/

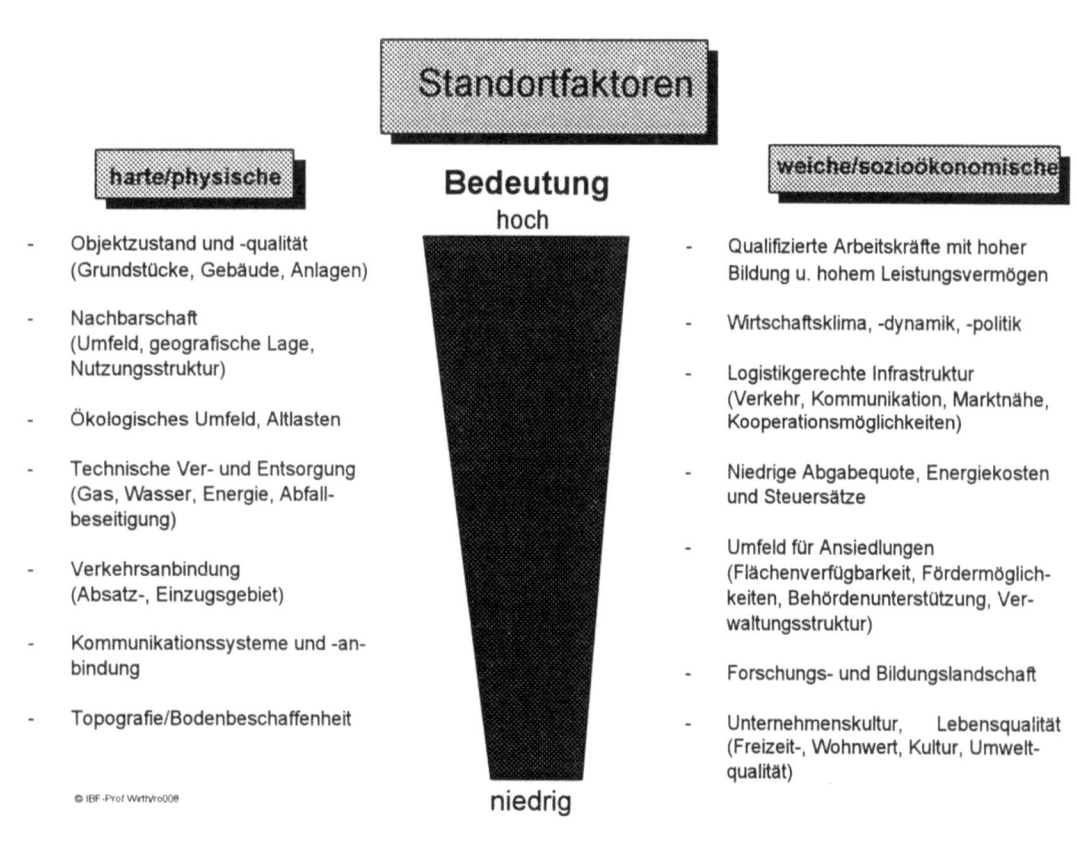

Bild 10   Ausgewählte „harte" und weiche" Standortfaktoren

4.2.   Entscheidungsprozeß

Im Entscheidungsprozeß Neuplanung oder Revitalisierung werden die unternehmensbezogenen Zielkriterien (z.B. Immobilie oder betriebliche Weiternutzung) über Benchmarking im Vergleich zum Standortobjekt gesetzt. Diese Vorgehensweise ist aus **Bild 11** ersichtlich.

Bild 11 Ablauf des Investitionsentscheidungsprozesses

Für die Bewertung von Standortkriterien kommen Methoden wie z.B. K.O.-Kriterienprinzip, Checklistenverfahren, Punktbewertungsverfahren, Standortprofil und -portfolio zur Anwendung.

Fällt die Wirtschaftlichkeitsentscheidung unter Einbeziehung der „weichen" Standortfaktoren zu Gunsten der Revitalisierungsstrategie aus, sind die Aufwendungen für die Umstrukturierung und Sanierung von Industriebrachen entsprechend **Bild 12** weiter zu untersetzen /22/, /25/.

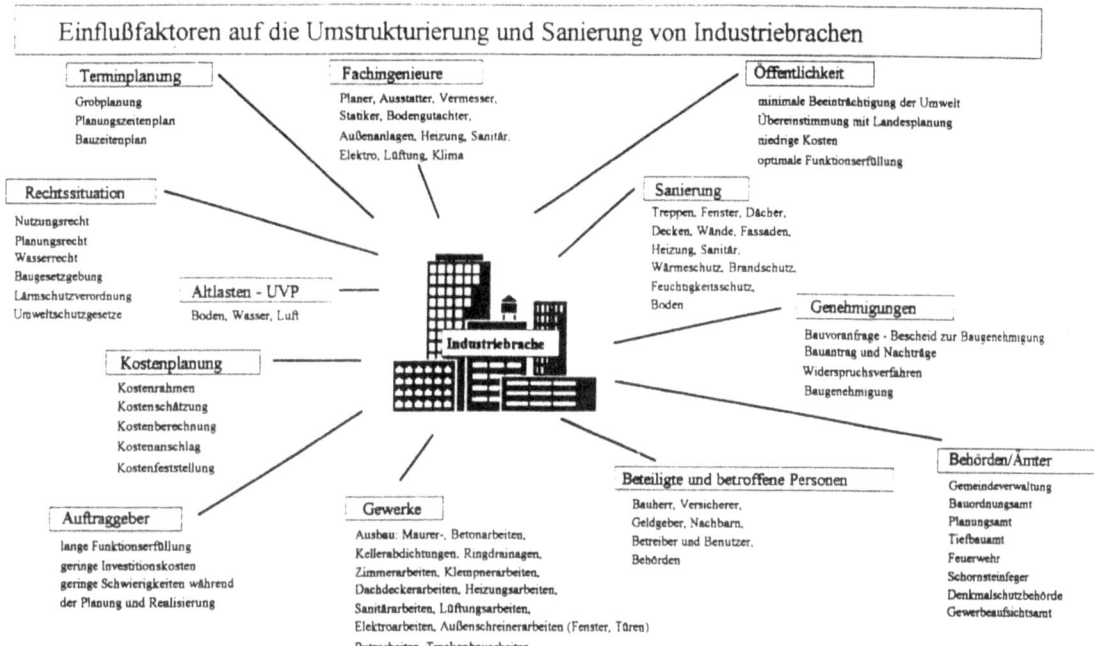

Bild 12 Einflußfaktoren auf die Umstrukturierung und Sanierung von Industriebrachen

In enger Verbindung mit dem Sanierungs- ist das Umnutzungskonzept zu erstellen. Die Anforderungskriterien für die Umnutzung gehen aus den **Bildern 13 und 13a** hervor.

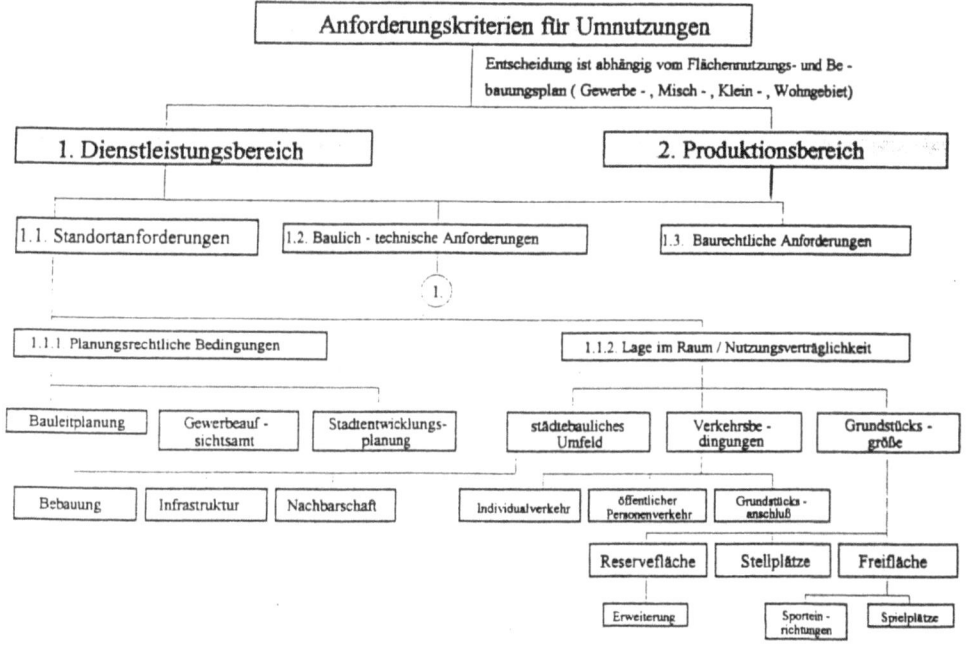

Bild 13 Anforderungskriterien für Umnutzungen

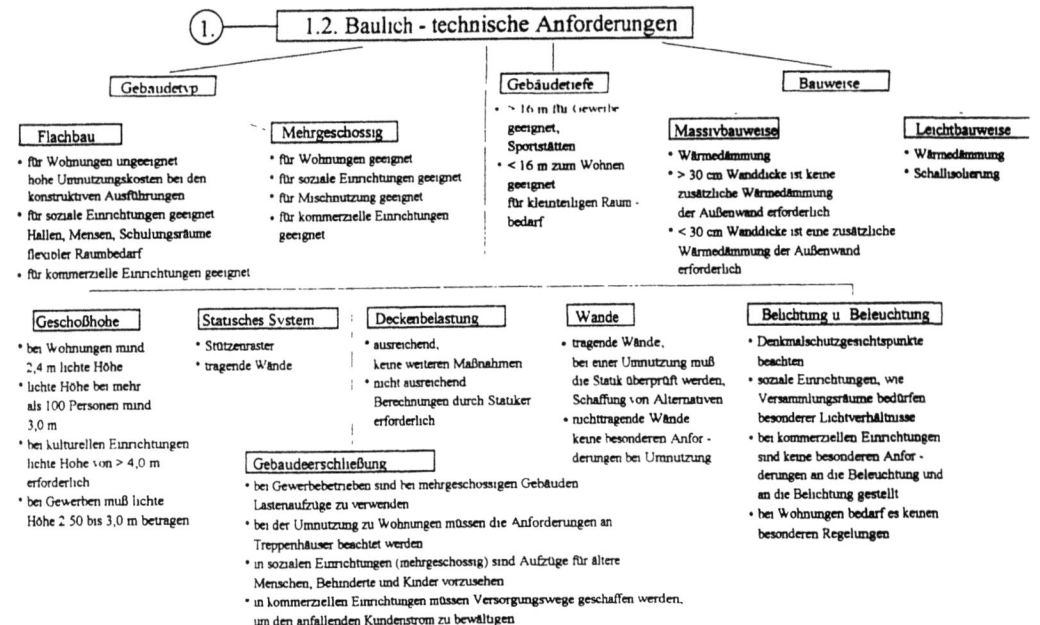

Bild 13 a   Baulich-technische Anforderungen

Fazit:

Die Neuplanung von Unternehmen auf „grüner Wiese" führt zwangsläufig zur Veränderung der Infrastruktur und zum erhöhten Ressourcenverzehr. Bestehende Fördermöglichkeiten favorisieren diese Variante dadurch, daß primär Investoren und weniger die Revitalisierung und Nutzung vorhandener Standorte aus gesamtstädteplanerischer Sicht gefördert werden. Vorteile und Probleme, die die Nutzung vorhandener Industriestandorte betreffen, sind im **Bild 14** zusammengestellt.

Vorteile	Probleme
♦ Qualifizierte Arbeitskräfte mit Bindung zum Umfeld, günstige Lage zum Arbeitsmarkt ♦ denkmalserhaltenswerter Industriebauten dienen Verbesserung des Stadtbildes und der Wohnkultur der Bevölkerung ♦ kein zusätzlicher Bodenverzehr ♦ gewachsene, erschlossene Infrastruktur und Logistik ♦ Folgekosten zur Erstellung von Infrastrukturleistungen entfallen ♦ Objekte befinden sich häufig in zentraler Lage (nicht Peripherie, wie meist neue Gewerbegebiete) ♦ für Umsiedlungsbetriebe bleibt Kundenbezug erhalten ♦ Bereitstellung relativ kleiner Betriebsflächen möglich	♦ Erwerbs- und Baukosten können höher sein als bei einem Neubau ♦ ökologische Verträglichkeit (Altlasten) ♦ vorhandene Bausubstanz bietet nicht so hohe Variabilität ♦ erforderliche Rastermaße und Tragfähigkeit der Decken ♦ Zusatzkosten bei Umbau denkmalgeschützter Gebäude ♦ Belegungsprobleme in oberen Etagen ♦ kein Erwerb von Eigentum möglich ♦ kostendeckende Mieten meist nur über Subventionen erzielbar, denn nur bei ortsüblichen bzw. niedrigeren Mieten ist Auslastung gewährleistet

Bild 14   Vorteile und Probleme der Nutzung vorhandener Standorte

6. Planungsbeispiele

Auf die Revitalisierung von Industriebrachen, ihre Um- und Neunutzung sowie auf Lösungen zur Gestaltung von Gewerbe-/Industriegebieten, Gewerbehöfen und Technologiezentren wird im Vortrag eingegangen.

7. Literatur

/1/   Wirth, S.: Anforderungen moderner Technologien an Werksplanung und Produktionsgebäude. In: Standort- und bautechnische Sanierung von Unternehmen und Fabriken, 3. Tagung Unternehmens- und Fabrikplanung für Klein- und Mittelbetriebe. Chemnitz: Technische Universität, 6.6.1991. S.1-25.

/2/   Meyer-Bohne, W.: Umbauten: Alternativen zum Neubau. Deutsche Verlags-Anstalt GmbH, Stuttgart, 1991.

/3/   Strunz, M: Potentialnutzende Revitalisierung von Fabrikstrukturen. Diskussionsschrift, Chemnitz: September 1992.

/4/   Wirth, S.; Fischer, Th.: Ein Weg zur praktikablen ganzheitlichen Fabrikplanung. In: Zeitschrift für wirtschaftliche Fertigung und Automatisierung 89 (1994) 1-2, Berlin, S.46-47.

/5/ Drucher, P.: So funktioniert die Fabrik von morgen. HARVARDmanager 1/1991, S. 9-16
/6/ Malik, F.: Strategien des Managements komplexer Systeme. 1989
/7/ Mann, R.: Das ganzheitliche Unternehmen. Scherz-Verlag-Berlin, 1990
/8/ Kuhn, A.; u.a.: Partnerschaftliche Logistik. Tagungsband "Dortmunder Gespräche 1993", Verlag Praxiswissen, Dortmund, 1993
/9/ Wildemann, H.: Schnell lernende Unternehmen. Münchner Management Kolloquium, Verlag TCW, München, 1995
/10/ Loos, U.: Lernende Unternehmen als Schlüssel zum Markterfolg. 12. Deutscher Logistikkongreß 1995, Band 1, S.19-39, Berlin, 1995
/11/ Hammer, M.; Champy, J.: Business Reengineering: Die Radikalkur für das Unternehmen. Frankfurt/M.; New York: Campus, 1994
/12/ Wirth, S.: Neustrukturierung und Segmentierung. Jahrbuch der Logistik´93, S.192-194, Verlagsgruppe Handelsblatt
/13/ Autorenkollektiv: Synergetische Kooperation. Verbundprojekt des BMBF, Chemnitz 1994
/14/ Born, D.; Steinbach, H.; Wirth, S.: Konzeption von Innovationsansätzen für kleine und mittelständische Unternehmen mit synergetischen Kooperationen. In Tagungsband zum Workshop: Synergetische Kooperationen. Chemnitz, 2. Februar 1995
/15/ Wirth, S.: Vernetzt kooperierende Fabriken - ein Modell für kleine und mittlere Produktionsunternehmen. 5. VDI-Jahrestagung Fabrikplanung, Vortrag am 9.2.95, Düsseldorf 1995
/16/ Wirth, S.; Petermann, J.; Hartmann, U.: Ressourcen und synergieeffektnutzende regionale Kooperationsnetze. CMK 95 - Tagungband, Chemnitz, 1995, S. 20.1-20.13
/17/ Birnkraut, D.: Entsorgungsorientierte Analyse von Produktionsabläufen zur Gestaltung umweltverträglicher Fabrikstrukturen, Fortschritt-Berichte VDI, Reihe 16, Technik und Wirtschaft Nr. 75, VDI-Verlag, Düsseldorf, 1994
/18/ Wirth, S.: Neue Anforderungen an die Fabrikplanung und Fabrikökologie. Wissenschaftliche Schriftenreihe „Standortplanung und Umweltschutz", Heft 6- S.5-18, Chemnitz 1991
/19/ Schneider R.: Informatikwerkzeuge zum Gebäudemanagement. Zeitschrift Technische Rundschau, Transfer Nr. 2, Bern, 1993, S.20-23
/20/ Autorenkollektiv: Gewerbehof Chemnitz. Projektarbeit der FhG, IUW Chemnitz, IML Dortmund und TU Chemnitz, Chemnitz, Oktober 1994
/21/ Lindner, H.: Lösungskonzept für die Gestaltung der Logistik in einem Gewerbehof. Diplomarbeit am IBF, TU Chemnitz, 1994
/22/ Wolf, R.: Methode zur Sanierung von Industriebrachen (Dienstleistungsbereich). Diplomarbeit am IBF, TU Chemnitz 1994
/23/ Heil, K.: Weiche Standortfaktoren. Institut für Stadt- und Regionalplanung der TU Berlin, Berlin, 1990
/24/ Standortvergleich, Profil zeigen. Wirtschaftswoche Nr. 49/ 03.12.93
/25/ Fiebig, Th.: Methoden zur Sanierung von Industriebrachen (Produktionsbereich). Diplomarbeit am IBF, TU Chemnitz, 1994

Die Fabrik auf der grünen Wiese: Wie planen und realisieren?
Michael Mezger

Planung und Realisierung eines Frischdienstunternehmens auf der grünen Wiese

Wirkungsweise Fraktaler Organisationsstrukturen im Spannungsfeld von Massenproduktion und individuellen Kundenwünschen

Dipl.-Ing. Michael Mezger
VITA-Gemüse Frischdienst GmbH, Wanzleben

Der Grundgedanke ist relativ einfach, aber für die Unternehmen meist schwer umsetzbar. "Die alten Mechanismen", prophezeit Professor Hans-Jürgen Warnecke, Präsident der Fraunhofer-Gesellschaft in München, "werden in Zukunft nicht mehr greifen." Den mahnenden Finger hebt der Produktionsexperte gegen Unternehmen, die allzu leichtgläubig den Auftriebskräften einer sich erholenden Weltwirtschaft entgegenblicken. Aus der Überzeugung heraus, daß nur tiefgreifende Eingriffe in die Struktur heutiger Produktionsbetriebe genügend Kräfte für einen erfolgreichen Start in die nächste Konjunkturrunde freisetzen, schlägt er mit dem Ansatz des Fraktalen Unternehmens einen Lösungsweg vor, der den Unternehmen hilft scheinbar unumstößliche Unternehmensstrukturen aufzulösen und eingefahrene Denkmuster abzuschütteln. In diesem Beitrag soll am Beispiel eines Industrieprojektes bei der Firma VITA-Gemüse Frischdienst GmbH in Reutlingen die Aufgaben bei der Planung und Realisierung einer Fraktalen Fabrik aufgezeigt werden und welche Methoden einzusetzen sind, um Ideen und Vorstellungen der Führung und der einzelnen Mitarbeiter zu vereinigen und in neuen Leistungs- und Produktionsprozessen zusammenzuführen. Die Vorgehensweise für den geschilderten spezifischen Planungsfall zeigt Bild 1.

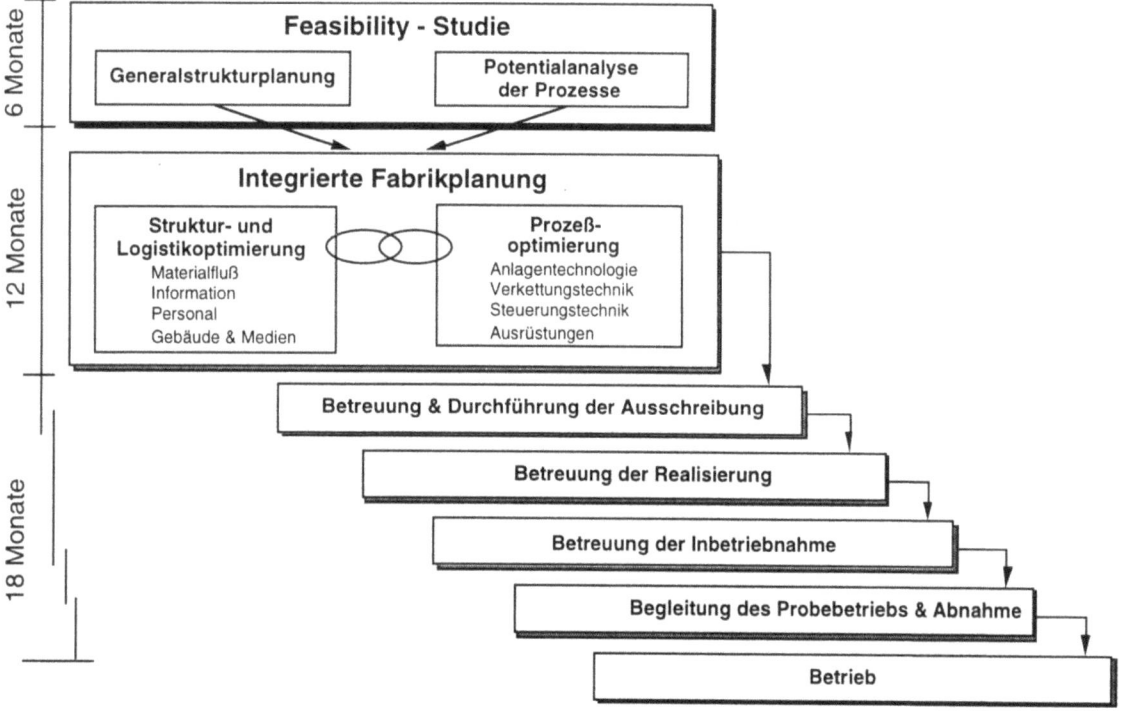

Bild 1: Vorgehensweise bei der Planung

Am Beispiel des salat- und gemüseverarbeitenden Betriebs soll aufgezeigt werden, wie

- vorhandene Prozesse beschrieben werden,
- einzelne Mitarbeiter die Gesamtzusammenhänge verstehen lernen,
- Schwachstellen und Potentiale der Prozesse aufgedeckt werden,
- wie neue Prozesse entworfen und ausgestaltet werden und
- was notwendig ist, diese umzusetzen und kontinuierlich weiter zu entwickeln.

Das Unternehmen und seine Entwicklung

Die Wettbewerbsfähigkeit muß deutlich verbessert werden, lautet die Devise der Unternehmensleitung des hier beschriebenen Beispiels. Dabei handelt es sich um ein traditionsreiches Unternehmen auf dem Gebiet der Veredelung von Rohwaren aus dem Salat- und Gemüseanbau zu küchenfertig aufbereiteten Produkten. Beliefert werden Kunden in ganz Deutschland, hauptsächlich aus den Bereichen Fast-Food-Gastronomie, Betriebskantinen und Lebensmittelhandel. All seinen Kunden garantiert das Unternehmen die Erfüllung individueller Wünsche aus dem Produktsortiment innerhalb von 18 Stunden nach Auftragseingang; Liefertermine sind bindend. Diese zeitlichen Herausforderungen bedingen enorme logistische Leistungen. Der weiterhin steigenden Nachfrage des Marktes kann mit den bestehenden, heute schon stark ausgelasteten Kapazitäten in absehbarer Zukunft nicht mehr wirtschaftlich nachgekommen werden. Die Unternehmensleitung entschloß sich zu expandieren und in den Neuen Bundesländern ein zweites Werk zu errichten. Zur Zeit entsteht der neue Betrieb, der rechtzeitig bis zum Beginn des Geschäftsjahres 1995/96 die Belieferung der Kunden im Norden und Osten Deutschlands übernehmen soll (Bild 2).

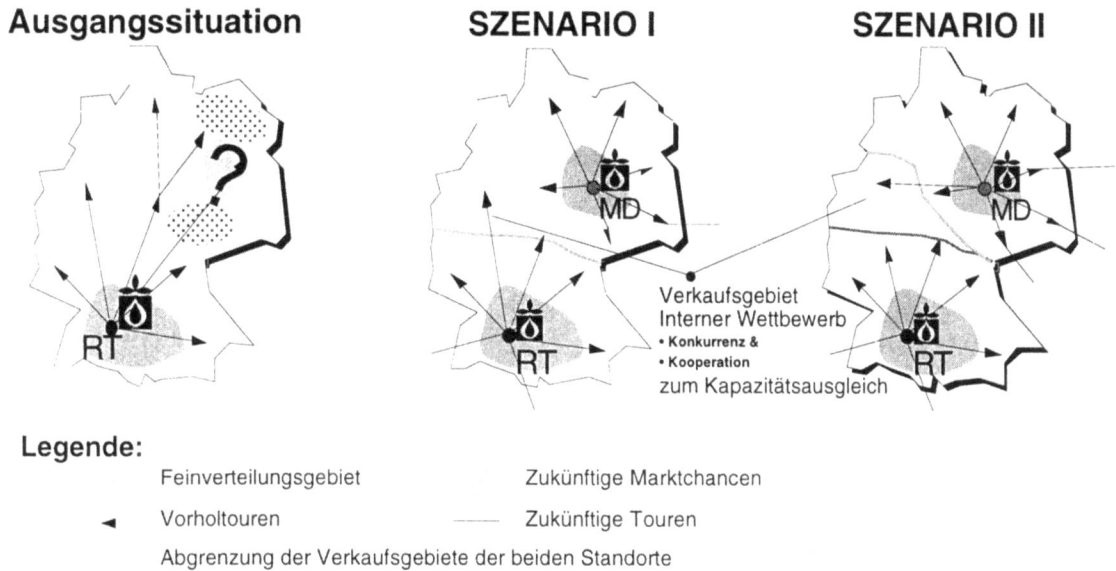

Bild 2: Heutige und zukünftige Markt- und Distributionstruktur

Zur Steigerung der Wettbewerbsfähigkeit wird in dem neuen Betrieb mit dem Ansatz des Fraktalen Unternehmens eine konsequentere Marktnähe angestrebt. Dies kann natürlich nur dann gelingen, wenn durch die ständige Bereinigung und den konsequenten Ausbau des Sortiments qualitativ hochwertiger Salat und Gemüseprodukte durch Innovationen für ein attraktives Leistungsangebot sorgegetragen wird.

Die Qualität nach dem Leitsatz "Frisch wie am Morgen" bei einer optimalen Haltbarkeit und gesundheitlichen Unbedenklichkeit zu erhalten, erfordert eine geringstmögliche Keimbelastung. Absolute Hygiene, produktschonende Produktionsprozesse, ressourcenschonender Materialdurchsatz und engagierte einsatzbereite Mitarbeiter halten diesen Standard hoch. Neben dem flexiblen Einsatz modernster Produkions- und Informationstechnik sorgt vor allem die ununterbrochene Kühlkette (Bild 3), die von der Anlieferung im Kühlfahrzeug über die gekühlte Lagerung der Rohwaren, das Waschen im Eiswasser, der Verarbeitung und Verpackung im in niedrigtemperierten Räumen, der Lagerung im Kühlraum bis zur Auslieferung im Kühlfahrzeug reicht, für einen produktgerechten Umgang mit der "lebenden Ware".

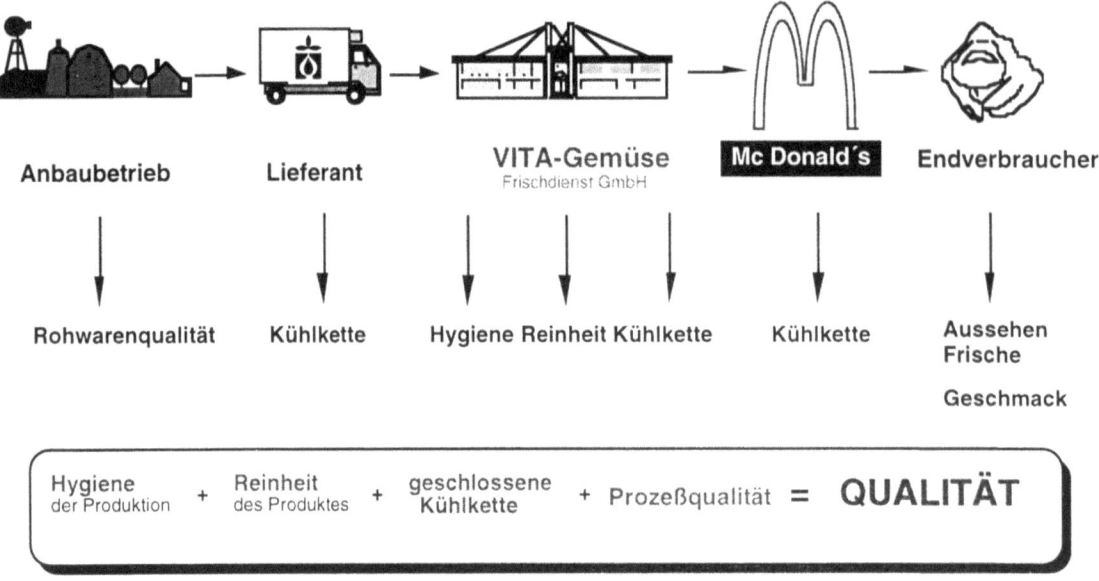

Bild 3: Logistikkette VITA und Qualitätszusammensetzung

Die genannten Leistungen werden zu niedrigen Kosten erstellt, um den Kunden gegenüber dem Wettbewerb für die qualitativ hochwertigen Produkte auch einen attraktiven Preis zu bieten. Einen wichtigen Wettbewerbsfaktor, insbesondere gegenüber den regionalen Schneidebetrieben, sieht das Unternehmen in der Garantie einer gleichbleibenden Zusammensetzung der Mischungen und Rezepturtreue über das ganze Jahr hinweg - bei Erzeugnissen dieser Art keine Selbstverständlichkeit. Für die Bedarfsdeckung sowie den Ausgleich saisonaler Einflüsse und Wachstumsperioden sorgt eine weltweites Netz von Rohwarenlieferanten.

Das bestehende Produktionssystem erfüllt die beschriebenen zeitlichen und qualitativen Anforderungen bereits heute, wenn auch mit erheblichem Ressourceneinsatz. Das Ziel der Neuplanung war es, die Leistungen am neuen Standort wirtschaftlicher zu erbringen. Der Ansatz des Fraktalen Unternehmens sorgt bei der Gestaltung für die erforderliche Symbiose zwischen Mensch und Technik, um die einander ergänzenden Produktivkräfte in einem Konzept zu vereinigen. Die Umsetzung des Konzeptes in einer städtebaulich und architektonisch reizvoll gestalteten Fabrik soll das innovative Erscheinungsbild nach außen hin abrunden und den Mitarbeitern die notwendigen Entfaltungsmöglichkeiten in einer angenehmen Arbeitsumgebung bieten.

Generalbebauung und Fabriklayout

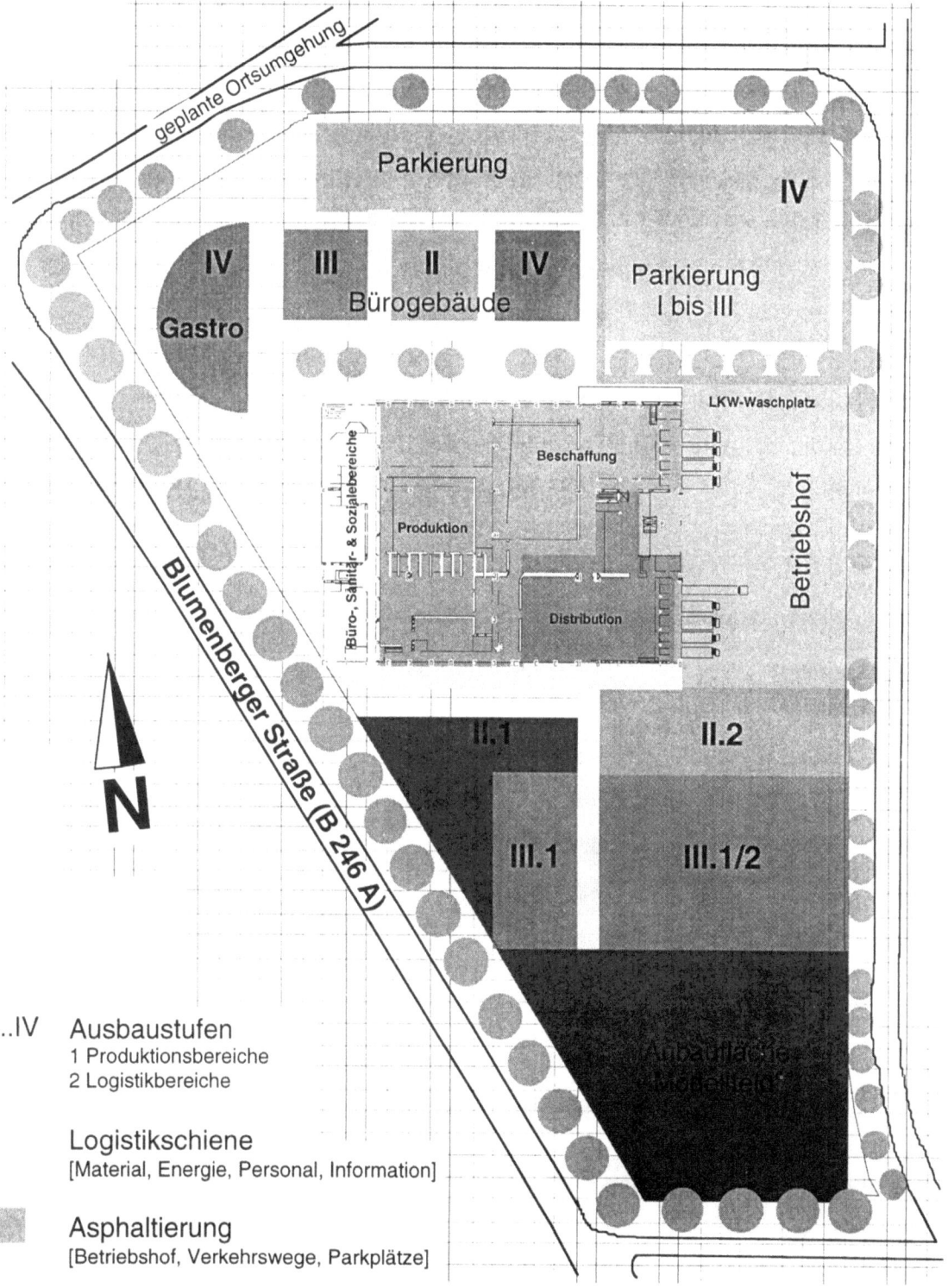

I...IV Ausbaustufen
1 Produktionsbereiche
2 Logistikbereiche

Logistikschiene
[Material, Energie, Personal, Information]

Asphaltierung
[Betriebshof, Verkehrswege, Parkplätze]

Bild 4: Generalbebauung Wanzleben

Zu Beginn der Planungsarbeiten stand die Entwicklung eines Bebauungskonzeptes für den neuen Standort, das dem Unternehmen, ohne Störungen des Produktionsgeschehens, den modularen Ausbau des Geländes in vier voneinander unabhängigen Baustufen ermöglicht (Bild 4). Die Größe der ersten Ausbaustufe ermöglicht das Kerngeschäft in der strategischen Projezierung auszubauen, um die Mengen des definierten Verkaufsgebiets wirtschaftlich zu erstellen. Über interne Erweiterungsmöglichkeiten im Gebäude wird dem geplanten Mengenwachstum nachgekommen. Wenn neue Märkte in größerem Umfang erschlossen und versorgt werden müßten, wird im Sinne der Marktorientierung der Aufbau weiterer Standorte notwendig, um sich die erforderliche Kundennähe zu erhalten.

Durch die nächsten Baustufen ist der Ausbau des Geschäfts um Produkte vorgesehen, die bereits bekannt sind, aber noch nicht wirtschaftlich in einer Serienproduktion herzustellen sind, oder aber die von den Kunden in der bekannten Form heute noch nicht angenommen werden.

Die Vision, dargestellt in Bild 5, zeigt das Werksgelände in der geplanten Endausbaustufe.

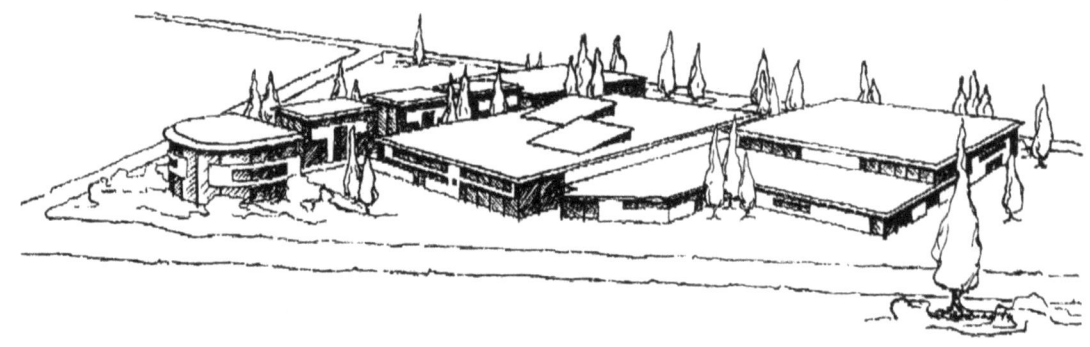

Bild 5: So könnte VITA-Wanzleben im Jahre 2005 aussehen

Charakteristisch für den Gebäudekomplex der Ausbaustufe I ist der U-förmige Materialfluß, der sich bei der Ausgestaltung des Layouts in Form von Dimensionierung und Anordnung einzelner Betriebsbereiche in der Halle ergab (Bild 6), indem die Prämisse des Unternehmens "**Hygiene & Ordnung = Qualität**" in räumliche Strukturen umgesetzt wurde. Die einzelnen Stufen des Prozesses sind strikt in vier Hygienestufen getrennt und nur durch die jeweiligen Hygiene-Schleusen zu erreichen.

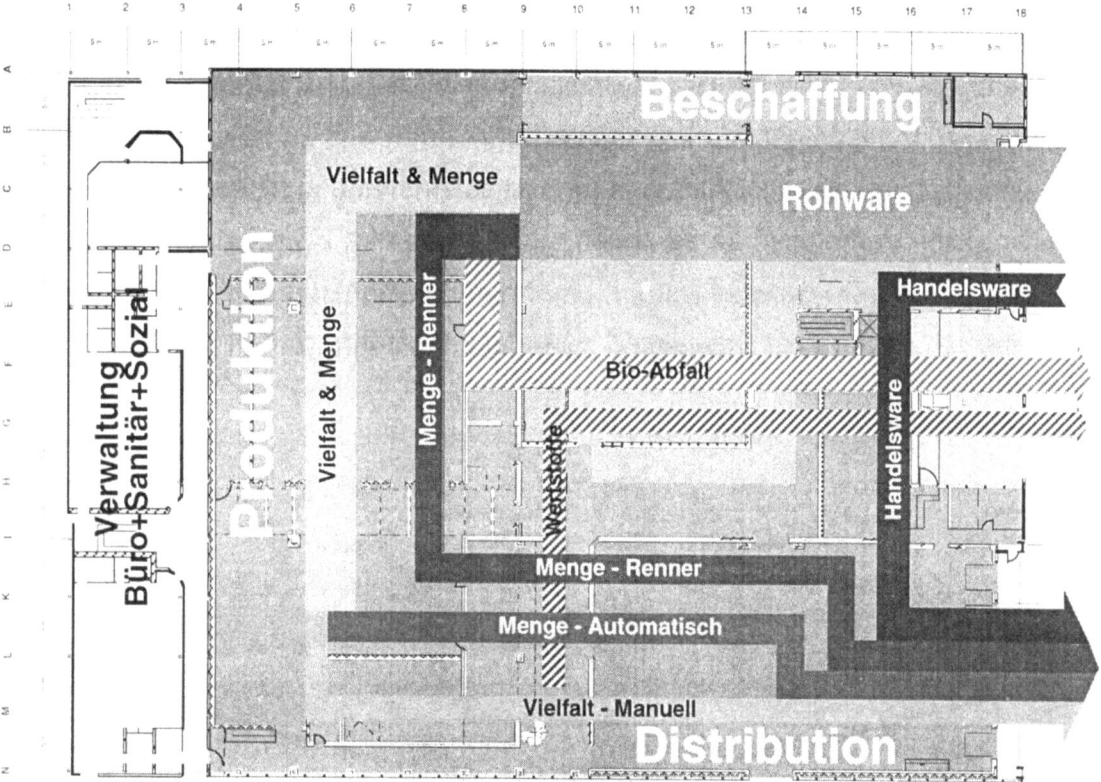

Bild 6: **Blocklayout mit U-förmigen Materialflüssen**

Durch die U-förmige Anordnung und die Einrichtung separater Transportmittelkreisläufe gelang es die Bereiche so anzuordnen, daß es zu keinen Überschneidungen der Hygieneklassen und somit Beeinträchtigung der Produktqualität kommt. Kurze Wege sowohl für Material (produktschonender Umgang) als auch für Personal (kurze Verteilzeiten) zeichnen das neue Layout aus.

Dynamische Leistungs- und Produktionsprozesse

Durch die absatzmarktorientierte Aufteilung des operativen Geschäftes auf zwei Standorte mußten die Entscheidungs- und Handlungsspielräume neu definiert und verteilt werden. Ziel ist es die Geschwindigkeit des Tagesgeschäftes für Kunden der zugeordneten Verkaufsgebiete von beiden Standorten aus zu bewältigen und dennoch einheitlich auf den Beschaffungs- und Absatzmärkten aufzutreten. Dazu ist ein ausgewogenes Verhältnis von zentralen und dezentralen Entscheidungsprozessen zu finden. In unserem Beispiel wurden unter der Geschäftsführung drei Kernprozesse identifiziert, wovon zwei vorwiegend zentral durchgeführt werden (Bild 7).

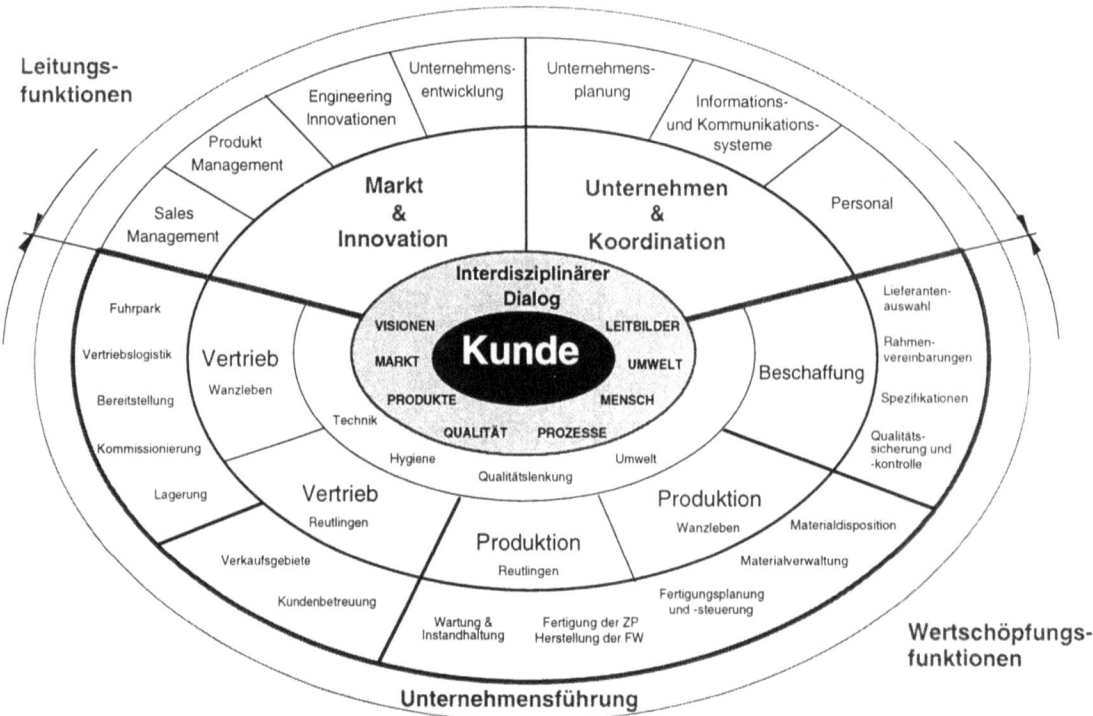

Bild 7: Bausteine der VITA-Organisation (Hauptprozesse)

Durch den **Neuschaffungsprozeß "Markt und Innovation"** unterhält das Unternehmen die Beziehungen zu seinen Märkten, Kunden und den Endverbrauchern (Konsumenten) aufrecht. Hauptaufgabe ist das Finden neuer Produkte und Kunden, das Aufspüren neuer Ideen, Märkte, Denkweisen und Wege, um die Attraktivität nach außen kontinuierlich zu verbessern. Der **Dienstleistungsprozeß "Unternehmen**

und Koordination" umfaßt die Planung der langfristigen Unternehmensentwicklung, Personalentwicklung sowie die Informations- und Kommunikationssysteme und sorgt für die Bündelung der Kräfte. Die Aktivitäten der Bausteine des **reproduzierenden Prozesses** sind dezentral organisiert und widmen sich dem Tagesgeschäft, vom Einkauf über Produktion und Kundenintegration bis hin zum Vertrieb. Sie sorgen für die Verwirklichung der Pläne und ihre wirtschaftliche Umsetzung in die Praxis von Einkauf, Produktion und Versand.

Kurze Informationswege und Entscheidungsprozesse auf der informellen Ebene sind wichtige Bestandteile einer solchen komplex vernetzten objektorientierten Organisation, die dem einzelnen Mitarbeiter mehr Entscheidungsspielraum und Gestaltungsmöglichkeiten geben. Als verbindende Klammer zwischen den zentralen (eher indirekten) und dezentralen (eher direkten) Prozessen wirken **interdisziplinäre Dialogrunden** (Bild 8). Sie arbeiten mit wechselnden Teilnehmern aus allen Ebenen und Fachbereichen. So wird sichergestellt, daß wichtige Fragestellungen hierarchiefrei sowie bereichs- und standortübergreifend analysiert, kreativ diskutiert und notwendige Entscheidungen im Team gemeinsam vorbereitet werden, um das Unternehmen in seiner Entwicklung weiter nach vorne zu bringen.

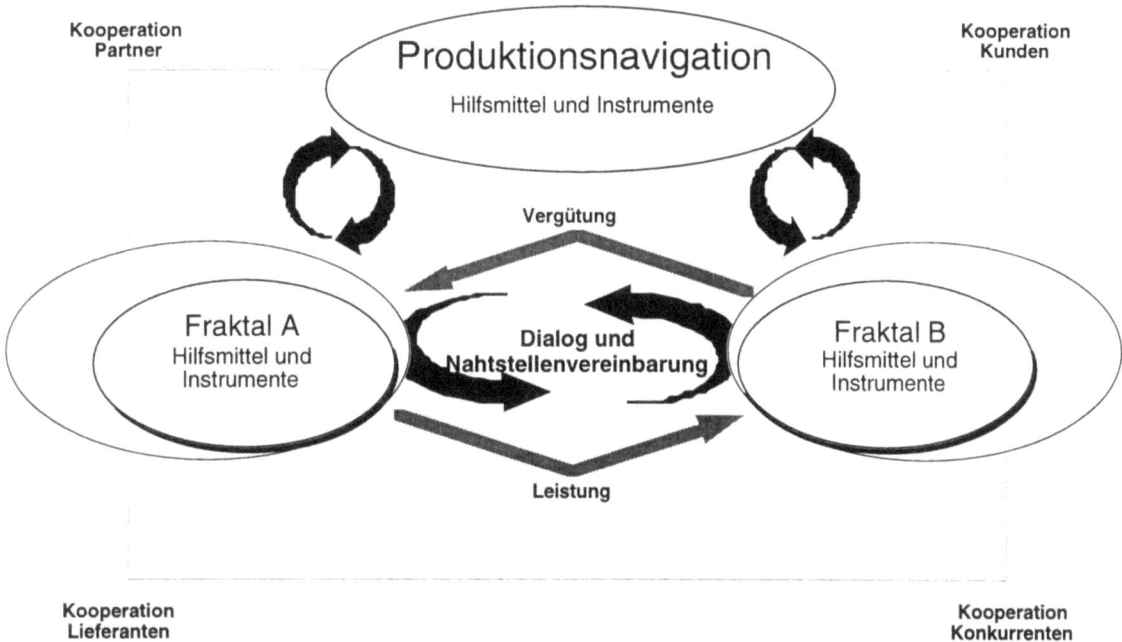

Bild 8: Fraktalorganisation (Nahtstelle & Zielvereinbarung)

Die Zielsetzung bei der Gestaltung, insbesondere der reproduzierenden Prozesse, orientiert sich an dem Anspruch, das Produktionssystem flexibel und anpassungsfähig auszulegen und allen Mitarbeitern die Möglichkeit einzuräumen, aktiv an den dynamischen Prozessen im Sinne einer lernfähigen Organisation zu partizipieren. Die Leistungsprozesse werden ständig mit den sich permanent veränderten Rahmenbedingungen harmonisiert. Dazu muß den Mitarbeitern vermittelt werden, daß ihre Arbeit als Dienstleistung für den Kunden, der auch eine andere Organisationseinheit des Unternehmens sein kann, verrichten. Dadurch entstehen die Lieferanten-Kunden-Beziehungen, die die Organisationseinheiten entlang des Produktionsprozesses vernetzen und durch kleine, sehr schnelle Regelkreise die Abwicklung des Tagesgeschäftes garantieren.

Unter Berücksichtigung der unternehmensspezifischen Gestaltungskriterien und Restriktionen (Hygiene, Anlagentechnik, u.a.) wurden die Fraktale gebildet. Neben dem Leitungsfraktal, das am neuen Standort die Aktivitäten der beiden zentralen Aktivitäten des Neuschaffungs- und Dienstleistungsprozesses beinhaltet, bilden auf der wertschöpfenden Ebene das Beschaffungsfraktal, Zwischenproduktefraktal, Endproduktefraktal-Menge, Endproduktefraktal-Vielfalt & Neue Produkte sowie das als Bypaß geschaltete Renner-Fraktal das Herz der neuen Produktionsstätte (Bild 9).

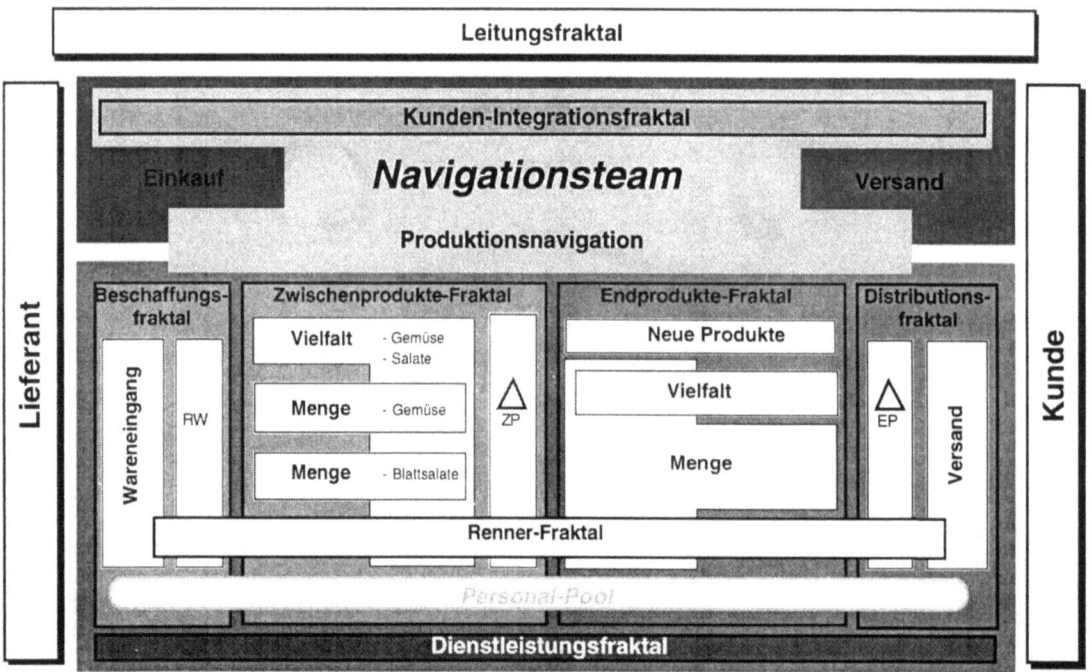

Bild 9: Fraktalorganisation der produzierenden Prozesse

Mitarbeiterorientierung und die Umsetzung der VITA-Philosophie

Die Fraktale Fabrik hilft konsequent bei der Umsetzung der VITA-Philosophie. Das Leitmotiv der Philosophie,

Q - **Q**ualität
S - **S**auberkeit
S - **S**ervice
P - **P**reiswürdigkeit

"**Wir wollen besser sein als die anderen!**"
soll das Denken und Handeln aller VITA-Mitarbeiter bestimmen.

WIR WOLLEN BESSER SEIN ALS ANDERE

Bild 10: Leitmotiv

Eine offene Kommunikations- und Informationsstruktur soll die Mitarbeiter aktiv in die Entscheidungsprozesse einbinden. Ein Führungssytem das anfangs eher fremdbestimmt ist, soll nach Einarbeitung der Mitarbeiter und nach sicherem Stand der Technik zugunsten einer Selbststeuerung der Gruppen ersetzt werden.

Ein Lernprogramm (**PROVITA**) zur Einarbeitung der Mitarbeiter sichert frühzeitig ein ganzheitliches Denken und Verstehen der Abläufe bei VITA (Bild 3). Der methodische Aufbau dieses Lernprogramms ist so gewählt, daß ein Hinterfragen und Erfragen von Arbeitsaufgaben und Zusammenhängen gefördert wird. Ein aktives Arbeiten mit dem Lernprogramm ist durch diesen Aufbau gewährleistet. Das Lernprogramm, gültig für die direkten und indirekten Bereiche, wird kontinuierlich weiter entwickelt.

Zur Planung des Personaleinsatzes, der Arbeitszeitregelung und der Qualifizierungsmaßnahmen wurde der **Personal Pool** implementiert. Ziel ist es, einen flexiblen, auftragsorientierten Personaleinsatz mit Mitarbeitern, die möglichst eine breite Qualifikation erreicht haben, zu gewährleisten. Ein flexibles Arbeitszeitmanagement unterstützt den Personaleinsatz und berücksichtigt neben den betrieblichen Zielen auch die Wünsche der Mitarbeiter. Eine Motivation der Mitarbeiter durch frühzeitige und umfangreiche Integration in betriebliche Aufgabenstellungen ist ebenfalls Aufgabe des Personal Pools.

Mit Hilfe der interdisziplinären Dialogrunden (Bild 8) und Projektteams wird eine **Gruppenorientierung** auch über den jeweiligen Aufgabenbereich hinaus gefördert. Mit Hilfe von Zielvereinbarungsgesprächen werden Gruppen- und Mitarbeiterziele auf der Grundlage strategischer Unternehmensziele vereinbart. Die Mitarbeiter entwickeln im Rahmen ihrer Aufgabenstellungen Lösungen, die den ganzheitlichen Erfolg aller Unternehmensbereiche berücksichtigen. Verantwortung, Führung und Zusammenarbeit sind zentrale Bestandteile der Vita-Philosophie.

Bild 11: Gemeinsam sind wir ein starkes Team

Zur Person

Dipl.-Ing. Michael Mezger beschäftigte sich im Rahmen seiner Tätigkeit für das Fraunhofer-Institut für Produktionstechnik und Automatisierung als Projektleiter mit Aufgaben der Unternehmensorganisation und Fabrikplanung. Seit Oktober 1995 ist er Mitglied der Geschäftsleitung der VITA-Gemüse Frischdienst GmbH. Er übernimmt die Leitung des neuen VITA-Werkes in Wanzleben bei Magdeburg.

Statt Reißbrett: Simulationsgestützte Planung neuer Werke für die Behandlung und Instandhaltung der ICE-Züge im Jahr 2000

Richard Spieß

Simulationsgestützte Planung neuer Werke für die Behandlung und Instandhaltung der ICE-Züge im Jahr 2000

Dipl.-Ing. Richard Spieß, Deutsche Bahn AG, Mainz

Die Deutsche Bahn AG hat 1991 mit der Einführung des ICE den Hochgeschwindigkeitsverkehr (HGV) in Deutschland etabliert. In den nächsten Jahren wird der HGV mit der Inbetriebnahme weiterer Linien im Netz, dem Einsatz neuer Generationen von ICE-Zugsystemen sowie der Anbindung an das europäische Verkehrsnetz sukzessive ausgebaut. Dadurch wird eine Erweiterung des Behandlungs- und Instandhaltungssystems hinsichtlich Standorten, Kapazitäten und Flexibilität erforderlich.

Als Basis einer optimalen Planung wurde von der Deutschen Bahn und dem Fraunhofer-Institut Produktionstechnik und Automatisierung das Projekt "ICE-Werk der Zukunft" initiiert. Das Projekt hatte zum Ziel, ein Konzept zur wirtschaftlichen Behandlung und Instandhaltung von Hochgeschwindigkeitszugsystemen zu erarbeiten. Im Gegensatz zu bisherigen Planungen wurden erstmals der zukünftige Bedarf an Behandlungen und Instandhaltungen im Bereich HGV unter Berücksichtigung des Zusammenspiels von Betriebsprogramm, Liniennetz und den zukünftigen Zugtypen ermittelt. Darauf aufbauend wurden Standorte, Strukturen, Größe und technische Ausgestaltung zukünftig erforderlicher Werke bestimmt.

Dazu wurden zunächst Werkstypen und deren technische Ausgestaltungsmöglichkeiten konzipiert. Ausgehend vom geplanten Betriebsprogramm für das Jahr 2000 wurden anschließend unterschiedliche Standort- und Werkskonfigurationen abgeleitet und mit Hilfe eines simulationsgestützten Planungssystems analysiert und bewertet. Im Einzelnen wurden folgende Teilaufgaben bearbeitet:

- Erstellung eines Systemvariantenkataloges (technische Ausgestaltung von Gleisen und der notwendigen Ressourcen)
- Erstellung eines Werkstypenkataloges (technische Ausgestaltung von Werken)
- Analyse der voraussichtlichen Betriebsprogramme und Identifikation möglicher Standorte im Netz (Ableitung unterschiedlicher Standortszenarien)

- Simulationsgestützte dynamische Untersuchung der Standortszenarien hinsichtlich
    - Werksfunktionen
    - Belastung der Werke
    - Standorte und Konfiguration der Werke
    - Engpaßanalyse
    - Betriebsreserve an Fahrzeugen

Die Durchführung der Arbeiten erfolgte in den drei im folgenden beschriebenen Phasen:

- Strukturplanung
- Erstellung des Simulationswerkzeuges
- Dynamische Optimierung (Simulationsläufe)

Strukturplanung

Bei der Strukturplanung wurde zum einen die Konzeption zur technischen Ausgestaltung der Stände erarbeitet und zum anderen eine Klassifizierung des Behandlungs- und Instandhaltungssystem bzgl. den Funktionalitäten zukünftiger Werke vorgenommen. Ergebnis der Strukturplanung waren neu konzipierte Werkssysteme und ein Nachschlagewerk (Werkstypenkatalog) für zukünftige Werksplanungen der Deutschen Bahn AG.

Ausgehend von den notwendigen Arbeitsebenen bei der Abwicklung der Arbeitsinhalte des Behandlungs- und Instandhaltungssystems wurden ca. 100 verschiedene Varianten bei der Konzeption der Stände systematisiert, ausgestaltet und bewertet. Der Deutschen Bahn AG liegt ein Katalog mit einer bewerteten Rangfolge der Varianten vor (Systemvariantenkatalog). Die besten Varianten wurden als Bausteine für die Werke identifiziert und ausgewählt. Diese Varianten stellen die Basis für die technische Ausgestaltung der Werke (Werkstypen) dar.

Die Analyse des Behandlungs- und Instandhaltungssystem bzgl. Arbeitsinhalt und -umfang führte zu einer Unterteilung dieses Systems in fahrplanabhängige und -unabhängige Behandlungen und Instandhaltungen. Im Vordergrund stand hierbei die Feststellung, daß die einzelnen Behandlungen und Instandhaltungen sich in ihren Arbeitsaufwänden bzgl. Zeit und Betriebsmitteleinsatz wesentlich unterscheiden. Diese in ihren technischen und personellen Anforderungen stark differierenden Arbeiten werden bislang in den Werken Hamburg-Eidelstedt und München auf universell nutzbaren, jedoch aufgrund der notwendigen Ausstattung sehr kostenintensiven Werkstattgleisen durchgeführt. Auf diesen 420 m langen Werkstattgleisen, die sich in einer ebenso langen Halle befinden, wird der Zug in gesamter Länge abgestellt und gleichzeitig auf drei Ebenen bearbeitet.

Mit der flächigen Ausweitung des Hochgeschwindigkeitsverkehrsnetzes muß die DB AG zukünftig jedoch in der Lage sein, Behandlungen und Instandhaltungen auch an Standorten mit geringerem Verkehrsaufkommen in möglichst kostengünstiger Weise durchzuführen. Ein Rückgriff auf Werke basierend auf dem Werkssytem "Werkstattgleis" (WS) ist für solche Standorte aus Kostengründen nicht möglich. Daher wurden zur Erzielung kostenminimaler technischer Lösungen hinsichtlich Investitionen und Betrieb die unterschiedlichen Arbeitsumfänge und -inhalte der Behandlungen und Instandhaltungen berücksichtigt und dadurch zusätzlich zwei neue Werkssysteme, das "Behandlungsgleis" (BG) und der "Technischen Service Point" (TSP) konzipiert.

Der Technische Service Point ist für einfache, fahrplanabhängige Routinetätigkeiten wie Ver- und Entsorgung, Inspektionen, Wartung sowie für einfache Befundarbeiten mit geringem Zeitaufwand ausgelegt. Für aufwendigere Befundarbeiten (z.B. Radsatzwechsel) kann ein TSP-Gleis mit den dafür notwendigen Einrichtungen zusätzlich ausgestattet werden. Die Bearbeitung des Zuges erfolgt im Taktverfahren, d.h. es können nur die jeweils im Zugriff befindlichen Sektionen des Zuges bearbeitet werden. Zwischen jedem Takt muß der Zug verfahren werden. Durch das Taktverfahren kann die notwendige Hallenlänge von über 400 m bei bisherigen Werken auf ca. 40-60 m reduziert werden. Der TSP ist aufgrund geringerer technischer Ausstattung und wegen des geringeren Aufwands an umbautem Raum gegenüber bisherigen Werken bzgl. der notwendigen Investitionen wesentlich günstiger.

Das Behandlungsgleis ist eine ergänzendes Werksystem, das sowohl Werken nach dem Werkstattprinzip, als auch TSP-Werken je nach Bedarf angegliedert werden kann. Behandlungsgleise dienen ausschließlich der Ver- und Entsorgung des Zuges und der Innenreinigung. Sie können im Freigelände plaziert werden.

Dadurch und durch die geringen Aufwände für Infrastruktur und Anlagentechnik sind Behandlungsgleise sehr kostengünstig.

Mit der Einführung der Werkssysteme BG und TSP können die bestehenden Werke in Hamburg-Eidelstedt und München (Werkstatt und Behandlung auf gleichem Gleis) zukünftig von einfachen Routinearbeiten entlastet und vorrangig für fahrplanunabhängige, hochwertige Tätigkeiten genutzt werden.

Aus den drei oben aufgeführten Werkssystemen und mit Hilfe der im Systemvariantenkatalog beschriebenen unterschiedlichen technischen Ausprägungen wurden im Anschluß Werkstypen definiert.

Erstellung des simulationsgestützten Planungssystems

Zur Ermittlung optimaler Werksstandorte und der notwendigen Werkskonfigurationen wurde mit Hilfe des Simulationssystems SIMPLE++ ein simulationsgestütztes Planungswerkzeug implementiert. Mit Hilfe dieses Werkzeuges lassen sich auch komplexe Betriebsabläufe im Hochgeschwindigkeitsnetz realitätsnah optimieren.

Dazu wurden die in der Strukturplanung ermittelten relevanten Werkssysteme und weitere bahnspezifische Elemente (Gleis, Weiche, Bahnhof, Halt, Strecke, etc.) in Modellbausteine umgesetzt. Aus diesen Bausteinen wurde das zu untersuchende Streckennetz und die vorhandenen, bzw. geplanten Werke zu einem Simulationsmodell kombiniert.

An dem auf diese Weise entstandenen Gesamtmodell wurde, nach Vorgabe der relevanten Eingangsdaten (v.a. Daten des zu untersuchenden Betriebsprogramms), anschließend die dynamische Optimierung verschiedener Standort- und Werksszenarien durchgeführt.

Das simulationsgestützte Planungssystem wurde dabei so konzipiert, daß es in gleicher Weise zukünftige Planungen der Deutschen Bahn AG unterstützen und veränderte Randbedingungen schnell berücksichtigen kann.

Dynamische Optimierung der Szenarien

In der Analyse des geplanten Betriebsprogrammes wurden Standorte mit einer hohen Zahl an Tageswenden und Nachtabstellungen als potentielle Werksstandorte identifiziert. Damit und mit den bereits feststehenden Standorten in Hamburg, München und Berlin wurden 5 unterschiedliche Standortszenarien definiert. Für diese Szenarien wurden zunächst netzweite Simulationsläufe durchgeführt. Um die verschiedenen Varianten gegeneinander bewerten zu können, wurden als Kriterien die Auslastung der angefahrenen Werke, die Einhaltung der Wartungsintervalle, die Anzahl eventuell notwendig werdender Überführungsfahrten und das eventuelle Auftreten von Verspätungen herangezogen.

Zur Festlegung der notwendigen Werkskapazitäten in den neuen Standorten, bzw. zur Überprüfung der vorhandenen Kapazitäten in bestehenden Werken wurden anschließend einzelne Läufe mit den Werksmodellen durchgeführt. Dabei wurden Anzahl und Typen der eingesetzten Werkssysteme variiert, bis für jedes Werk die optimale Konfiguration aus Abstellgleisen, Behandlungsgleisen, TSP und/oder Werkstattgleisen ermittelt werden konnte.

Auf diese Weise wurde das optimale Szenario ermittelt, das neben den bestehenden Standorten in Hamburg-Eidelstedt, München, den bereits in Planung befindlichen Standorten in Berlin und Frankfurt (bestehend aus Werkstatt- und Behandlungsgleisen) zwei weitere Standorte mit TSP vorsieht. Weitere Ergebnisse der dynamischen Optimierung im simulationsgestützten Planungssystem war die Festlegung von Anzahl und Standort der notwendigen betrieblichen Fahrzeugreserven.

Ziele und Aufgaben der Studie "ICE-Werk der Zukunft"

Gestaltung von Werken

- Erstellung eines Werkstypenkataloges
- Auswahl von Werkstypen
- Werkskonfiguration
- Bedarf Reservezüge

Betriebsprogramm 2000

- Erstellung der Laufpläne
- Ermittlung und Verteilung des Aufkommens an Behandlungen/Instandhaltungen
- Aufzeigen der Werksstandorte und des Leistungsumfanges dieser Werke

Gestaltung des Gesamtsystems

- Verteilung der Werke im Streckennetz
- Optimierung des Gesamtumlaufs hinsichtlich der Behandlung und Instandhaltung
- Standorte und Bedarf von Reservezügen

Studie "ICE-Werk der Zukunft"

Systemstudie ICE-Werk der Zukunft

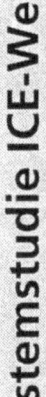

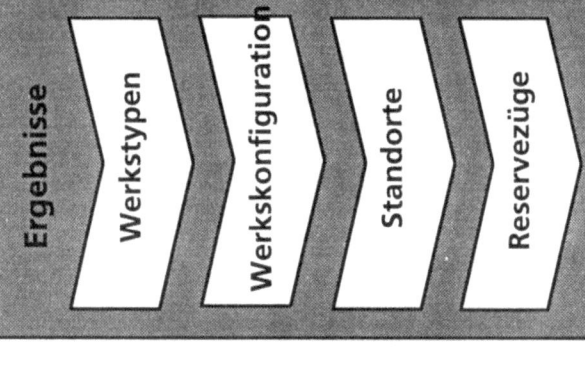

Analyse der Behandlungen und Instandhaltungen

- Laufwerkskontrolle, Nachschau — fahrplanabhängig
- Reinigung, Ver- und Entsorgung — fahrplanabhängig
- Fristen
- Revision — fahrplanunabhängig

Behandlungen und Instandhaltungen

Systemstudie ICE-Werk der Zukunft

Abgrenzung der Werkssysteme

Gestaltung

Technischer Service Point (TSP)
- Taktung
- kurze Halle 40-66 m
- 1 Gleis ausgelegt für Radsatzwechsel und Stromabnehmertausch

Behandlungsgleis (BG)
- im Freien
- Gleislänge 40-220 m

Werkstatt (WS)
- Halle 220 m

Funktionale und räumliche Trennung zwischen Wartung, Inspektion und Instandsetzung

Bedarfsarbeiten mit hohem Zeitbedarf

Funktionen

Technischer Service Point (TSP)
- Inspektion bei L/N
- Bedarfsarbeiten mit geringem Zeitbedarf
- Ver- und Entsorgung
- Innenreinigung I0, I1, I2

Behandlungsgleis (BG)
- Ver- und Entsorgung
- Innenreinigung I0, I1, I2

Werkstatt (WS)
- Fristen F1 - F4
- Revision
- Bedarfsarbeiten
- Innenreinigung I3, I4

Systemstudie ICE-Werk der Zukunft

Nutzen des Technischen Service Points

optimale Eignung für kleinere, dezentrale Standorte

ermöglicht Nutzung der bereits vorhandenen Werke für hochwertige Arbeiten

geringe Investitionen für kurze TSP-Hallen

geringe Investitionen für maschinentechnische Anlagen

Systemstudie ICE-Werk der Zukunft

Werkstypen und -konfigurationen

Werkssyteme

Behandlungsgleis BG
Ver- und Entsorgung, Innenreinigung

Technischer Service Punkt TSP
Ver- und Entsorgung, Innenreingung, Laufwerkskontrolle, Nachschau

Werkstatt WS
Fristen, Revisionen, Bedarfsarbeiten, bei Bedarf Ver- und Entsorgung, Innenreinigung, Laufwerkskontrolle, Nachschau

Werkstypen

WS

WS mit BG

TSP

TSP mit BG

Werkskonfiguration

Bsp.: 2 Werkstatt- mit 2 Behandlungsgleise

Abstellgleise

Radsatzdiagnose

Außenreinigungsanlage

Systemstudie ICE-Werk der Zukunft

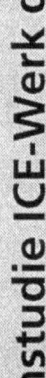

Ermittlung von Werksstandorten und -konfigurationen durch simulationsgestützte Planung

Vorbereitung des notwendigen Dateninputs
- Erstellung der Linienbelegung
- Erstellung des Laufplans
- Vorgabe der Behandlungen und Instandhaltungen

Modellvorbereitung und Durchführung der Simulationsläufe
- Aufbau des Gesamtmodells
- Überprüfung / Optimierung des Gesamtumlaufs
- Festlegung der Werkstypen
- Optimierung der Werkskonfiguration

Ergebnisse der simulationsgestützten Planung
- Werksstandorte im Streckennetz
- Konfiguration der Werke
- tägliches Arbeitsaufkommen der Werke
- Reservezugstandorte

Systemstudie ICE-Werk der Zukunft

Hierarchischer Aufbau der Modellebenen im Simulator

Gesamtmodell

Werk

Netz

Randleiste

- Grund-bau-steine
- Bahn-spezi-fische Bau-steine
- Werks-bau-steine
- Netz-bau-stein
- Gesamt-modell-bau-steine

Systemstudie ICE-Werk der Zukunft

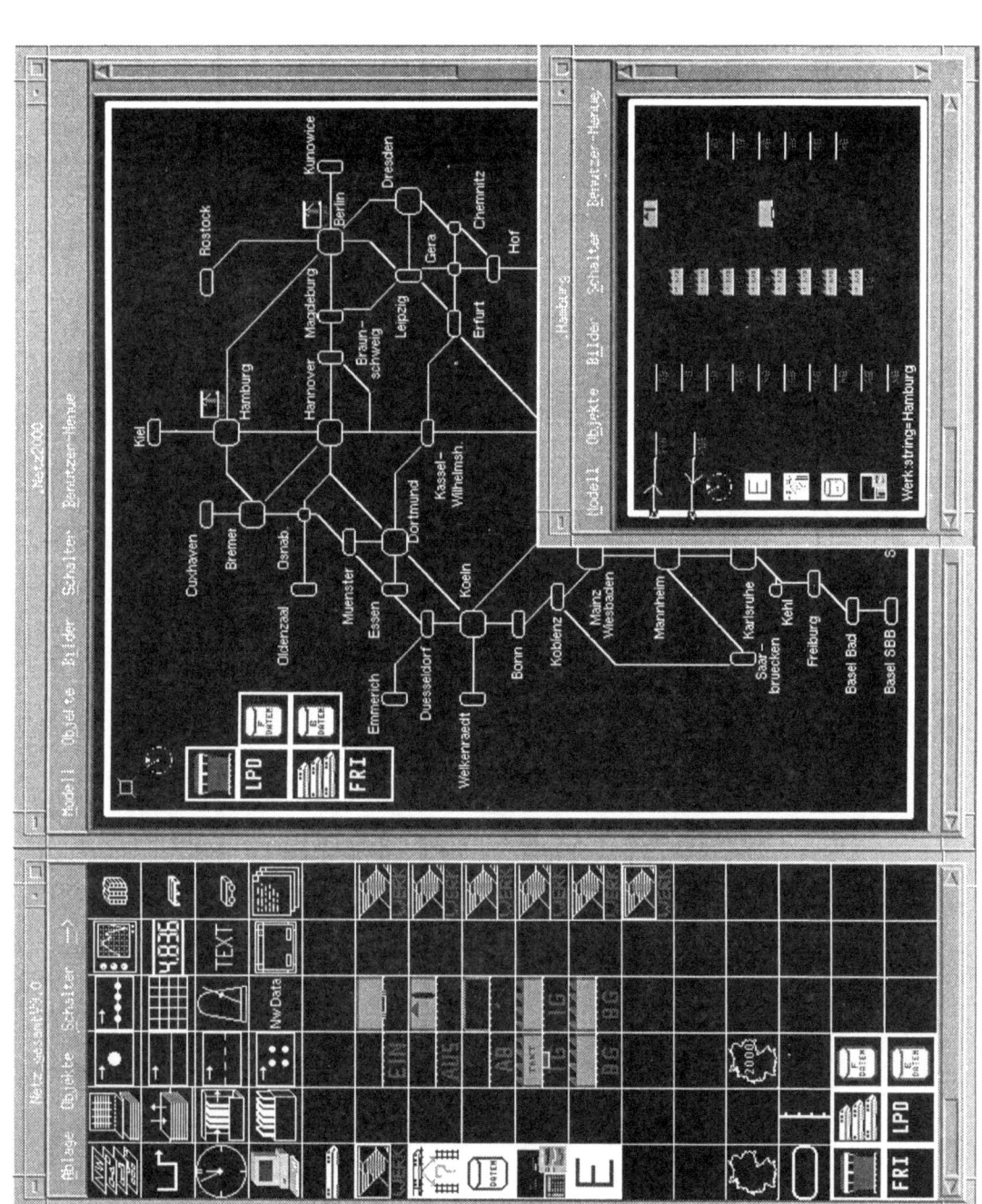

Systemstudie ICE-Werk der Zukunft

Tagesbelastung Werk Hamburg-Eidelstedt

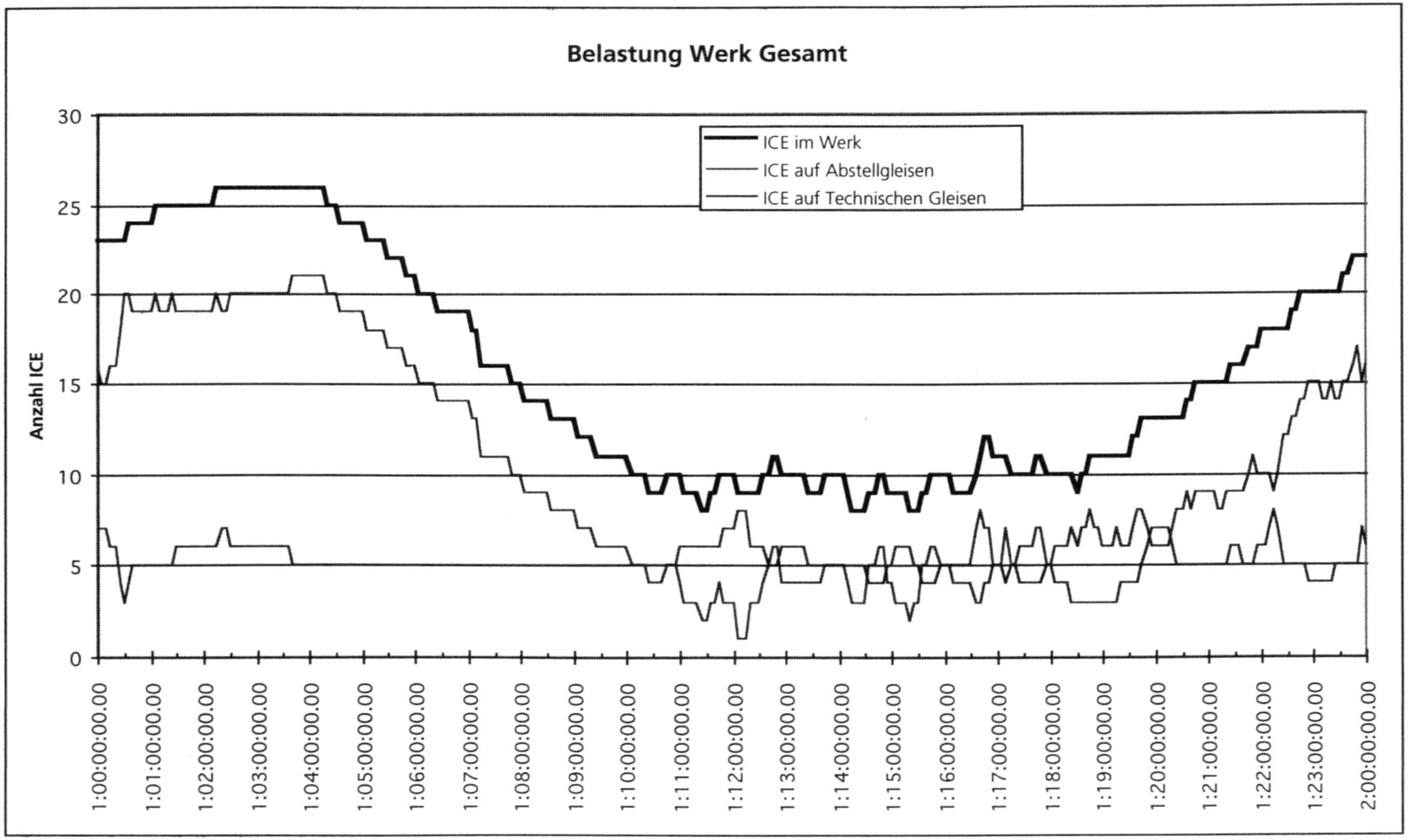

Belastung Werk Gesamt

Systemstudie ICE-Werk der Zukunft

Tagesbelastung Hamburg-Eidelstedt

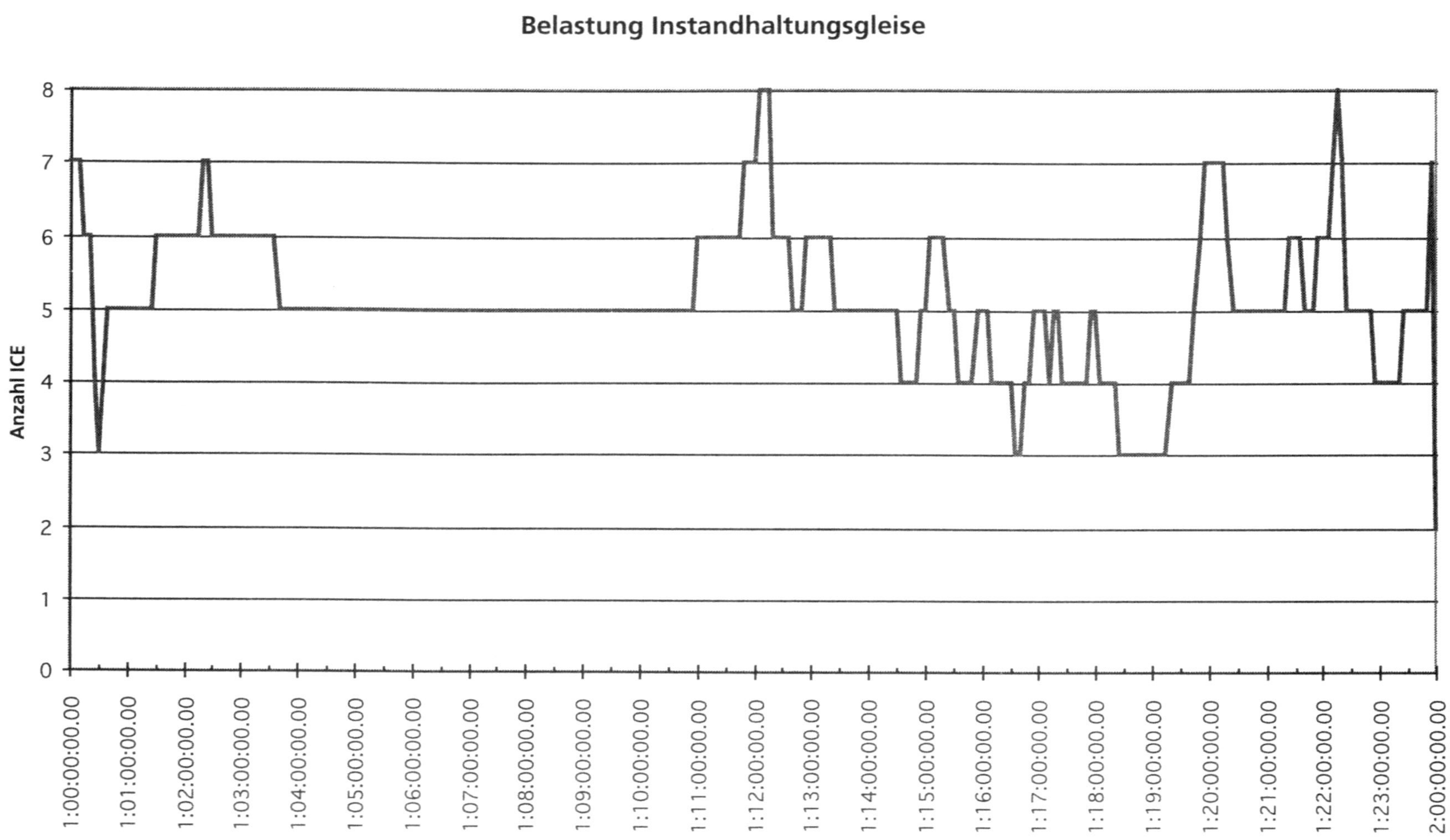

Belastung Instandhaltungsgleise

Tagesbelastung TSP-Werk

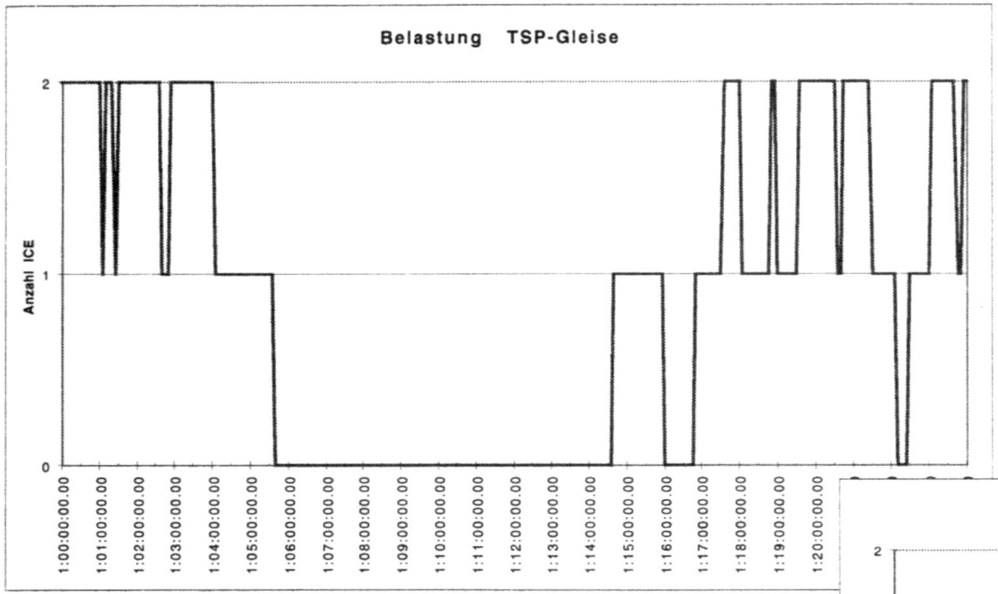

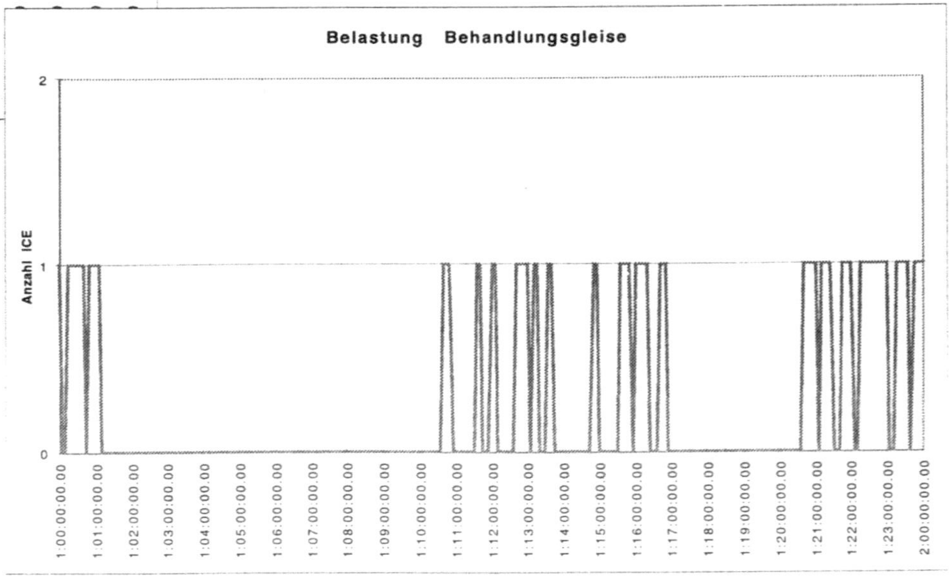

Systemstudie ICE-Werk der Zukunft

Nutzen der Studie "ICE-Werk der Zukunft"

- optimale Werkskonfiguration
- Minimierung der Reservezuganzahl
- Nachschlagewerk für zukünftige Werksplanungen
- optimale Standorte der Werke
- neue, effiziente Werkstypen
- zukünftige Einsatzmöglichkeiten der Simulation als Planungswerkzeug
- Investminimierung
- Marktorientierung des HGV und der Instandhaltung
- Wirtschaftliche Behandlung, Instandhaltung der Hochgeschwindigkeitszüge

Betriebsprogramm Jahr 2000

GB Werke — Deutsche Bahn AG

Systemstudie ICE-Werk der Zukunft

Dynamische Werkstrukturen: Der Weg zur rechtlich selbständigen Fertigung am Beispiel der Carl Schenck AG

Gerhard Engelken

Dynamische Werksstrukturen: Der Weg zur rechtlich selbständigen Fertigung am Beispiel der Carl Schenck AG

Dr.-Ing. Gerhard Engelken

1 Einleitung

Viele Unternehmen mußten in den letzten Jahren feststellen, daß sich ihr Umfeld stark gewandelt hat und hohe Turbulenzen aufweist. Ein solches turbulentes Umfeld verlangt von den Unternehmen die Fähigkeit zur raschen Anpassung, verlangt dynamische Produktions- und Organisationsstrukturen. In dem vom BMBF geförderten Verbundprojekt "DYNAPRO" haben sich einige Industrieunternehmen zusammengefunden, um wissenschaftlich begleitet dynamische Produktions- und Organisationsstrukturen auszubilden. Eines der beteiligten Unternehmen ist die Carl Schenck AG.

Die Carl Schenck AG ist ein Maschinenbauunternehmen mit etwa 3.300 Mitarbeitern in Darmstadt. Der Umsatz der AG lag im letzten Geschäftsjahr bei 570 Millionen DM. Das Produktspektrum umfaßt Geräte, Maschinen und Anlagen zum Auswuchten, zum Prüfen von Werkstoffen oder Bauteilen, zum Prüfen in der Fahrzeugtechnik sowie zum Wägen, Dosieren und Fördern der verschiedensten Güter. Charakteristisch für die Produkte ist ein hoher Engineering-Anteil sowie ein hoher Anteil der kundenauftragsbezogenen Einzel- und Kleinserienfertigung. Etwa 40 Prozent des Umsatzes entfallen auf die Automobilindustrie.

Auch wir haben in den letzten Jahren zum Teil dramatische Veränderungen im Bereich unserer Märkte und Kunden erlebt:

- Deutlicher Rückgang der erzielbaren Preise
- Verkürzung der geforderten Lieferzeiten um bis zu 50 %
- Rückgang des Fertigungsvolumens um etwa 20 %

Als Antwort auf diese Veränderungen befindet sich unser Unternehmen derzeit in einem tiefgreifenden Umstrukturierungsprozeß, der auch für die Fertigung den Weg in die rechtliche Selbständigkeit vorsieht. Anders als in den Produktbereichen wurde in der Fertigung bereits vor mehreren Jahren mit den "Neuen Formen der Zusammenarbeit" die Grundlage für Veränderungsbereitschaft gelegt und in den letzten Jahren wurden bemerkenswerte Veränderungen realisiert. Hierüber möchte ich zunächst in der Rückschau berichten.

2 Der Beginn: "Neue Formen der Zusammenarbeit"

2.1 Suche nach einer neuen Lohnform

1987 war wieder einmal nach Veränderungen im Leistungslohn (Prämienlohn) aufgefallen, daß der Aufwand für die Anpassung des Prämienlohns in der Arbeitsvorbereitung sehr hoch war und der Erfolg eher mäßig. Kurze Zeit nach Durchführung von Veränderungen wurde die Prämienobergrenze wieder erreicht. Für viele Mitarbeiter bestanden zudem Sonderregelungen.

In lockerer Diskussion der Problematik durch die beteiligten Führungskräfte über etwa ein halbes Jahr kristallisierten sich folgende Bedingungen für die Suche nach einer neuen Lohnform heraus:

1. Berücksichtigung neuer Fertigungsstrukturen

2. Eingehen auf die Bedürfnisse von Unternehmen und Mitarbeitern durch **Führen durch Zielvereinbarung** und eine Gleichbehandlung von Arbeiter- und Angestelltentätigkeiten

3. Förderung der Qualifikation und Flexibilität der Mitarbeiter

4. Sicherstellen des geplanten Leistungsniveaus (dahinter verbirgt sich die Neufassung des Leistungsbegriffs und die **Abkopplung von Mengenleistung und Geld**)

5. Flächendeckende Gültigkeit des Prinzips der Lohnform und

6. Konformität zum Tarifvertrag

Diskussionen im Hause und Gespräche mit dem Arbeitgeberverband zeigten, daß das "Führen durch Zielvereinbarung" und die "Trennung von Menge und Geld" besonders innovativ und zukunftsträchtig, aber auch schwierig zu erreichen sein würden.

2.2 Die Projektarbeit bis zum Abschluß der Betriebsvereinbarung

Im Oktober 1989 startete die Projektarbeit. Das Projektteam war mit 13 Teilnehmern relativ groß. Wir legten aber Wert darauf, von Anfang an einen Dreher und einen Meister aus dem vorgesehenen Pilotbereich sowie Vertreter des Betriebsrats zu integrieren. Die Projektarbeit dauerte bis zur Unterzeichnung der Betriebsvereinbarung über "Neue Formen der Zusammenarbeit (NFZ)" am 30.8.1991.

2.3 Neue Formen der Zusammenarbeit (NFZ)

Auf der Basis der Betriebsvereinbarung wird seit 1991, inzwischen nahezu flächendeckend, in der Fertigung Gruppenarbeit praktiziert. Die Gruppe formuliert zusammen mit dem Vorgesetzten Ziele, die für einen zeitlich begrenzten Zeitraum gelten. Am Ende der festgelegten Periode wird die Zielerreichung beurteilt. Das dabei festgestellte Ergebnis führt zu einer zielorientierten Gruppenzulage, die jedes Gruppenmitglied in gleicher Höhe erhält (Bild 2.1).

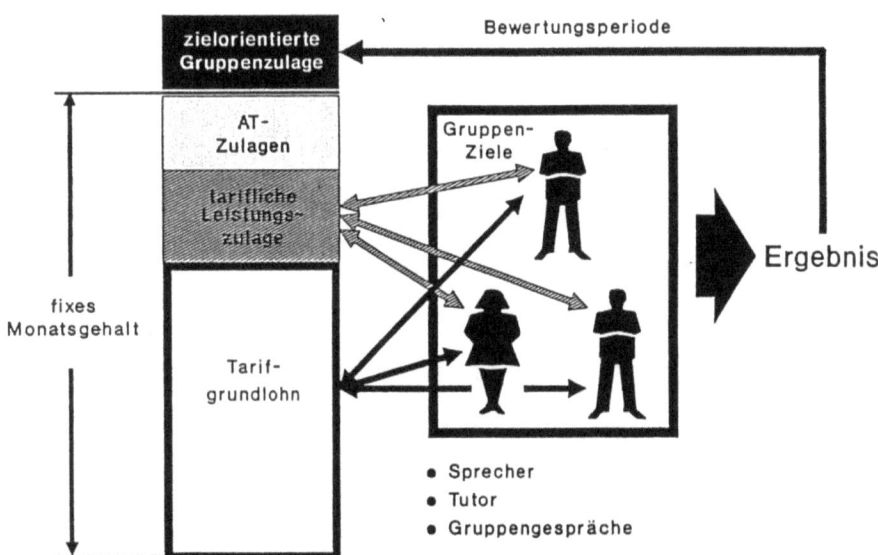

Bild 2.1: Lohnaufbau im Überblick

Hervorzuheben ist, daß bei allen Bemühungen die Produktivität im Vordergrund steht, eine Verbindung zur Firmen- bzw. Bereichsstrategie für die Mitarbeiter erkennbar ist und die Ziele durch die wechselnden Perioden an die Abteilungs- bzw. die Firmensituation angepaßt werden können. Die an den Zielen orientierte Gruppenprämie ist ein Anreiz für einen kontinuierlichen Verbesserungsprozeß.

2.4 Eine Verhaltensänderung ist angesagt

In der Projekt- und Umsetzungsphase sind uns die folgenden allgemeingültigen Gesichtspunkte aufgefallen, die wir als die "8 Elemente der Verhaltensänderung" festgehalten haben:

- Beteiligung der betroffenen Mitarbeiter an Problemlösungen
- Abbau des Hierarchiedenkens
- Abbau des Abteilungsdenkens
- Vorurteilsfreier Umgang miteinander
- Vertrauensvolle Zusammenarbeit
- Fehler machen dürfen - und daraus lernen
- Planung und Ausführung in einer Hand
- Toleranz gegenüber unterschiedlichen Denkweisen und Charakteren.

Inzwischen kennt jeder Mitarbeiter in der Fertigung diese Spielregeln. Wir selbst - die Führungskräfte - versuchen, sie als Vorbilder einzuhalten, und sehen darin das wichtigste Ergebnis aus der ganzen Entwicklung der NFZ.
Im Kern ist in dieser Verhaltensänderung eine grundsätzliche Bereitschaft zur Veränderung entstanden. Diese hat die nachfolgend beschriebenen organisatorischen und strukturellen Veränderungen wesentlich vereinfacht und beschleunigt.

3 Die Bildung von strategischen Geschäftseinheiten

In den Jahren 1990 bis 1992 wurden die 12 Produktbereiche von Schenck sukzessive zu strategischen Geschäftseinheiten umgestaltet. Hierbei wurden die Montagegruppen und Prüffelder in die jeweiligen Produktbereiche integriert. In jedem Produktbereich wurde eine Auftragsplanungs- und -steuerungsstelle eingerichtet. Die zentrale Normprüfung wurde aufgelöst, die zentrale Arbeitsplanung dezentralisiert. Einzelne Arbeitsplaner wurden unmittelbar in die Konstruktionsbereiche angesiedelt und erhielten die Aufgabe, zusätzlich zur Arbeitsplanung auch die Normprüfung durchzuführen.

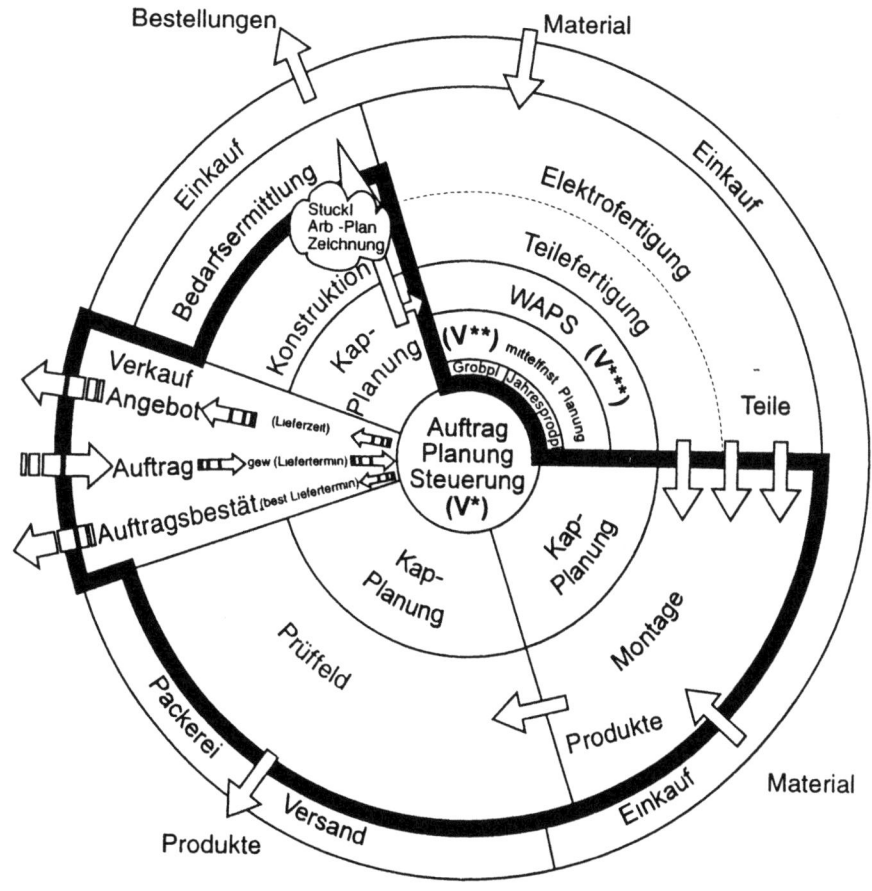

V*   Verlagerung Aufträge, Baugruppen, Teile
V** Verlagerung Teile
V*** Verlagerung Arbeitsgänge

<u>Bild 3.1</u>: **Die Auftragsabwicklung in strategischen Geschäftseinheiten**

Der Erfolg dieser Maßnahmen ist aus Bild 3.2 zu ersehen: Die Ist-Durchlaufzeiten der Kundenaufträge sind um etwa 23 % gesunken. Da im gleichen Zeitraum die Wunsch-Durchlaufzeiten der Kunden sich "nur" um 14 % verkürzten, konnte die Abweichung zwischen Ist-Durchlaufzeit und Wunsch-Durchlaufzeit von ursprünglich fast 25 % auf unter 12 % reduziert werden.

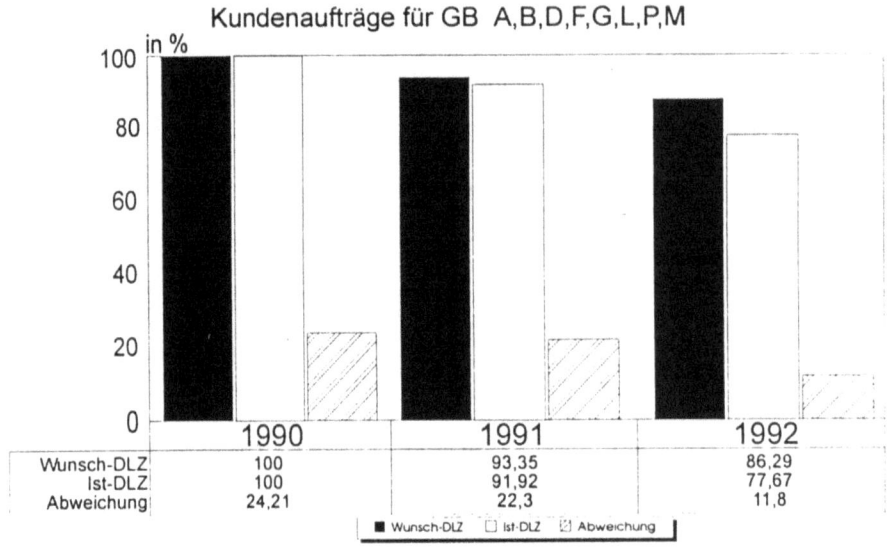

Bild 3.2: Entwicklung der Durchlaufzeiten

Ausschlaggebend für diesen Erfolg ist nicht allein das Eliminieren von Warteschlangenproblemen in zentralen Organisationseinheiten. Das direkte Nebeneinander von Konstrukteur und Arbeitsplaner führt vielmehr zu einer neuen Qualität der Produktdefinition. Der Arbeitsplaner wird begleitend zur Konstruktionstätigkeit als Berater für Fragen der Fertigungstechnik genutzt. Kleine Änderungen können unbürokratisch ausgeführt werden, bevor die Unterlagen für die Fertigung freigegeben werden.

Das Konstruktionsergebnis ist fertigungstechnisch optimiert. Somit stellen sich auch in der nachgeschalteten Fertigung Termin- und Kostenvorteile ein.

Im Hinblick auf die Abschätzung der mittelfristig zu erwartenden Auslastung und die notwendige rasche Anpassung an Veränderungen ist der Arbeitsplaner, der als Vertreter der Fertigung die Geschäftsentwicklung bei unseren Kunden vor Ort miterlebt, von großem Wert.

4 Ein wichtiger Meilenstein: Die Bildung von Cost-Centern

Die Bildung von Cost-Centern im Bereich der Fertigung war ein wichtiger Meilenstein auf dem Weg zur Ausbildung von unternehmerischem Verhalten. Sie war die Konsequenz aus einer breiten Unzufriedenheit mit den seitherigen Regeln für das Zusammenspiel zwischen Fertigung und den auftraggebenden Geschäftsbereichen:

- Das Auslastungsrisiko für die Fertigung lag bei den Geschäftsbereichen, Minderauslastung wurde durch Belastung mit Kapazitätsbereitstellungskosten bestraft.
- Im Auftragsfall lag das gesamte Kostenrisiko bei den Geschäftsbereichen, da alle in der Fertigung anfallenden Kosten (auch Ausschuß- und Nacharbeitskosten) auf den Auftrag belastet wurden.

Kein Wunder, daß in dieser Situation die Geschäftsbreiche zunehmend nach Möglichkeiten suchten, die Fertigungsleistung zu Festpreisen von externen Lieferanten zu beziehen und die eigene Fertigung zur Kapazitätsreduzierung zu zwingen. Dieser Entwicklung konnte die Fertigung nur dadurch entgegensteuern, daß sie für sich selbst verlangte, so behandelt zu werden wie ein externer Lieferant.

Heute gliedert sich die Fertigung in drei Cost-Center:

- die mechanische Fertigung Darmstadt,
- die Elektrofertigung Darmstadt und
- das Zweigwerk Arheilgen.

Diese drei Cost-Center erbringen die Fertigungsleistung zu vorab vereinbarten Festpreisen und Lieferterminen. Unsere Auftraggeber (Geschäftsbereiche Schenck) sind in der Wahl des Fertigers völlig frei. Die Preis- und Leistungskonkurrenz zu externen Anbietern hat den Zwang verstärkt, die interne Leistungsfähigkeit zu erhöhen.

5 Geplant: Die Integration eines Zweigwerks in das Stammgelände

Wie erwähnt, ist eines der drei Cost-Center das Zweigwerk Arheilgen. In diesem Werk werden die Produkte von 4 der seitherigen Geschäftsbereiche gefertigt. Die Fertigung umfaßt hierbei die gesamte Prozeßkette von der Teilefertigung über die Montage bis hin zu Packerei und Versand. Sie unterscheidet sich somit deutlich von der für Darmstadt dargestellten SGE-Organisation. Zusätzlich ist die Blechfertigung für alle Schenck-Produkte im Werk Arheilgen konzentriert.

Die Überlegungen zu einer Integration dieses Zweigwerks in das Stammgelände fußen auf zwei Umständen:

- Im Werk Arheilgen wäre der Neubau einer Lackieranlage erforderlich. Das Investvolumen hierfür beliefe sich einschließlich des Neubaus einer geeigneten Halle auf über 10 Millionen DM.
- Im Stammgelände Darmstadt sind aufgrund der rezessiven Entwicklung der letzten Jahre sowie aufgrund einer generellen Verschiebung in der Produktstruktur von der Mechanik weg zur Elektronik und Software Hallenflächen frei geworden.

Mehrere Voruntersuchungen zeigten, abgeleitet aus Flächenbilanzen, daß eine Integration möglich sein müßte. Nun sind bei einem solchen Vorhaben sicher auch andere Einflußgrößen zu betrachten, wie zum Beispiel

- die Ablauforganisation,
- der Materialfluß,
- die Aufbauorganisation,
- mögliche Synergieeffekte,
- Expansionsmöglichkeiten,
- die unterschiedlichen Unternehmenskulturen,
- die erforderlichen Investitionen bzw. Kosten sowie
- die zu erwartenden Einsparungen und Erlöse.

Vor dem Hintergrund dieser Vielschichtigkeit wurde 1994 ein Projektteam, bestehend aus Vertretern der beiden Cost-Center (Mechanische Fertigung Darmstadt und Werk Arheilgen) sowie Mitgliedern des Betriebsrats, mit der Aufgabe beauftragt, die Integration durchzuplanen.

In mehreren Workshops, moderiert von Mitarbeitern des IPA-Instituts, wurden die Themen

- Ablauforganisation,
- Flächenplanung,
- Aufbauorganisation und
- Wirtschaftlichkeit

bearbeitet.

Im Ergebnis wurde festgestellt, daß die Integration nicht nur im Sinne der Flächenbilanz möglich ist, sondern daß bezüglich des Materialflusses deutliche Vorteile gegenüber der heutigen Situation erkennbar sind. Angesichts der zu erwartenden Synergieeffekte, Einsparungen und Erlöse ist die Integration auch wirtschaftlich sinnvoll.

Entscheidend bei der Projektarbeit war jedoch, daß die Ergebnisse von den betroffenen Führungskräften und Vertretern der betroffenen Mitarbeiter erarbeitet wurden und mitgetragen werden.

Die Integration wird nach entsprechenden Vorbereitungen im Stammgelände voraussichtlich innerhalb der nächsten 2 bis 3 Jahre vollzogen. Die beiden heute getrennten Cost-Center werden dann zu einem Verantwortungsbereich Mechanische Fertigung zusammenwachsen. Innerhalb dieses Bereichs wird es mehrere sich selbst steuernde Fertigungseinheiten geben, die sich rasch an sich verändernde Anforderungen anpassen können.

6 Schenck '95: Der Weg zur rechtlichen Selbständigkeit

6.1 Ausgangslage

Bisher bestand Schenck aus weltweit tätigen operativen Einheiten, die teilweise als rechtlich unselbständige Geschäftseinheiten, teilweise als rechtlich selbständige Tochtergesellschaften geführt werden. Daneben bestanden zentrale Unternehmensfunktionen, insbesondere die zentrale Fertigung. Diese Geschäftseinheiten bewegten sich in einer Umsatzgrößenordnung zwischen 30 und 130 Millionen DM; in ihren Arbeitsgebieten hatten sich bezüglich der Produktspektren und Kunden stärker werdende Überschneidungen entwickelt.

6.2 Ziele der neuen Unternehmenstruktur

Vor diesem Hintergrund will sich Schenck im Rahmen des Projekts "Schenck '95" eine neue marktorientierte Unternehmensstruktur mit folgender Zielsetzung geben:

1. Klare markt- und kundenorientierte Unternehmensbereiche werden einfache und effektive Vertriebs- und Ablaufstrukturen ermöglichen.

2. Die Stärkung der unternehmerischen Eigenständigkeit der neu gebildeten Unternehmensbereiche wird durch deren rechtliche Verselbständigung unterstützt. Die neue Unternehmensstruktur reduziert die Komplexität des Unternehmens und ermöglicht es, leichter in einen kontinuierlichen Verbesserungsprozeß einzutreten.

3. Durch die Verdichtung der operativ tätigen Einheiten auf fünf Unternehmensbereiche können leichter strategische Schwerpunkte gesetzt werden. Schenck wird nicht nur in Europa, sondern auch in Asien und in Amerika leichter als bisher Allianzen eingehen können.

4. Die rechtliche Verselbständigung der Fertigung ermöglicht transparente Leistungsbeziehungen und stärkt deren Wettbewerbsfähigkeit.

6.3 Das Realisierungskonzept

Das Unternehmenskonzept "Schenck '95" soll in folgenden Schritten realisiert werden:

1. Bildung operativ eigenständiger Unternehmensbereiche und Verselbständigen der Fertigung zunächst als Teilbetriebe innerhalb der Carl Schenck AG.
2. Ausgliederung der Grundstücke in eine Immobiliengesellschaft.
3. Ausgliederung der Unternehmensbereiche sowie der Fertigung in rechtlich selbständige Unternehmen.

Der erste Schritt wurde mit dem 1.10.1995 vollzogen.

6.4 Auswirkungen auf die Fertigung

Die Bildung von Teilbetrieben innerhalb der Carl Schenck AG hat zum Ziel, die spätere Ausgliederung in rechtlich selbständige Unternehmen möglichst einfach, nämlich als Betriebsübergang, gestalten zu können. In der Teilbetriebsphase müssen daher die Organisationsstrukturen so gestaltet sein, als handele es sich bei den einzelnen Einheiten bereits um rechtlich selbständige Unternehmen. Aus steuerrechtlichen Gründen müssen dabei für die Fertigung möglichst viele der nachfolgenden Teilbetriebskriterien erfüllt sein:

- eigenes Produktprogramm
- Auftreten nach außen als selbständiger Unternehmensbereich
- eigene Geschäftspapiere
- eigener Einkauf
- eigener Vertrieb
- eigenes Marketing
- eigenes Anlagevermögen
- eigener Kundenstamm

- eigene Leitung
- eigenes Personal
- eigene Endfertigung
- eigenes Lager
- gesonderte Buchführung, Kostenrechnung und Controlling
- räumliche Zusammenfassung
- Mietverträge bezüglich der genutzten Flächen
- Dienstleistungsverträge mit den in der AG verbleibenden Unternehmensfunktionen
- Rahmenverträge mit den Unternehmensbereichen

Die Notwendigkeit eines eigenen Einkaufs hat zur Zuordnung von Einkäufern für Rohmaterial, zur Übernahme der Dispositionsverantwortung sowie zur Übernahme eines Mitarbeiters aus dem bisher zentralisierten Bereich Auswärtsverlagerung geführt. Bereits die kurze Zeit seit dem 1.10. zeigt uns, daß wir bei der Beschaffung von Rohmaterial schneller als bisher Abstimmungen durchführen können. Bei der Disposition können wir aus der Gesamtsicht von Materialwirtschaft und Fertigung optimieren, der eigene Verlagerer erlaubt es, bei Kapazitätsproblemen schneller und professioneller als bisher Leistungen an Unterlieferanten zu vergeben oder bei kostenkritischen Teilen gezielt günstige Lieferanten zu suchen.

Die Notwendigkeit der eigenen Läger hat die Zuordnung der Rohmateriallager, in der Elektrofertigung und im Werk Arheilgen auch die Zuordnung der Läger für Vorratsteile zur Fertigung zur Folge. Auch hier zeigt sich bereits jetzt, daß das Wegfallen von Bereichsgrenzen rasche Verbesserungen in der Prozeßorganisation ermöglicht.

Die Notwendigkeit eines eigenen Vertriebs weist darauf hin, daß wir auch Aufträge für externe Kunden außerhalb des Schenck-Konzerns ausführen müssen, um deutlich zu machen, daß die Fertigung ein eigenständig lebensfähiges Unternehmen ist. Dies ist im Bereich der Fertigung von Leiterplatten bereits in erheblichem Maße, im Bereich der mechanischen Fertigung bisher nur in geringem Umfang praktiziert.

7 Zusammenfassung

Für das Ausbilden dynamischer Produktions- und Organisationsstrukturen wurde bei Schenck mit den "Neuen Formen der Zusammenarbeit" bereits vor mehreren Jahren eine wesentliche Voraussetzung geschaffen: Die grundsätzliche Bereitschaft zu Veränderungen aller in der Fertigung beschäftigten Mitarbeiter. Ausgehend von dieser Bereitschaft wurden in den letzten Jahren bereits erhebliche Veränderungen vollzogen. Die rechtliche Verselbständigung der Fertigung erscheint uns als konsequente Fortsetzung des eingeschlagenen Weges.

Form follows flow – die Fabrik der Zukunft als Innovationszentrum
Gunther Henn

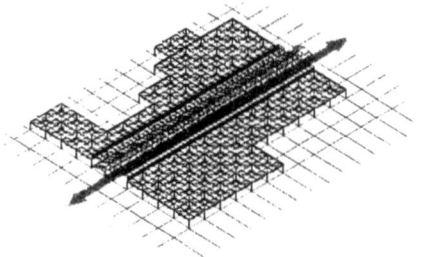

Form follows flow
Die Fabrik der Zukunft als Innovationszentrum

Dr. Gunter Henn

23. November 1995

HENN Architekten Ingenieure

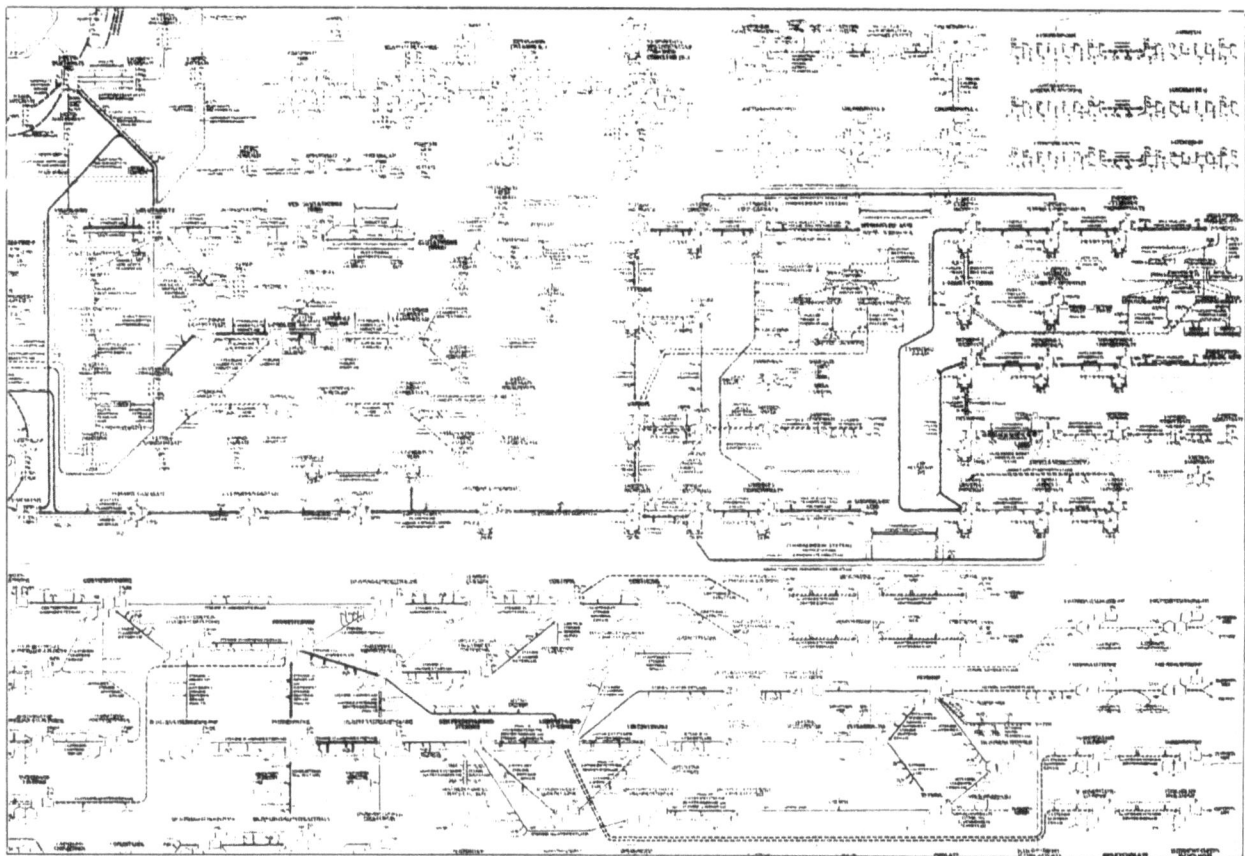

Kommunikations-Architekturen fördern die Innovation

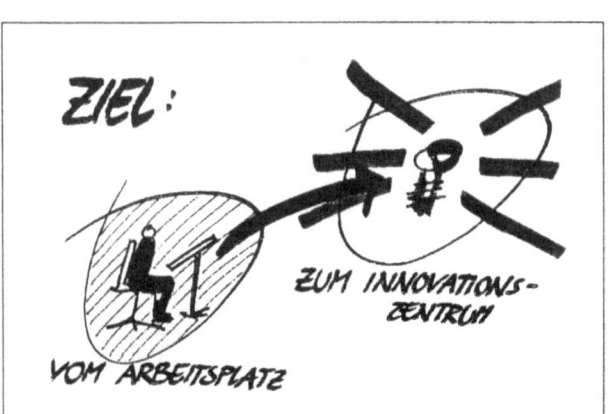

Eine Organisation, die heute erfolgreich sein will, muß in allen Bereichen innovieren. Der Qualitätsmaßstab ist "corporate innovation" - zugleich Ziel und ständige Aufgabe. Um auf wechselnde Herausforderungen schnell und richtig, effizient und erfolgreich reagieren zu können, sind Organisationen gezwungen, sich - wie ein lebender Organismus - zu einer "learning organization" zu entwickeln. Das gilt für Wirtschaftsunternehmen wie für gemeinnützige Verbände, für Hochschulen und Forschungseinrichtungen oder für Behörden.

Das Innovationspotential einer Organisation, in der Menschen arbeiten, ist unerschöpflich. Es muß nur geweckt werden: bei Führungskräften und Mitarbeitern, Zulieferern und Kunden. Es gilt, alle Systemglieder in einen steten Innovationsprozeß einzubinden, damit das Wissen der Einzelnen in Synergieprozessen bewußt und wirksam wird.

Dazu sind Quantensprünge in der Struktur großer Hierarchien erforderlich. Traditionelle Organisationsentwicklung reicht hier immer weniger aus. Organisationen, die auf stete Innovation angewiesen sind, müssen sich einem grundlegenden "re-engineering" unterziehen - wie Produkte. Re-engineering führt zu neuen Zielen, anderen Strukturen und zuvor unbekannten Methoden.

Solche Ziele sind aber nur erreichbar, wenn alle Beteiligten sie erstens erkennen, zweitens teilen und drittens in innovativen Strukturen verfolgen.

Form follows flow

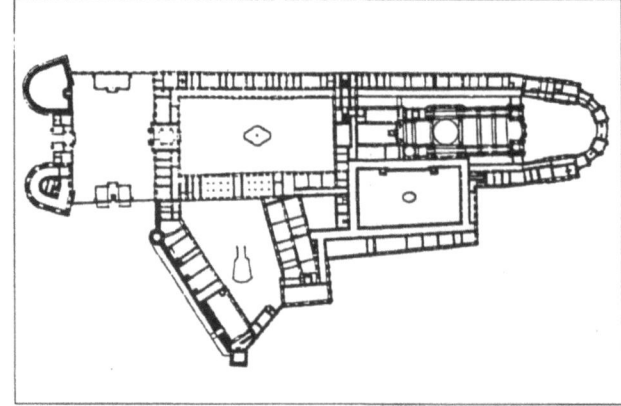

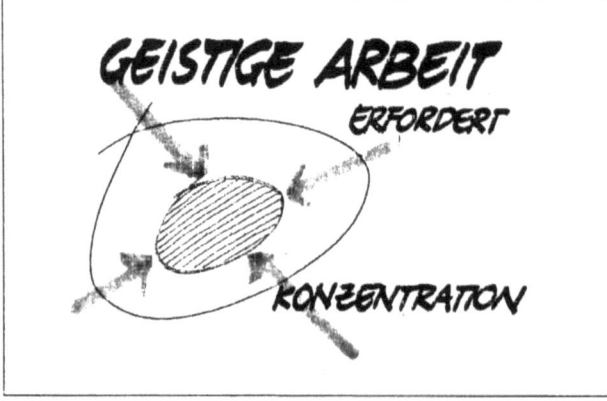

Innovationsmanagement im Industriebau

Was bedeutet das für gewerbliche Bauten? Auch Innovationsmanagement im Industrie- und Verwaltungsbau oder für Forschung und Lehre verlangt ein "re-engineering" aller Planungsprozesse und aller überkommenen Gebäudestrukturen. Beide stammen nämlich aus Zeiten, in denen die Innovation langsamer und stetiger lief. Heute aber geht es um sprunghaften Fortschritt.

Fur schnelle, auch sprunghafte "re-engineering"-Fortschritte ist eine Form der Bauplanung und Baustruktur erforderlich, die wir "Kommunikations-Architektur" nennen. In solchen Gebäuden arbeiten innovative Organisationen am besten.

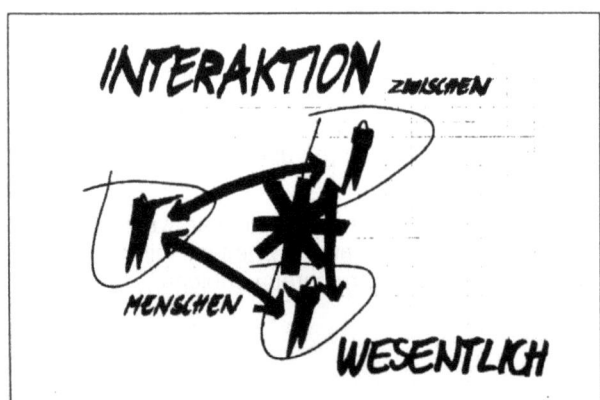

HENN Architekten Ingenieure

Form follows flow

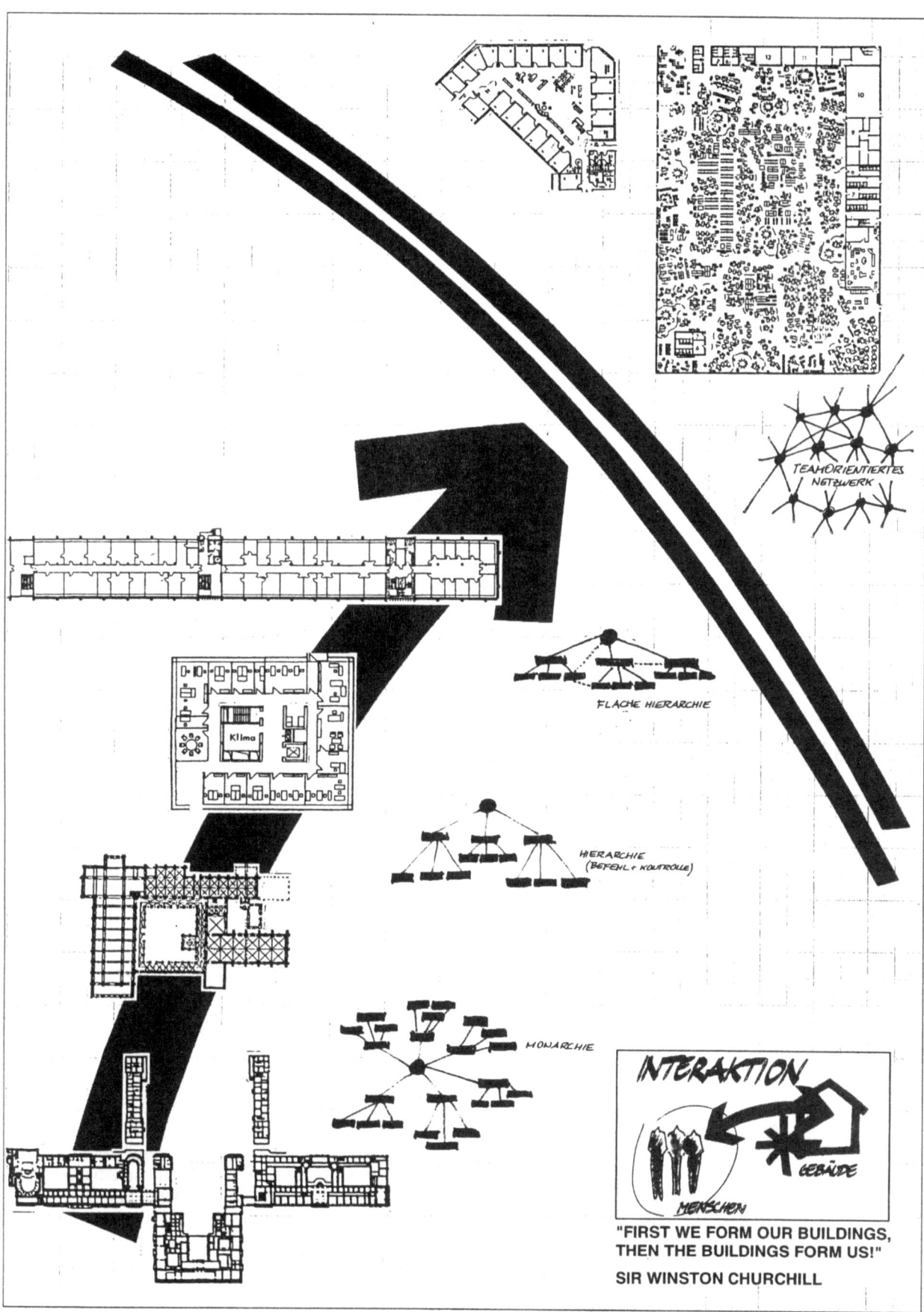

Entwicklung der Kommunikationsarchitektur

HENN Architekten Ingenieure

Form follows flow

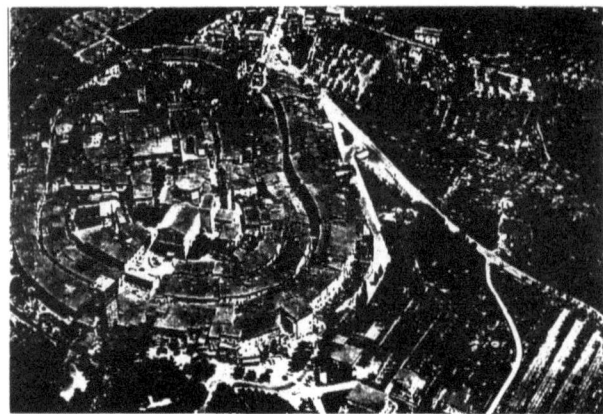

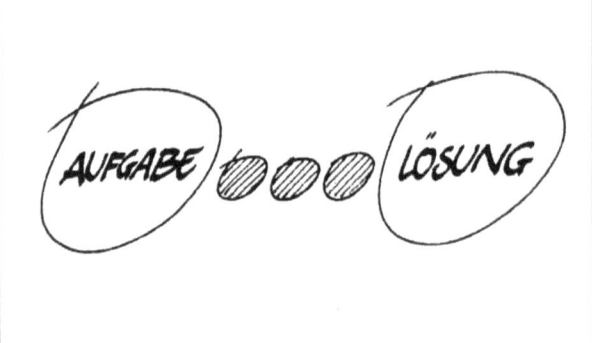
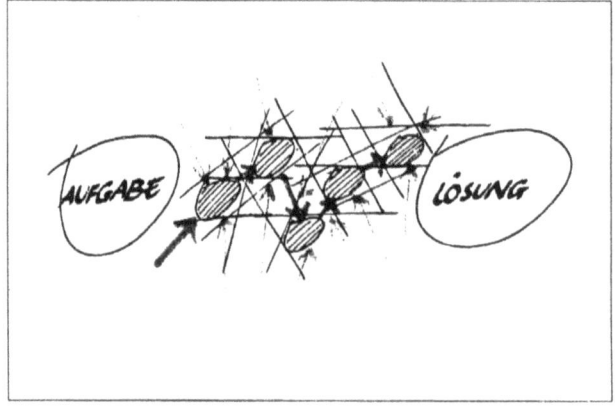

Eindimensional gestellte Aufgaben für zwei- und dreidimensionale Lösungen

BEI DEM BAUVORHABEN IST ES SEHR WICHTIG, DASS VOM HAUPTEINGANG AUS – ZWAR AUCH VON EINEM SEITLICHEN, DER POSTSTELLE BENACHBARTEN, NEBENEINGANG – DIE ZENTRALE HALLE DIREKT ZU ERREICHEN IST. DIE HALLE SOLLTE NICHT GRÖSSER ALS 300 m² SEIN UND NICHT MIT AUFWENDIGEN LUFTTECHNISCHEN MASSNAHMEN BEHANDELT WERDEN. AUCH DER SICHERHEITSDIENST MUSS DER HALLE DIREKT ZUGEORDNET WERDEN, OHNE JEDOCH ALLZU STARK IM ÖFFENTLICHEN BEREICH PRÄSENT ZU SEIN. VON DER EINGANGSHALLE MÜSSEN KASINO, ARBEITERCAFE UND KANTINE DIREKT ZUGÄNGLICH SEIN.

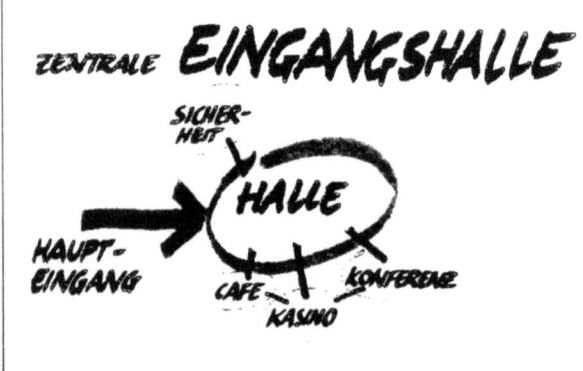

Produkte, auch Gebäude also, sind Ergebnis von Entwurf, Planung und Ausführungschritten. Sie sind in feste Materialien umgesetzte Antworten auf zunächst ganz unfertige Vorstellungsbilder. Erste Darstellungen solcher Vorstellungsbilder haben meist schon graphische Form. Sie geben also bereits Antworten auf zuvor gestellte Fragen nach Sinn und Absicht eines Neubauprojekts. Wie entstehen jedoch und wie lauten solche Fragen?

Sie entstehen als rohformulierte Idee und werden hörbar und aufschreibbar in ausgesprochenen Worten. Das erste fragende Rahmenwerk für spätere Antworten entsteht mithin fast immer verbal.

Weitgehend unbewußte Kulturvorgänge haben auf diese Weise in einem viele Jahrhunderte lang gewachsenen Prozeß zu Produkten, also auch Bauwerken, von eindrucksvoller Qualität, Schönheit und Dauerhaftigkeit geführt – mit vorwiegend handwerklichen Methoden. Entwurf, Planung und Ausführung lagen dabei im Prinzip in einer Hand.

In unserer hochtechnisierten und arbeitsteilig organisierten Kultur sind die Erarbeitung einer Aufgabe aus der Beschreibung des Problems und die Ableitung der richtigen Lösungen durch das Produkt fast durchweg getrennt. Komplexe Produkte – auch Bauten – in kurzer Zeit zu entwickeln und fertigzustellen, ist anders nicht möglich.

Noch ehe die Entwicklung erste Teilantworten für spätere dreidimensionale Produkte in zweidimensionalen Zeichnungen geben kann, wird auch dort die Aufgabe in sogenannten Lastenheften formuliert, eindimensional, mittels Sprache.

Form follows flow

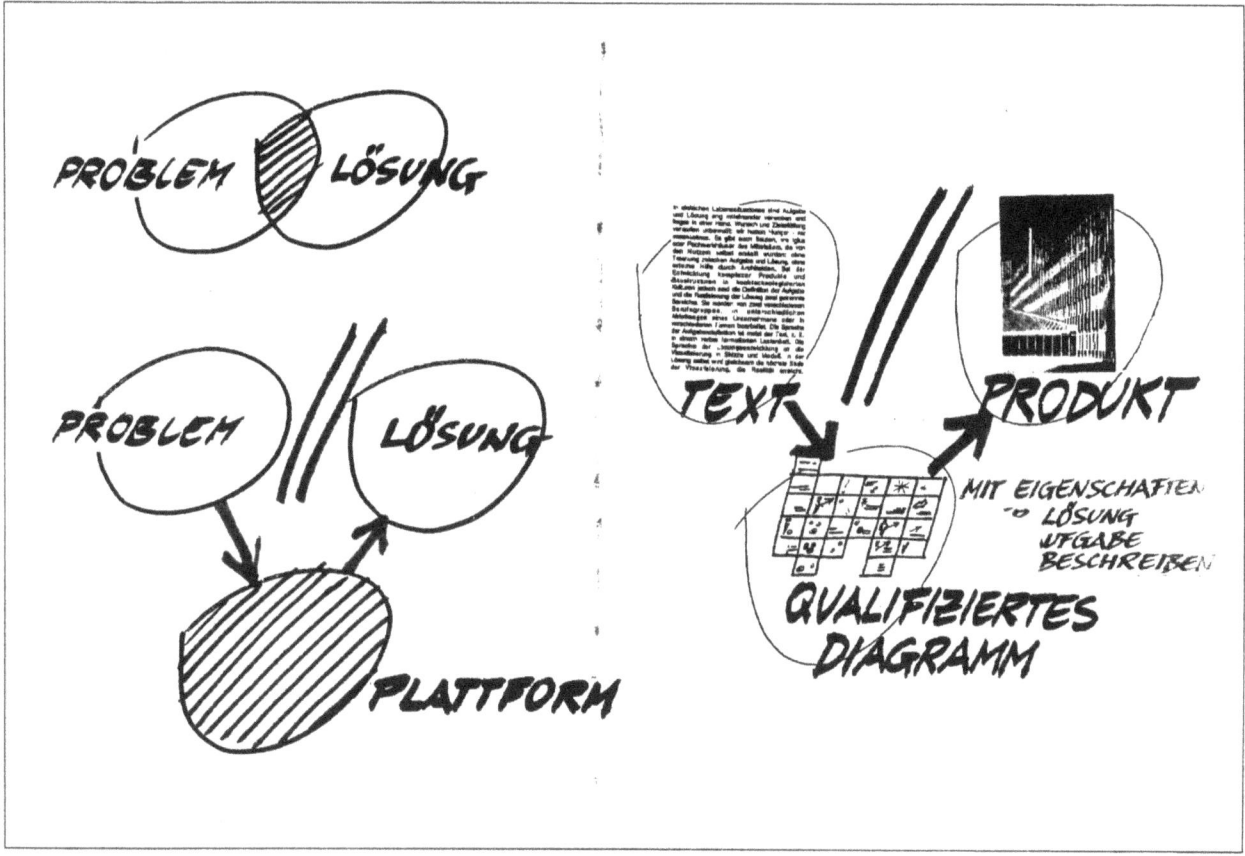

Die Aufgabe mit visuellen Mitteln beschreiben

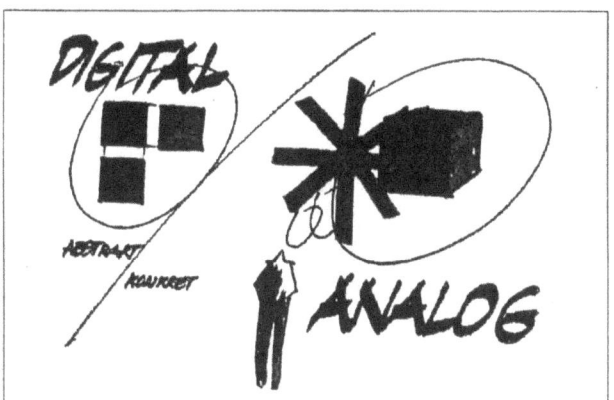

Architektur "spricht" nicht verbal; Architektur wird visuell kommuniziert. Fur eine schnelle und sichere Aufgabenbeschreibung in diesem Bereich ist das eindimensionale Werkzeug Sprache daher nur sehr unvollkommen geeignet. Es kame nämlich darauf an, die symbolische Begriffswelt der Sprache Eins zu Eins in die visuelle Realität zu übersetzen, dafur gibt es jedoch keinen Weg.

Um zu kongruenten Maßstäben zu kommen, sollte man daher die Aufgabe bereits mit Kommunikationsmitteln der Lösung beschreiben. "Spricht" die Losung visuell, dann sollte man auch fur die Beschreibung der Aufgabe eine Bildsprache benutzen. Wir visualisieren folglich bereits den ersten Schritt, auf dem alle anderen aufbauen: Die Beschreibung des Problems.

Unsere "Sprache" sind qualifizierte Diagramme. Sie bilden eine Plattform für die unmittelbare Verständigung. Qualifizierte Diagramme definieren die Aufgabe nicht nur, sondern zeigen sie zugleich. Durch Visualisierung entstehen nämlich Strukturbilder, die bereits Losungsansätze simulieren.

In anderen Worten: Im qualifizierten Diagramm stecken gleichzeitig Aufgabe und Teile der Losung. Sie vereinen die bildlich gestellte Frage und die abstrahierte Antwort in ein und derselben Darstellung.

HENN Architekten Ingenieure

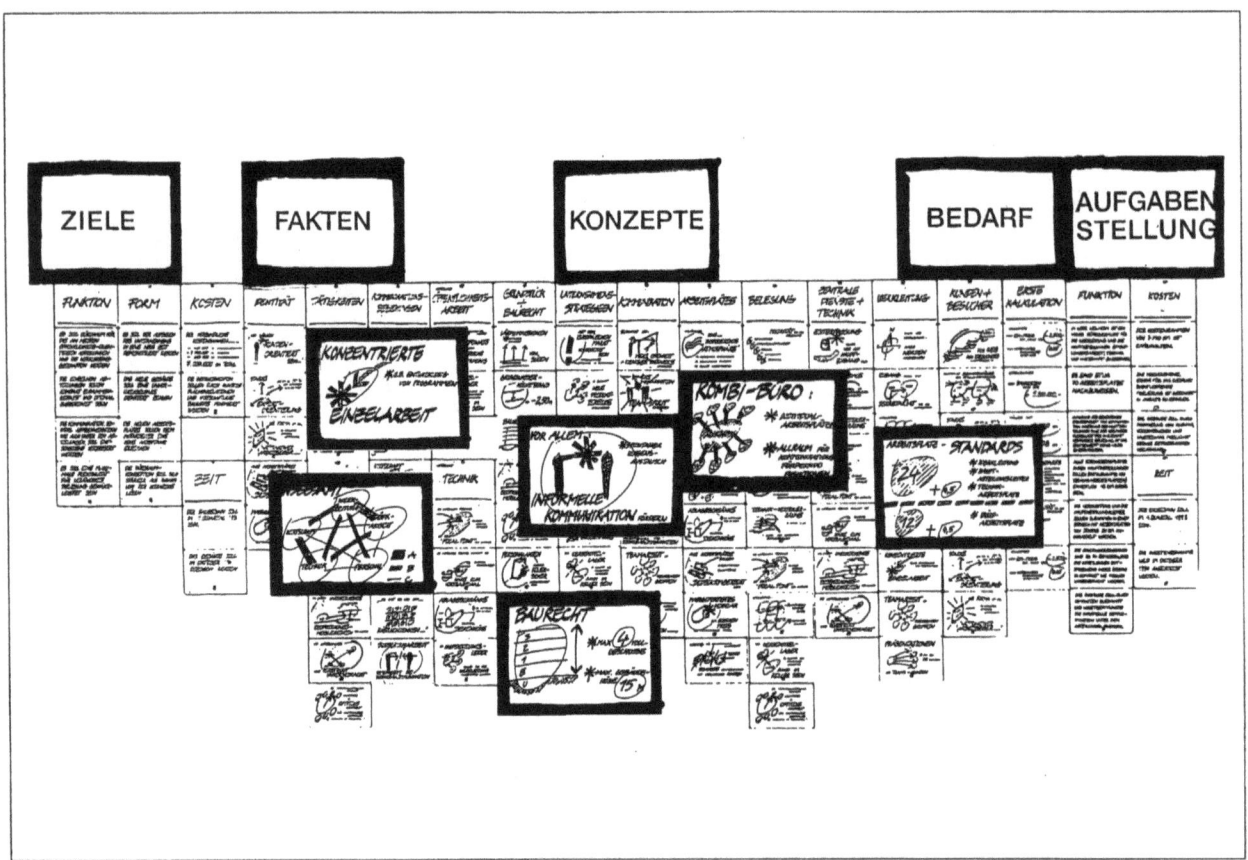

Programming schafft Regelkreise von Aufgabe und Lösung

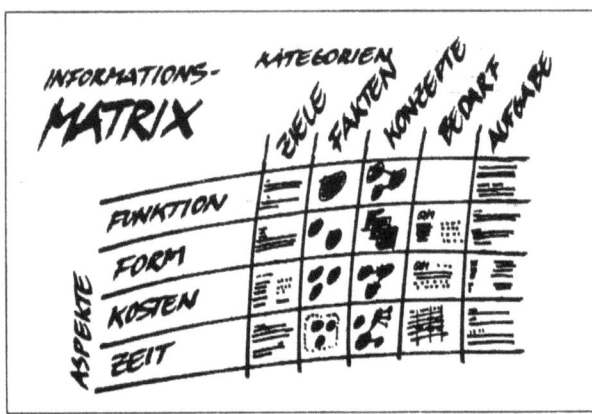

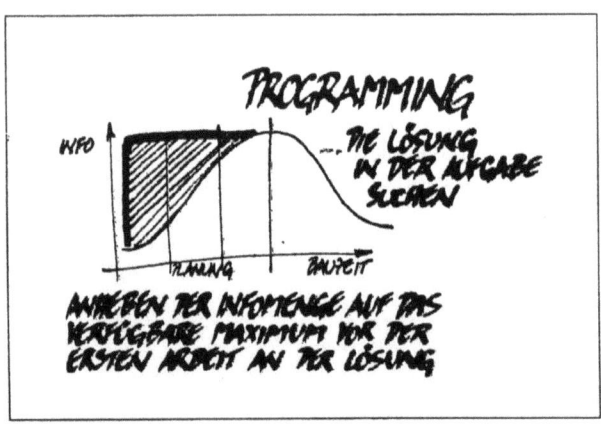

Wir nennen das PROGRAMMING. Dieses Denken und "Sprechen" in Diagrammen hat einen entscheidenden Vorzug. Sonst auseinanderdriftende Arbeitsfelder führt es mit dem Effekt zusammen, daß sie sich gegenseitig befruchten. Schon in der Aufgabe steckt nämlich ein enormes Innovationspotential. Es wird nun aktiviert, und zwar zugleich auch für die Lösung. Zwischen beiden Polen kommt ein kontinuierlicher Verbesserungsprozeß in Gang. Um ihn geht es, wenn wir sicherstellen wollen, daß in kurzer Zeit Innovationssprunge zustande kommen.

PROGRAMMING dient uns dazu, die Denk- und Entscheidungsfelder qualifizierter Diagramme methodisch zu füllen. In ihnen signalisieren wir optisch die Ziele, schaffen uns dann ein Bild der entscheidenden Fakten und entwickeln ebenfalls in Diagrammen erste Konzepte.

Diese Strukturbilder dienen als Plattform des Dialogs. Das Problem wird mit Hilfe dieser visuellen Darstellung auch evaluiert; denn die Struktur des Problems wird erkannt. Zunächst arbeiten wir an Konzepten zu einzelnen Forderungen der Aufgabe und zwar in abstrakten Prinzipdarstellungen. Dann verbinden wir sie miteinander und konkretisieren sie immer weiter. So entstehen allmählich ganzheitliche konkrete Lösungen.

HENN Architekten Ingenieure

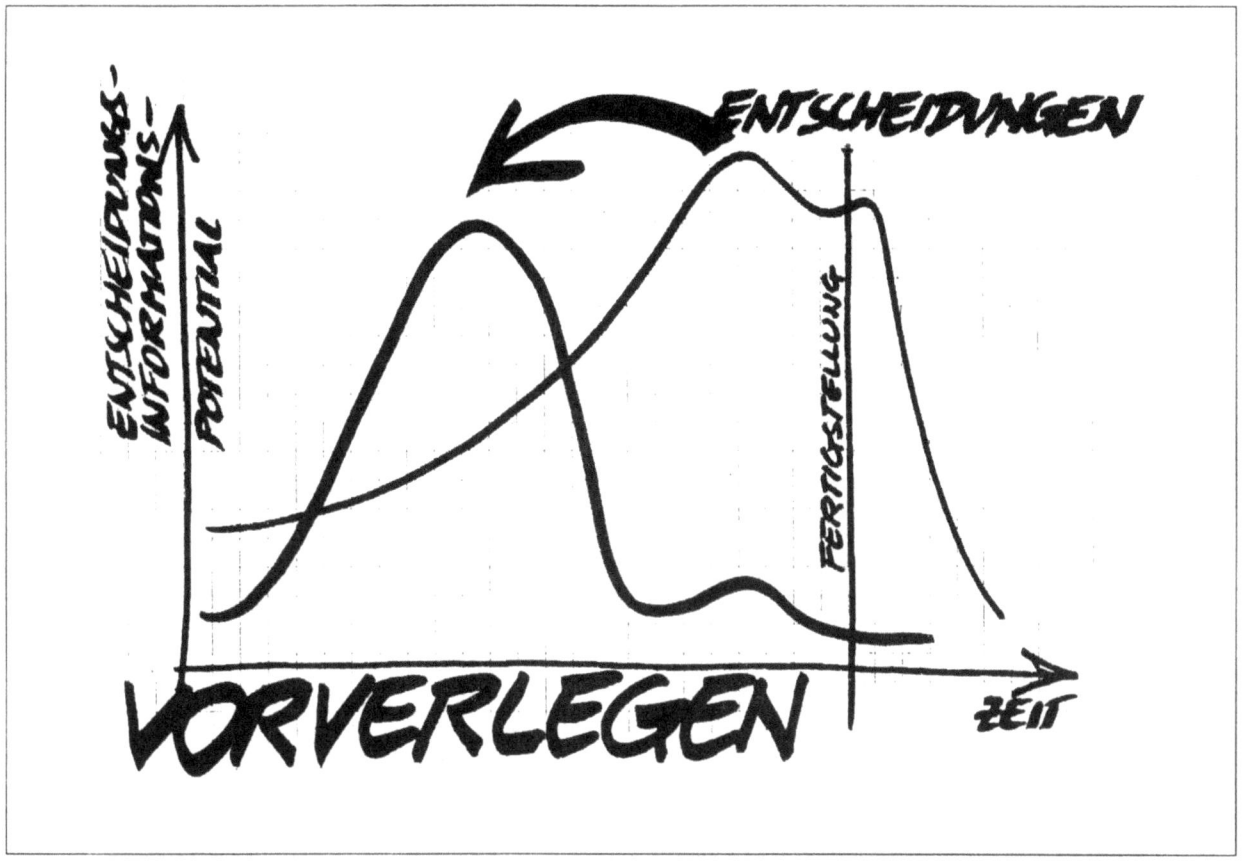

Nicht die Lösung kontrollieren, sondern den Ansatz

Es gibt viele Organe und Berufsgruppen, die alle Aspekte von Lösungen einer gründlichen Kontrolle unterwerfen. Die gleichwichtige, aber ungleich mehr Geld für mögliche Fehlentwicklungen sparende Kontrolle der Aufgabe ist weit schlechter entwickelt. Hier setzen wir an. Ohne Visualisierung ist sie nämlich in aller Regel unübersichtlich und nur schwer greifbar. Daher erfolgt sie auch meist nicht. PROGRAMMING dagegen, sichert schnelle, zielführende und kostensparende, kurz: effiziente Architektur.

Je realer nämlich die Aufgabe gestellt und dargestellt wird, desto besser gelingt es, ihre ganze Komplexität frühzeitig erkennbar zu machen. Nur so läßt sie sich auch in die Planung einbeziehen. Das gilt für die Entwurfs- und Planungsbüros genauso wie für die Bauherren. Sie oder die Auftraggeber dürfen sich nicht erst einschalten, wenn ein Ergebnis sichtbar wird, aber vielleicht nicht gefällt. Ein solches unsicheres Herantasten an die Aufgabe wäre sehr uneffektiv; eine Vielzahl später zu verwerfender Lösungen waren nämlich die Folge.

Mit PROGRAMMING wird daher der Entscheidungspunkt auch für den Bauherrn vorverlegt. Für alle Beteiligten werden Aufgabe und Umsetzungsschritte frühzeitig erkennbar und durchsichtig - aufwendige Nachbesserungen in der Bauphase oder sogar nach Fertigstellung sind dann damit vermeidbar.

Form follows flow

Sichtbare Kommunikationsströme führen zu mehr Innovation

Physischer Materialfluß in einem Gebäude, also der Transport von Teilen und Fertigprodukten, ist real und ist sichtbar. Unzulanglichkeiten fallen daher frühzeitig auf. Verbessert man diesen Materialfluß, so ist auch der Effekt offensichtlich. Dies hat dazu geführt, daß im Fertigungsprozess Innovationen in dem physischen Materialfluß frühzeitig optimiert worden sind. Sie sind meßbar und sie wurden gemessen.

Der sogenannte geistige Materialfluß, also der Wissens- und Entscheidungsstrom in einer Organisation ist ebenso real; aber er ist nicht sichtbar. Unfertige Gedanken und nicht zu Ende gedachte Leistungen bleiben meistens verborgen. Sie stapeln sich eben nicht kistenweise in Räumen und Gängen. Sie versperren zwar auch Wege, nämlich Lösungswege, doch fällt dies nicht unmittelbar auf. Störungen im geistigen Materialfluß sorgen mithin nicht für physisch begründeten Handlungsdruck.

"Managing the flow of technology" (Th. Allen, MIT Cambridge, Mass., 1977) sollte jedoch in der Organisationsplanung zu einer gleichermaßen handhabbaren Größe werden. Es gilt daher, Kommunikation festzustellen und zu messen und auch dieses Ergebnis sichtbar zu machen.

HENN Architekten Ingenieure

Form follows flow

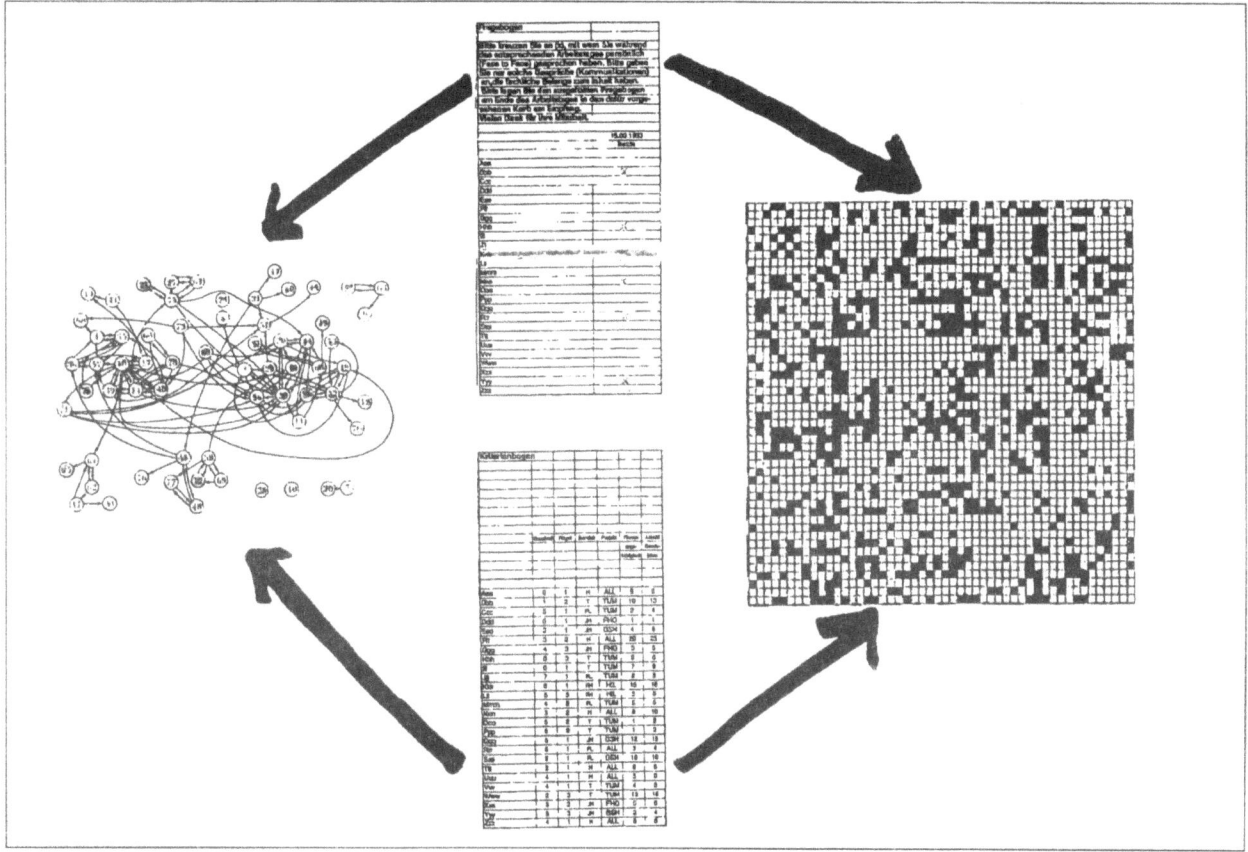

Netgraphing

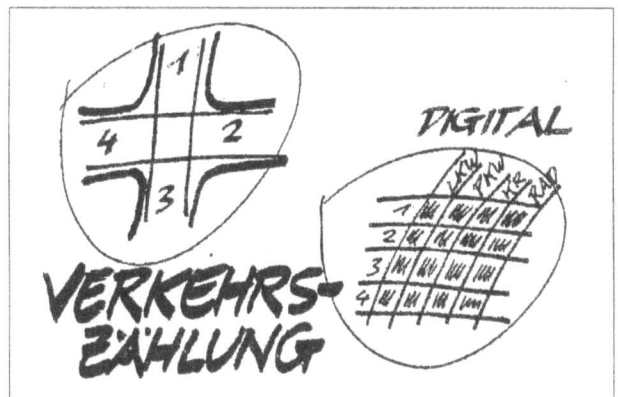

Effizientes Werkzeug dazu ist NETGRAPHING. Diese Methode untersucht zunächst die Kommunikation aller Personen, die an einer Aufgabe wie in einem Netzwerk zusammenarbeiten - ähnlich wie in der Verkehrsplanung, wo man zunächst die einzelne Fahrzeugbewegung zählt, so zu Daten über die Verkehrsströme kommt und auf dieser Basis Veränderungen bewirkt. So wie die Verkehrsplanung auf Straßenkarten Verkehrsströme sichtbar machen kann, so erlaubt es NETGRAPHING, Kommunikations-Landkarten, z.B. für alle in einem Gebäude Beschäftigten herzustellen. Auf ihnen sind unterschiedliche Kommunikationsströme - und damit zugleich Innovationspotentiale - sichtbar zu machen.

Innovation entsteht vorwiegend im Dialog. Sie setzt Kommunikation mithin voraus. 80 % aller innovativen Gedanken, die auch umgesetzt werden, sind, wie Allens Forschungen zeigen, Ergebnis persönlichen Gedankenaustauschs. Erst die unmittelbare Begegnung erschließt also das Innovationspotential. Arbeiten am Computer, im Labor oder am Zeichentisch sind dazu Voraussetzung; der Gedankensprung, der zur Innovation führt, ist aber Ergebnis des direkten Gesprächs.

Wesentlich ist hierbei, daß diese 80 % der innovativen Gedanken auch zur Anwendung kommen. Persönliche Kommunikation führt also nicht nur zu neuen Gedanken; im hin und her der Aussprache führt sie auch zu klaren, zu den richtigen Gedanken. Denn es geht ja nicht um Innovation an sich, sondern um solche, die realisiert werden soll.

HENN Architekten Ingenieure

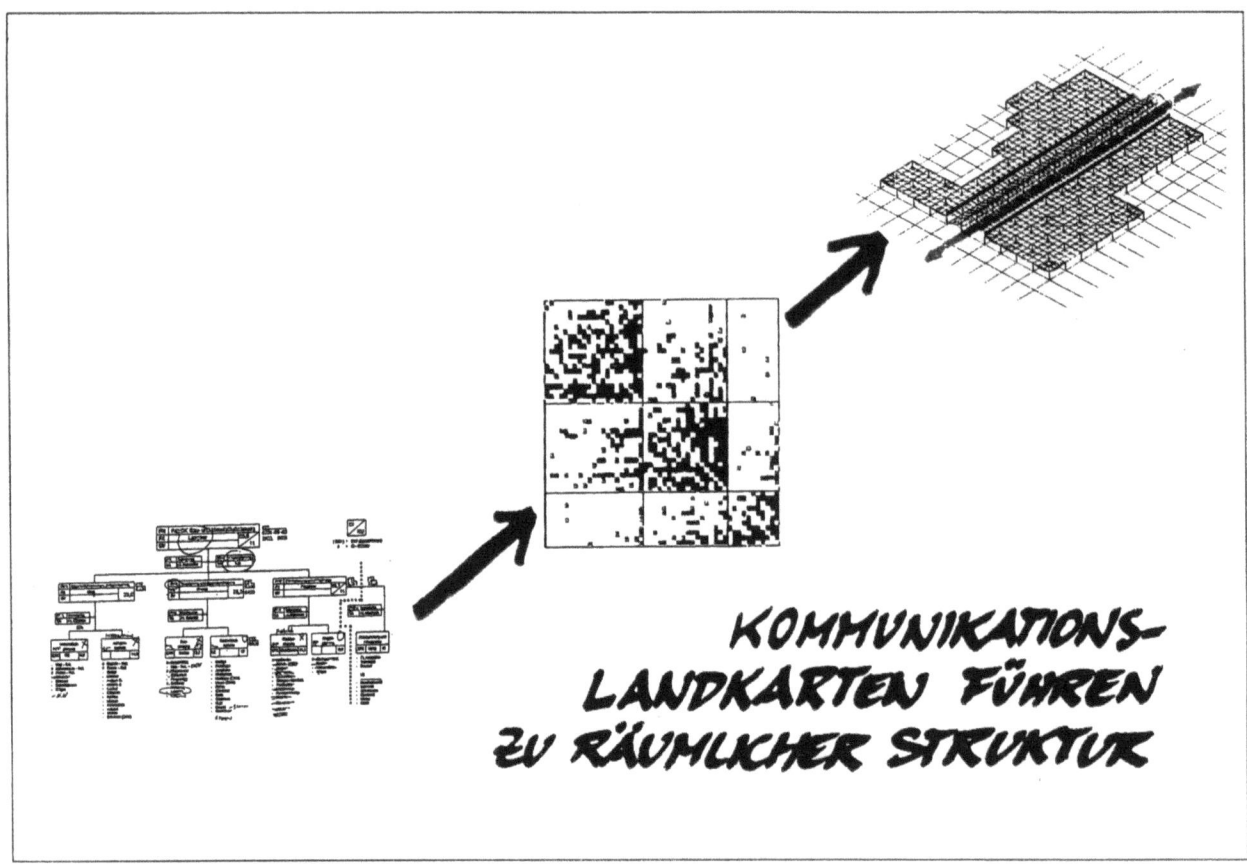

Kommunikationslandkarten als Planungsgrundlage

Kommunikations-Landkarten nach der NETGRAPHING-Methode öffnen als Strukturbilder den Zugang zu einer sonst unsichtbaren Realität der Gedanken. Sie machen einen Denk- und Entscheidungsraum sichtbar: wer spricht wie häufig mit wem, und wie und wo wird diese Kommunikation durch bauliche Strukturen gefördert oder behindert?

Optisch darstellen läßt sich aber auch die Kommunikation von Führungskräften untereinander im Vergleich von Kommunikation von und mit anderen Teammitgliedern. Ein Vergleich von Kommunikations-Landkarte und Organisationsplan stellt anschließend klar, wie weit beide Strukturen harmonisieren.

Kommunikations-Landkarten machen ferner sichtbar, wo Gesprächsarmut herrscht, wo also persönlicher Gedankenaustausch nicht ausreichend entwickelt ist und demnach noch Innovationspotentiale verborgen sein müßten.

Sind diese Kommunikations-Landkarten ausgewertet, schaffen sie also eine Grundlage für die Belegung eines Gebäudes. Diese Belegung wird danach optimiert, wie sie den Austausch von Gedanken fördert und nicht etwa hemmt. Kommunikations-Landkarten zeichen zugleich, welche Büroform oder welches Maschinenlayout an welcher Stelle zweckmäßig ist. Und sie machen deutlich, wo Räume und Zwischen-Räume für die Kommunikation zusätzlich vorzusehen sind. Auf dieser Basis lassen sich Raumprogramme wie Organisationspläne mit ausreichenden Klarheit für die kommende Flexibilität und Innovationssicherheit einer Organisation vernünftig entscheiden.

Form follows flow

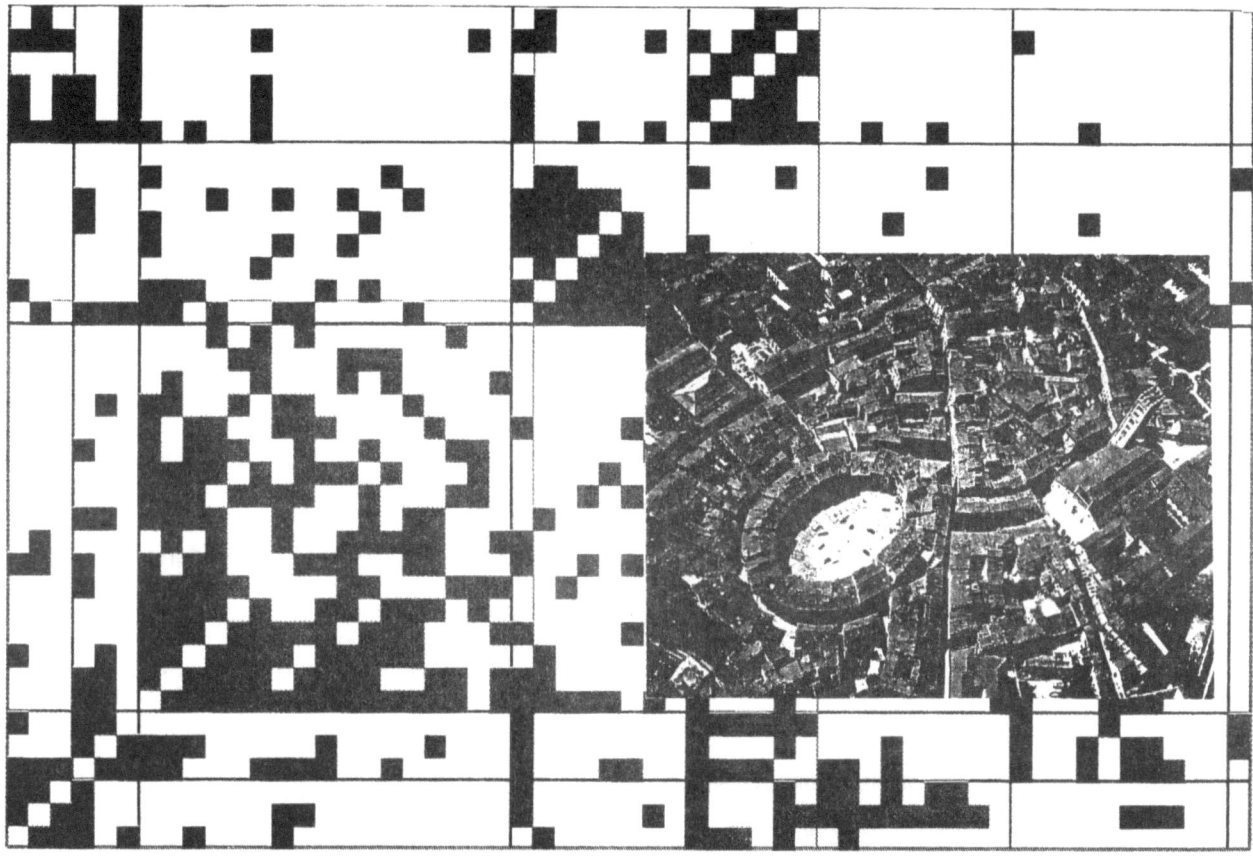

Vernetzung als Erfordernis, Zwischenraum als Instrument

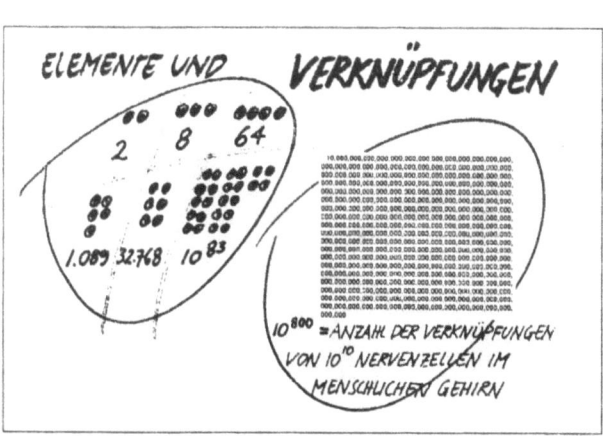

Kommunikations-Landkarten nach der NETGRAPHING-Methode machen die Funktion des Zwischen-Raums deutlich. Nicht der Arbeitsplatz allein - mag er noch so ergonomisch optimiert sein - führt zum Ergebnis Erst die geistig-räumliche Vernetzung der Arbeitsplätze läßt innovative Funken überspringen.

Je mehr Innovation wir brauchen in Entwicklung, Produktion oder Verwaltung, desto wichtiger wird dies. Wer also entsprechende Räume entwirft, muß seinem Entwurf die richtige Kommunikationslandschaft zugrunde legen. Nur dann kann er Innovationsprozesse erwarten, nur so wird er sie fordern.

Wenn in einer Organisation die richtige Idee schneller greift und daher Umwege und Irrwege seltener sind, lohnt sich sogar erhöhter Arbeitsaufwand für neue Gebäude. Denn es geht ja nicht nur lediglich um optimale Kommunikation, sondern es geht um mehr, um effizientere Leistung. In Bauten wollen wir Kommunikation daher so strukturieren. daß Wissenstransfer von Angesicht zu Angesicht zur richtigen Zeit und am richtigen Ort stattfinden kann. Gäben wir ihr schrankenlos Raum lenkte Kommunikation eher ab und verringerte ebenso die Leistung, wie zu wenig Kommunikation. Eine Optimierung die lange Zeit trägt ist nur als ständiger Prozeß zu erreichen.

HENN Architekten Ingenieure

Kommunikationslandkarten bauen

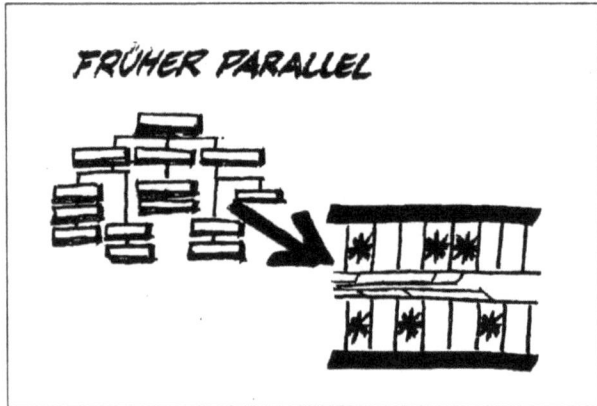

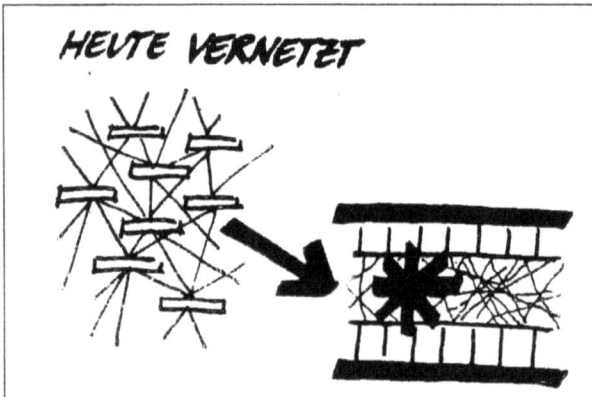

Diese Einsichten aus der Analyse von Kommunikations-Landschaften stellen Architekten wie Bauherren vor neue Aufgaben. Um den Innovationsprozeß sicherzustellen, müssen sie überkommene, starre, hierarchische Systeme zu lebendigen, dynamischen transformieren. Das klassische Organigramm zeigt eine Organisation als Pyramide: die Personalspitze hat den Überblick über die darunterliegenden Ebenen. Wege und Kommunikation verlaufen entlang definierter Organisationseinheiten, linear von einer Person zur anderen.

Im herkömmlichen, sogenannten zweibündigen Verwaltungsgebäude findet dies seinen baulichen Ausdruck. Personen in zwei Reihen von Einzelbüros entlang eines Erschließungsflures arbeiten getrennt voneinander und berichten, jeder separat, bei Bedarf oder nach festen Regeln einem Chef. Nur er benötigt das Querschnittswissen von allen.

Je komplexer Planungs- und Entscheidungsorganisationen in einer Struktur werden, desto weniger funktioniert jedoch dieses Modell. Hierarchische Strukturen mit ihrer Ordnung und Sicherheit liefern nicht mehr den Ausgangspunkt für zeitgerechte Entwürfe in der Architektur. Einzelne Vorgesetzte oder Experten sind nämlich nicht mehr in der Lage, komplexe Wirkungen umfassend zu bewerten - schon gar nicht global.

Gruppenentscheidungen sind hierzu besser geeignet. Für die Mitwirkung in solchen Teams zählen ausschließlich die Wissen- und Erfahrungs-Potentiale der Teilnehmer. Die Zugehörigkeit zu gewissen Hierarchiestufen spielt keine Rolle. Denn Kommunikations-Beziehungen können weder hierarchisch geordnet noch fest gefügt sein. Im Zentrum steht vielmehr das Projekt, die gerade bearbeitete Aufgabe.

So entsteht eine komplexe, vernetzte Struktur. Sie ähnelt einem Telefon-Netz. Jeder Apparat kann Mittelpunkt dieses Kommunikationsnetzes sein. Neues muß aus der Gruppe heraus entstehen können; sie handelt eigenverantwortlich. Kommunikation schafft so eine innere Ordnung, die "corporate innovation" und damit auch "corporate quality" sichert. Sie gilt es mittels Architektur zu erzeugen, und zwar im Industriebau ebenso wie in Gebäuden vorwiegend für Bürotätigkeit.

Wir werden sehen, daß beide Gebäudestrukturen mit dem Ziel funktionieren, da Kommunikations-Landschaften immer stärker verschmelzen.

HENN Architekten Ingenieure

Form follows flow

Der tayloristischen Fabrik fehlt Innovationspotential

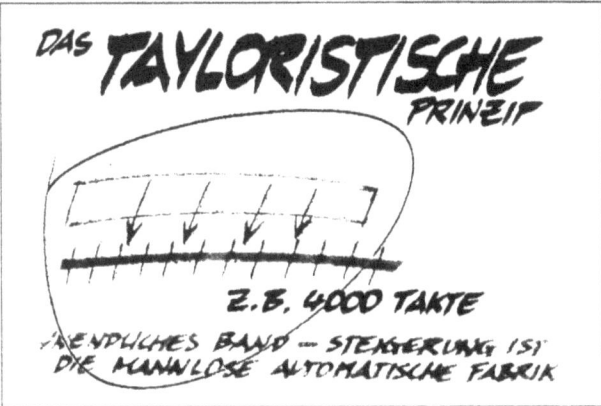

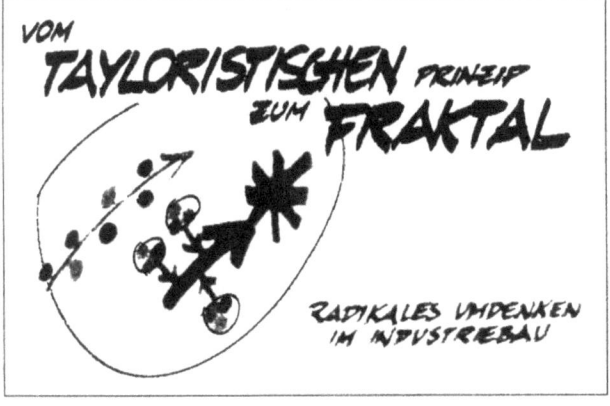

Vor mittlerweile fast 100 Jahren wurde das Fließband erfunden. Diese Innovation hat die Strukturen für Fabriken im 20. Jahrhundert entscheidend bestimmt. Man hat damals die Fertigung auch komplexer Produkte in einzelne immer einfacher zu erledigende Handhabungen unterteilt. Mechanisch sind sie nebeneinandergestellt. Getrennt werden sie von unterschiedlichen Personen erledigt. Einen Überblick über die Vielzahl der Einzelschritte hat der einzelne Arbeiter nicht - und - so heißt es - er braucht ihn auch nicht.

Die höchste Steigerung des tayloristischen Prinzips ist die menschenleere, automatisierte Fabrik. Ihr physischer Materialfluß bestimmt Aufbau und Ablauf - logistische Prinzipien haben bei allen Entscheidungen höchste Priorität. Solche Fabriken arbeiten statisch effektiv - aber nicht dynamisch effizient.

Denn die tayloristische Fabrik ist nur dann im Vorteil, wenn es darum geht, Gegenstände durch bloße Addition von Teilen zusammenzufugen. Komplexe Produkte gelingen jedoch nur aus einem neuen Systemverständnis heraus. Solche Produkte sind namlich selbst Systeme; und wie für jedes System gilt auch für sie, daß sie in ihrem Zusammenwirken mehr sind als die Summe der Teile.

Gesamtsysteme sind gegliedert in Untersysteme, welche in sich selbständig sind, aber jedes dem anderen ähnlich. Will man die Kraft des Ganzen nutzen und nicht nur die Teile, so führt dies zu neuen Anforderungen an den Produktionsprozess und damit zu neuen Gebäudestrukturen für Produktionsstätten des 21. Jhd.

In der Architektur hat das tayloristische Prinzip zu zahlreichen Gebäuden geführt, deren Form an Schuhkartons erinnert. Wie den einzelnen Mitarbeitern der tayloristischen Fabrik fehlte auch Architekten oft das Verständnis von den Produktionsablaufen.

HENN Architekten Ingenieure

Form follows flow

Der Quantensprung – die "fraktale Fabrik"

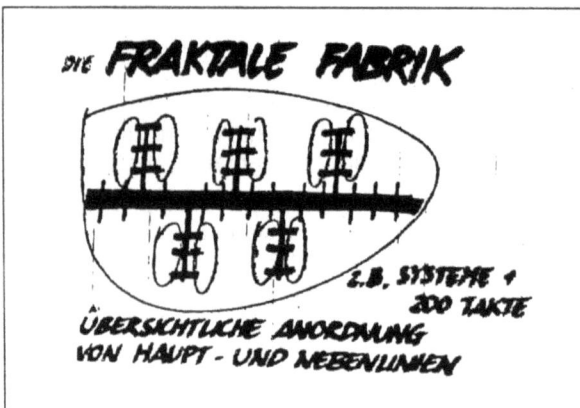

Ein Quantensprung ist 1992 mit Hans-Jürgen Warneckes Konzept der "fraktalen Fabrik" gelungen. Warnecke versteht Produktion als ein Gesamtsystem, welches aus dem Zusammenspiel miteinander vernetzter Teilsysteme entsteht - nicht um Zerlegung der Produktion in Mini-Schritte geht es mithin, sondern um Synergie.

In der fraktalen Fabrik arbeiten Haupt- und Nebensysteme aufeinander zu. Einzelteile entstehen nicht isoliert nebeneinander, vielmehr greifen Systemkomponenten ineinander und wirken aufeinander. Im Vergleich zur tayloristischen Methode, des 1 + 1 = 2 wird eine Vervielfachung des Qualitätspotentials möglich.

So geben beispielsweise Zulieferfirmen nicht einzelne Teile zum Zeitpunkt der Lieferung aus ihrer Verantwortung ab. Vielmehr liefern sie Systemelemente, die sie selbst - eigenverantwortlich - in das Gesamtprodukt einbauen. Gab es zuvor "Schnittstellen" zwischen innen und außen, aber sehr stark auch innerhalb der tayloristischen Fabrik, so sind es jetzt "Nahtstellen", die selbstähnliche Subsysteme zum Ganzen verbinden.

Als eine geeignete Gebäudestruktur hat sich das Spinekonzept erwiesen.

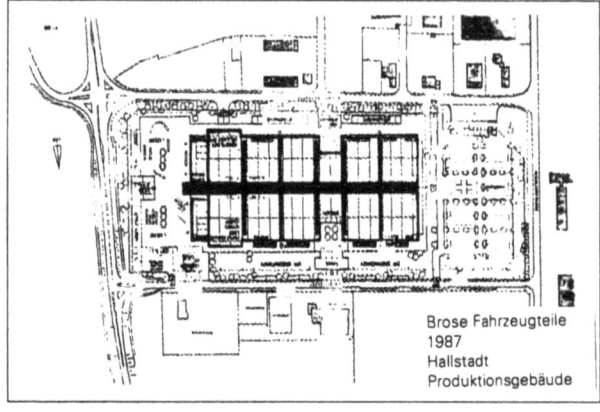

Brose Fahrzeugteile
1987
Hallstadt
Produktionsgebäude

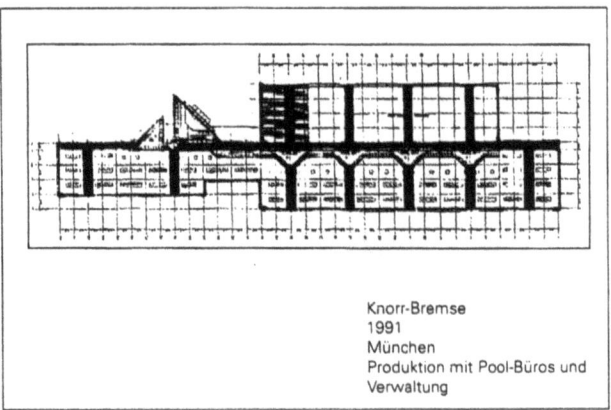

Knorr-Bremse
1991
München
Produktion mit Pool-Büros und Verwaltung

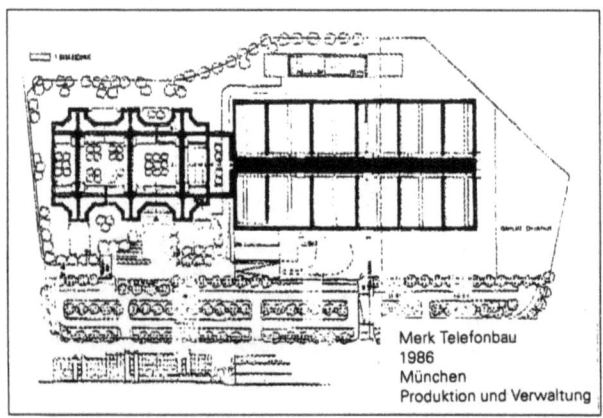

Merk Telefonbau
1986
München
Produktion und Verwaltung

HENN Architekten Ingenieure

Form follows flow

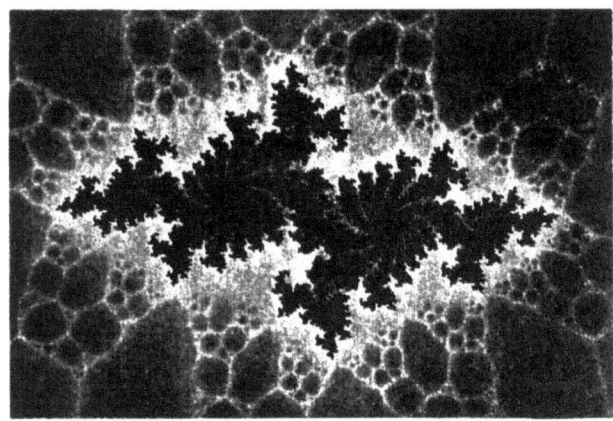
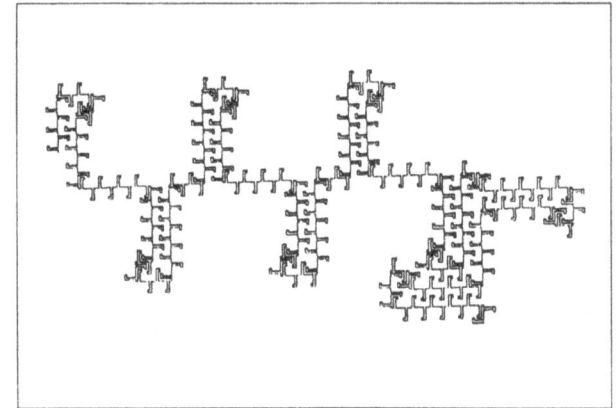

Die Natur zeigt, wie man es einrichten sollte

Diese Organisation erinnert an Strukturen in der Natur. Sie ist fraktal aufgebaut; Adern eines Blattes sind - in selbstähnlicher Struktur - Subsysteme des Gesamtsystems Baum. Die Natur besteht aus sich selbst steuernden Einheiten im kleinen wie im großen.

Dieses jahrmillionen alte Erfolgsrezept hilft uns, Fertigungsstatten neu zu planen. Ein zweiter Sprung über das Konzept der fraktalen Fabrik hinaus kombiniert namlich nun deren Prinzipien selbstähnlicher Struktur mit den Erkenntnissen aus dem NETGRAPHING. Die Fabrik des 21. Jhd. - wir nennen sie die "lebendige Fabrik" - organisiert zugleich Fertigung und Innovation.

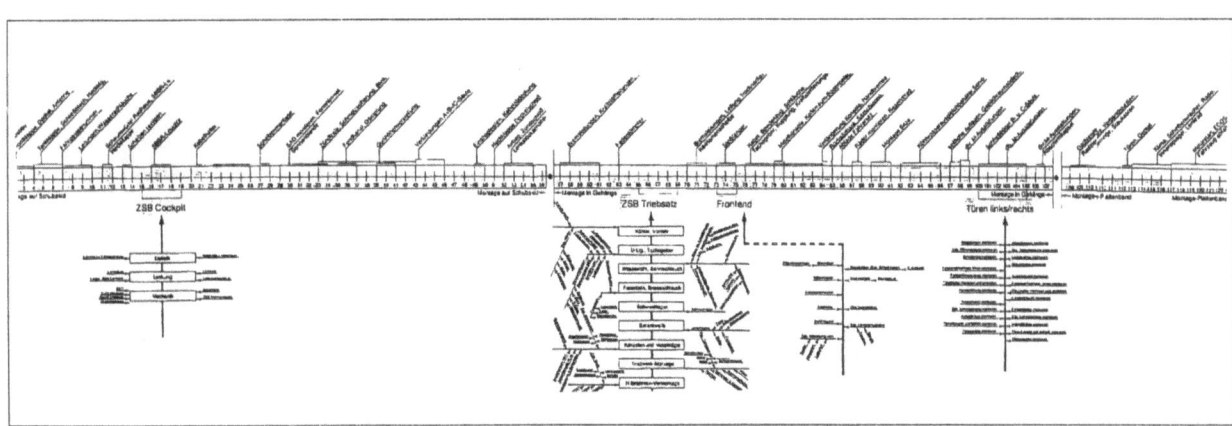

HENN Architekten Ingenieure

Form follows flow

Optimierungsstufen

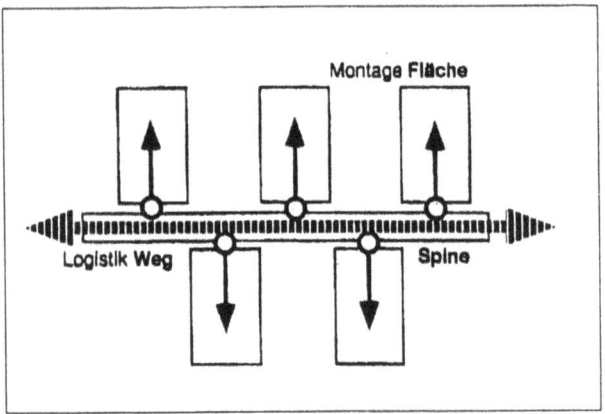

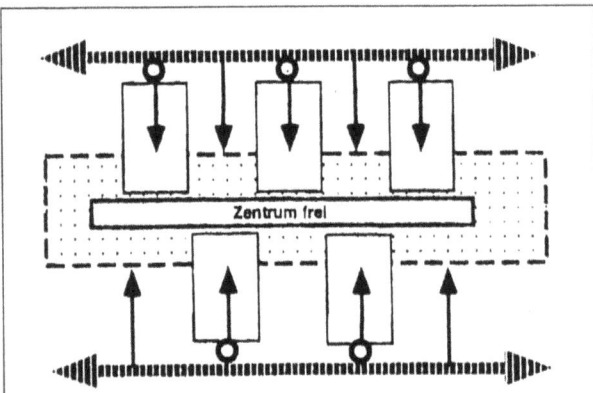

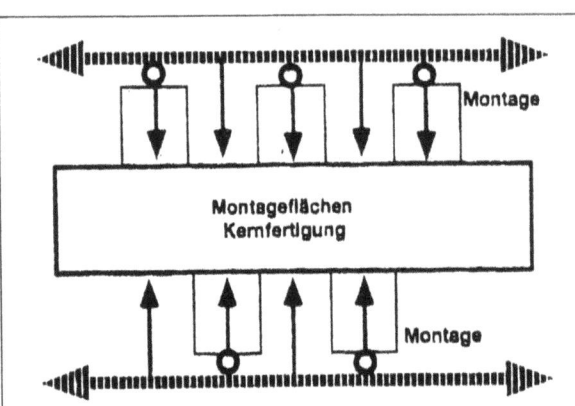

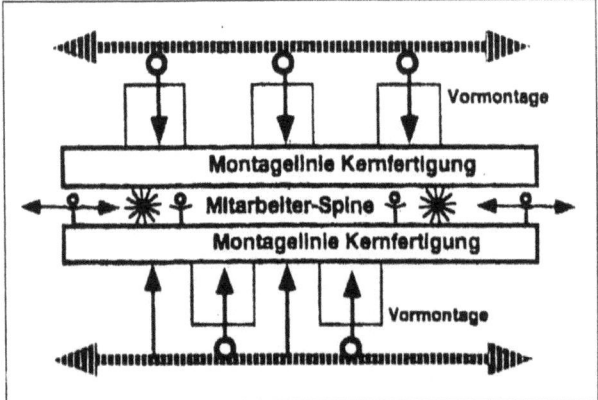

HENN Architekten Ingenieure

Betrachten wir dazu kurz vier Optimierungsstufen. In Stufe eins ist das traditionelle Fließband ersetzt durch einen Logistik-Strang (der Stamm eines Baumes), an dem entlang in Subsystemen produziert wird. Der innen gelegene Weg, die zentrale Fertigungsachse, dient der Versorgung. Sie ist eine Logistik-Straße. Auf angegliederten Flächen wird produziert und montiert.

In Stufe zwei ist die Logistik aus dem Zentrum der Anlage an ihre beiden Rander verlagert; dezentrale Zulieferung direkt am Verbrauchsort ist damit sichergestellt. Material fließt von außen nach innen. Da die Logistikwege neu angeordnet sind, wird das Zentrum nun frei.

In Stufe drei entstehen in diesem gewonnenen Freiraum zentrale Fertigungsflächen für eine "Kernfertigung". Die herkömmliche Produktion gliedert sich damit in zwei Kategorien: Vorfertigungs-Bereiche in selbstahnlicher Struktur im Außeren und eine lineare Kernfertigung im Zentrum.

Ein zweiter Quantensprung ist jedoch erst in Stufe vier zu erreichen. Die zentrale Kernfertigung wird in zwei Linien gespalten. Neues Zentrum der Fabrik wird ein Zwischen-Raum für Mitarbeiter, die hier gemeinsame Aufgaben in der Produktionsplanung haben, in der Fertigungseffizienz und in der Qualitätssicherung.

Wo früher Lastwagen fuhren gibt es nun also Büros. Ein Wissens-Zentrum entsteht mitten in der Fabrik. Es bewirkt Kommunikation und fördert damit Innovation. Dieser zentrale Marktplatz wird zur Qualitäts-Passage, in der diese Innovation Ergebnis verstarkten Dialogs ist und Ergebnis von mehr Ideen- und Erfahrungsaustausch.

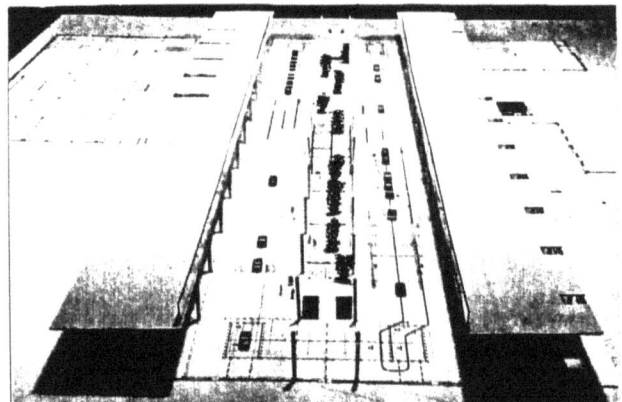

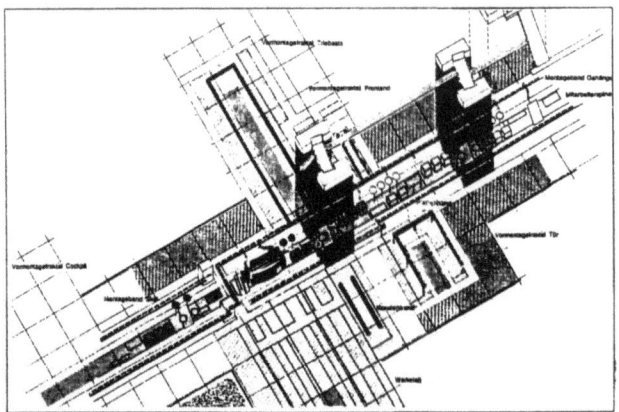

Form follows flow

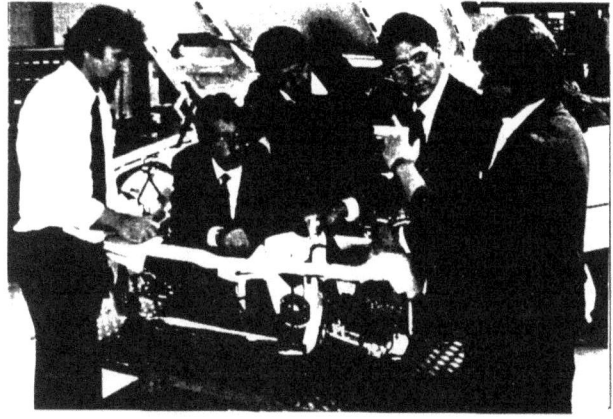

Im Zentrum der "lebendigen Fabrik" steht der Mensch

Physischer und geistiger Materialfluß sind in dieser nicht mehr tendenziell menschenleeren, sondern im Zentrum ganz im Gegenteil auf Begegnungen von Menschen ausgelegten Fabrik dynamisch kombiniert. Unmittelbare persönliche Kommunikation löst auftretende Probleme etwa der Fertigungsqualität im Prinzip on-line. Sogleich identifizieren sich die Mitarbeiter stärker mit dem Produktionsprozess, der sie umgibt.

Einer motiviert den anderen, einzelne Arbeitsschritte nicht nur richtig zu machen, sondern auch als Chance für Verbesserungen zu nutzen. Solche Ideen gilt es im Gespräch von Angesicht zu Angesicht sofort aufzugreifen und zu entscheiden.

Das Leitmotiv für die Struktur der "lebendigen Fabrik" ist also nicht mehr die gegliederte Fertigung, sondern es sind die Kommunikationsbeziehungen zwischen den Mitgliedern jedes Arbeitsteams und zwischen den Teams. Nicht die Logistik, sondern die Kommunikation wird zum selbstorganisierenden Prinzip einer solchen Fabrik. Was dominiert, ist der geistige Materialfluß, was dient, ist der physische; und dezentral erfolgt die Logistik.

HENN Architekten Ingenieure

Von der "lebendigen Fabrik" zum "lebendigen Unternehmen"

Derart optimierte Formen des Dialogs brauchen sich selbstverständlich nicht nur auf die Fabrik des 21. Jhd. zu beschränken. Wenn alle Bereiche einer Organisation in Kommunikations-Landschaften vernetzt sind, entstehen aus herkömmlichen bürokratisch tätigen Strukturen lebendige Unternehmen: Verwaltungen, Forschungseinrichtungen oder z.B. Hochschulen.

Eine lebendige Organisation besteht nicht mehr aus getrennten Bereichen für Entwicklung und Produktion, Verwaltung und Lager, sondern wird transformiert in ein Innovationszentrum. Die einzelnen Bereiche werden fraktal zueinander geordnet und als Kommunikations-Landschaft prozesshaft vernetzt.

Das führt zu Gebäudestrukturen, die eben nicht mehr nur aus spezialisierten Zonen für Planen oder Fertigen oder Vermarkten bestehen, sondern auch aus Zwischen-Räumen, Denk-Räumen, wo Kommunikationsströme für den stetigen Verbesserungsprozess und für neue Leistungsfelder genutzt werden können.

Aus diesem prozesshaftem Denkansatz heraus lassen sich aus Verwaltungsgebäuden Innovationszentren machen. Wie die Fabrik eine kommunikative Qualitätsstraße hat, so bekommen Bürogebäude zwischen Einzelbüros ihren "Allraum". Wo früher vielleicht nur Flure waren, wird jetzt miteinander gesprochen, kommuniziert. Dies führt zu völlig neuen Strukturen bis hin in Vorstandsetagen, die in lebendigen Unternehmen keine "Endhaltestelle" für Innovationen mehr sind, sondern Kommunikationszentren für die Gesamtorganisation.

Form follows flow

Škoda Montagewerk – Zieldefinition

In Mladà Boleslav entsteht gerade das neue Škodawerk: Montage A.

Das zugrundeliegende Entwurfskonzept ist das Spine-Konzept. Ein zukunftweisendes Fabrikkonzept erstreckt sich nicht nur auf optimale Materialflußplanung sondern vor allem auf dynamische Organisationsstrukturen in kleinen Qualitätsregelkreisen verbunden mit hochwertigen Arbeitsplätzen.

Mit Hilfe der Programming-Methode wurde der Prozeß der Informations-und Wissensvernetzung gezielt in Workshops gesteuert und erarbeitet.

HENN Architekten Ingenieure

Form follows flow

Škoda Montagewerk –
die Qualitätsstraße

Der Mitarbeiter-Spine entsteht als zentraler Mittelpunkt durch Teilung der zentralen Montagelinie. Die Kernfertigung erfolgt in zwei parallelen Montagelinien.

Die Arbeitsplätze entlang dieser Montagelinie wurden erweitert durch Teamräume, Try-out-Flächen, Besprechungsräume, Büros, Sozialeinrichtungen und Qualitätsorte.

Die Montagelinien der Kernfertigung sind gegliedert nach Abschnitten der unterschiedlichen Montage - und Fördertechnik: Skid, Gehänge, Plattenband

Die Systembreite der Montagelinie beträgt 15m, die Systemlänge 692m, 128 Takte à 5,40m.

Den einzelnen Arbeitsflächen sind entsprechende Logistikflächen zugeordnet.

Die module Ordnung spiegelt sich auch im Fassadenaufbau wieder.

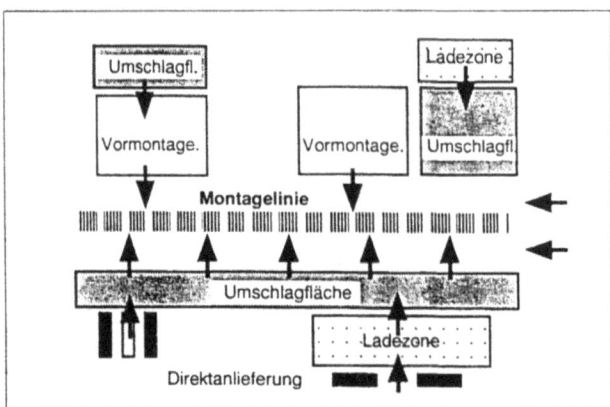

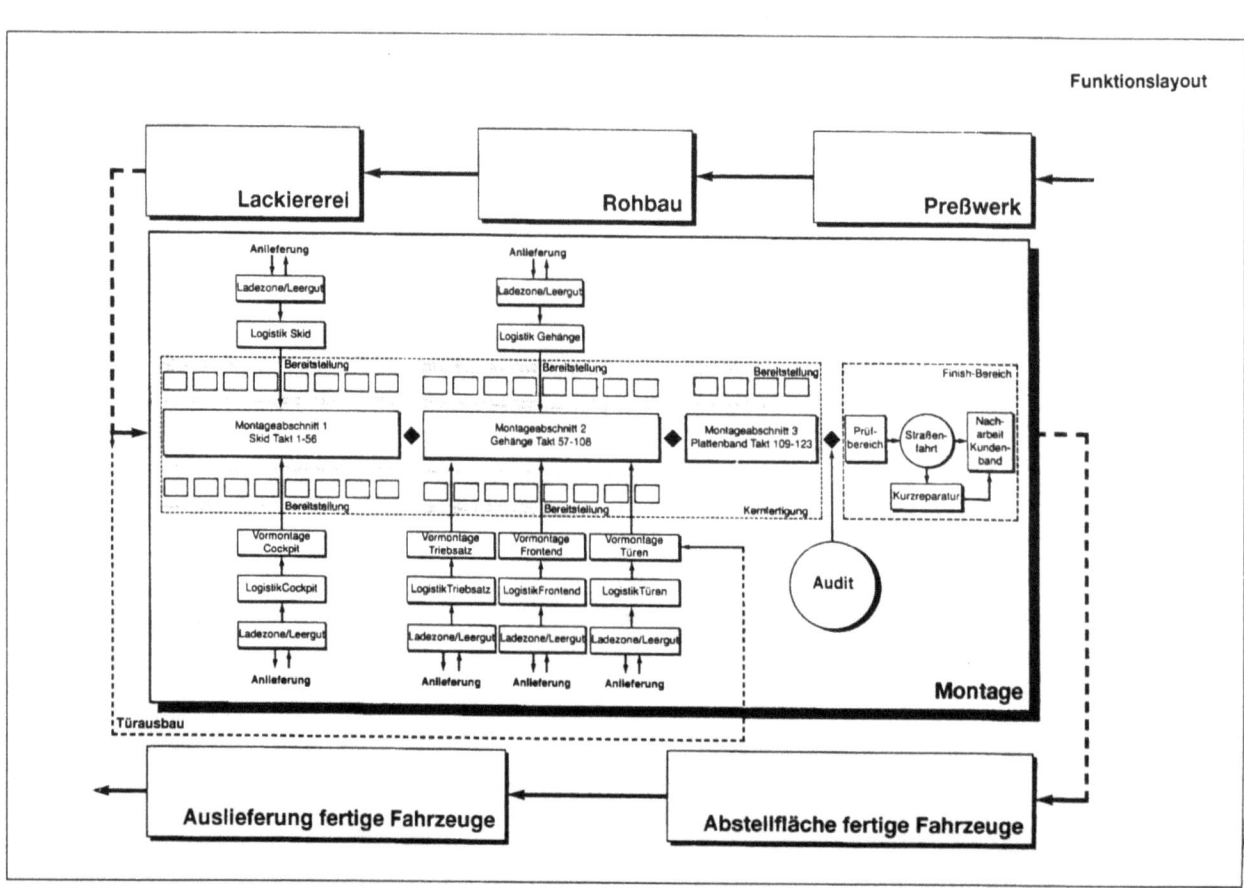

HENN Architekten Ingenieure

Form follows flow

Škoda Montagewerk –
Logistik

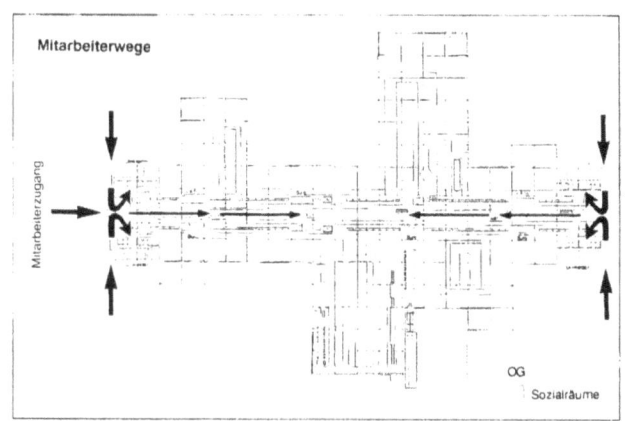

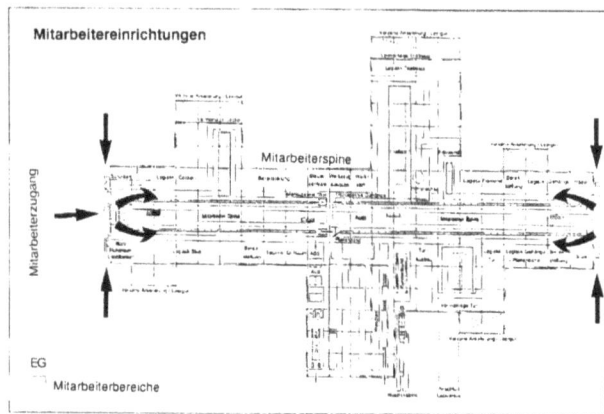

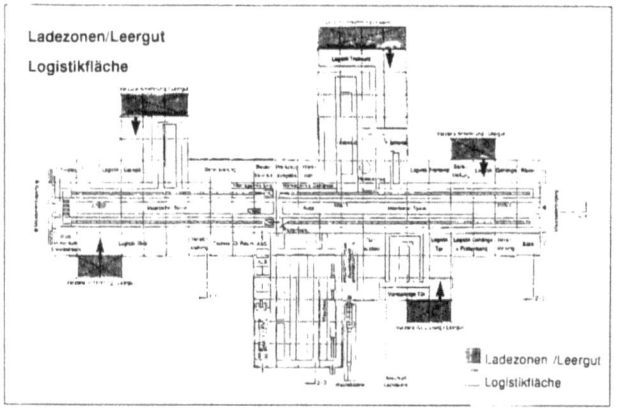

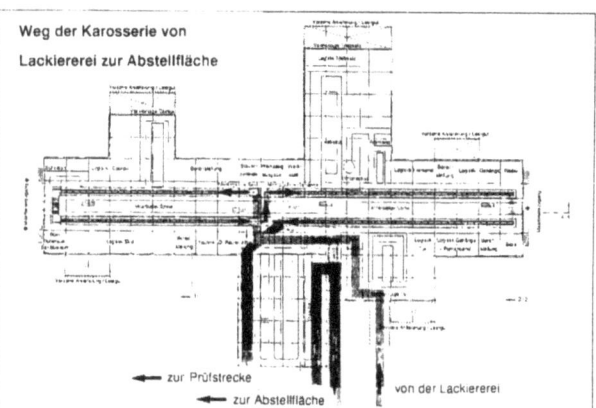

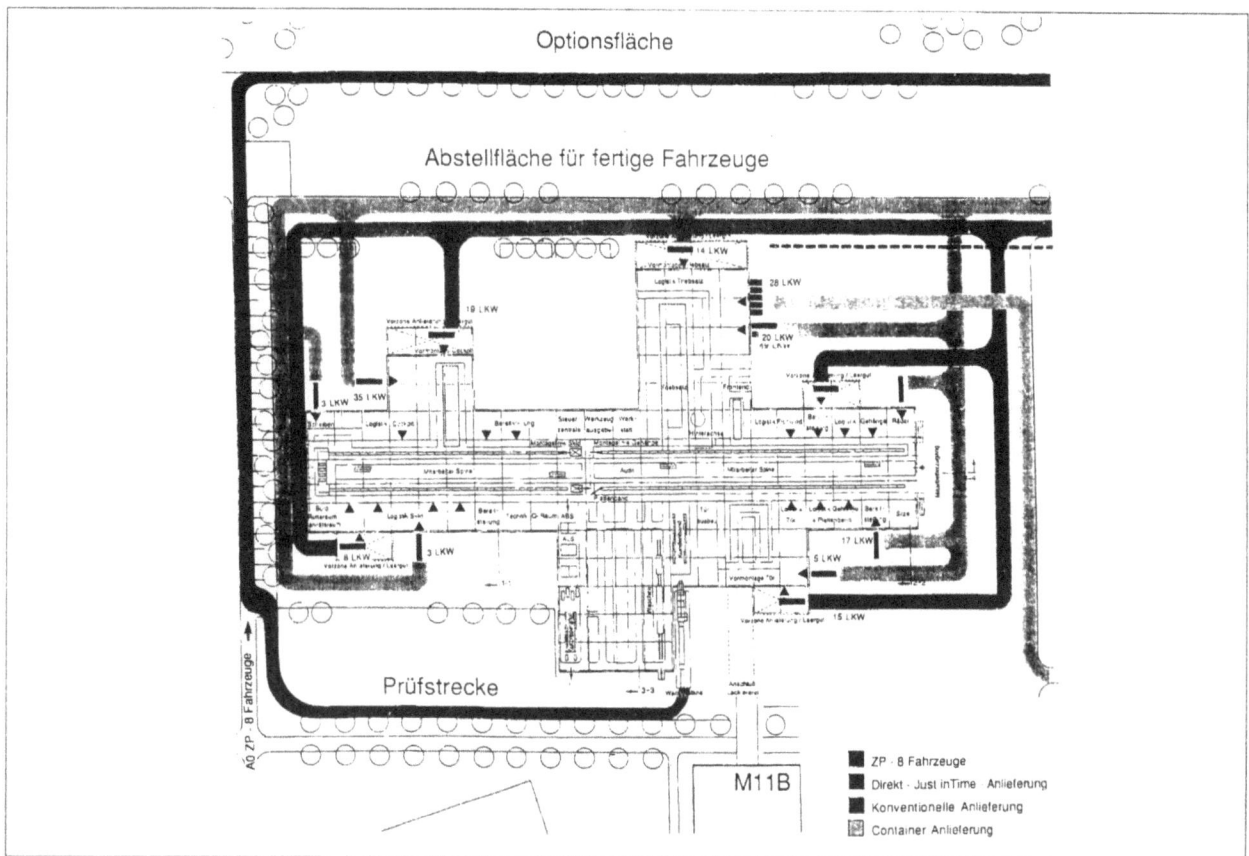

HENN Architekten Ingenieure

Škoda Montagewerk – Entwurf

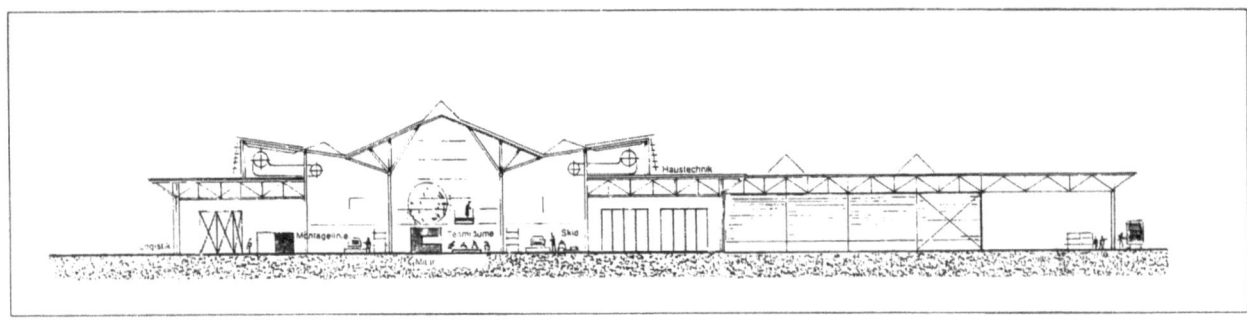

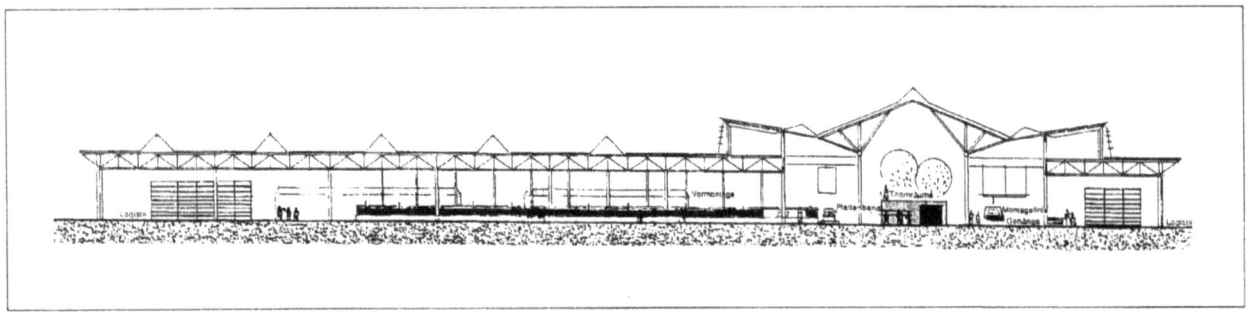

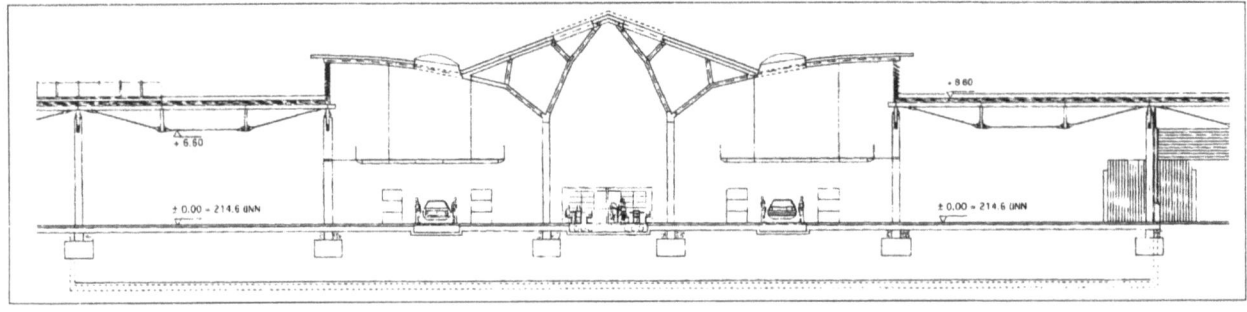

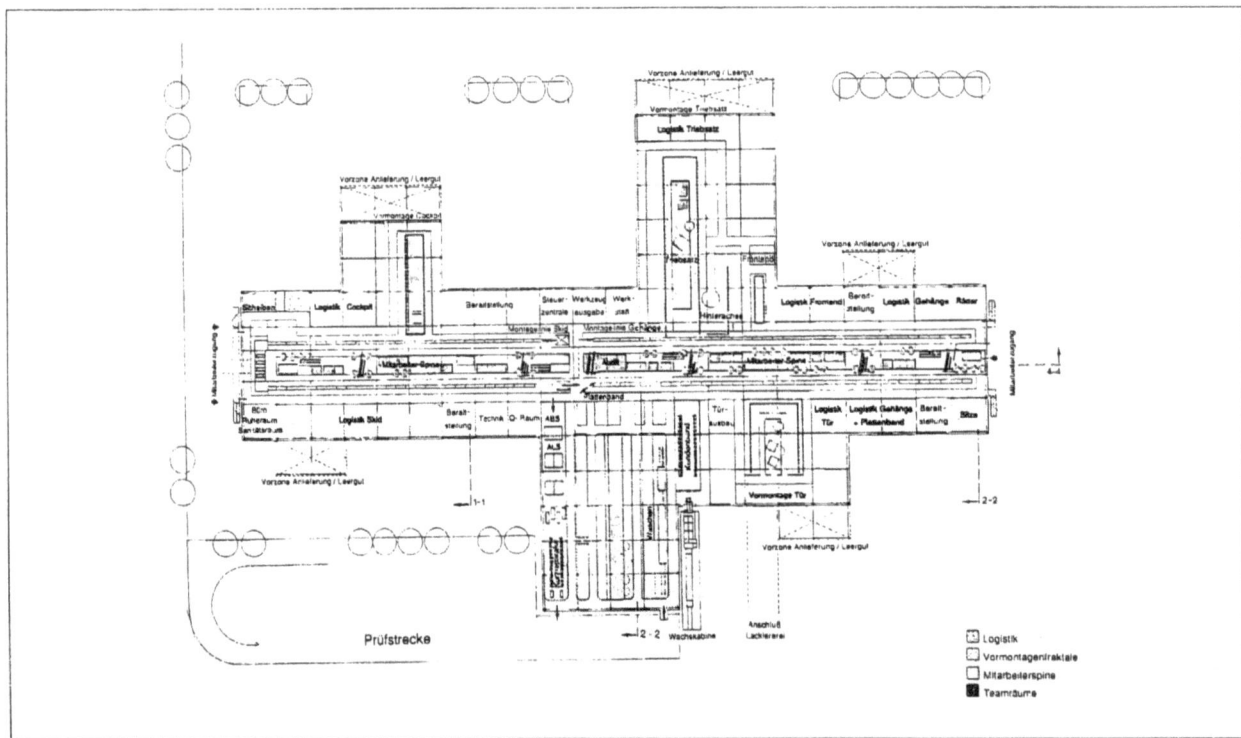

HENN Architekten Ingenieure

Form follows flow

Škoda Montagewerk – Atmosphäre

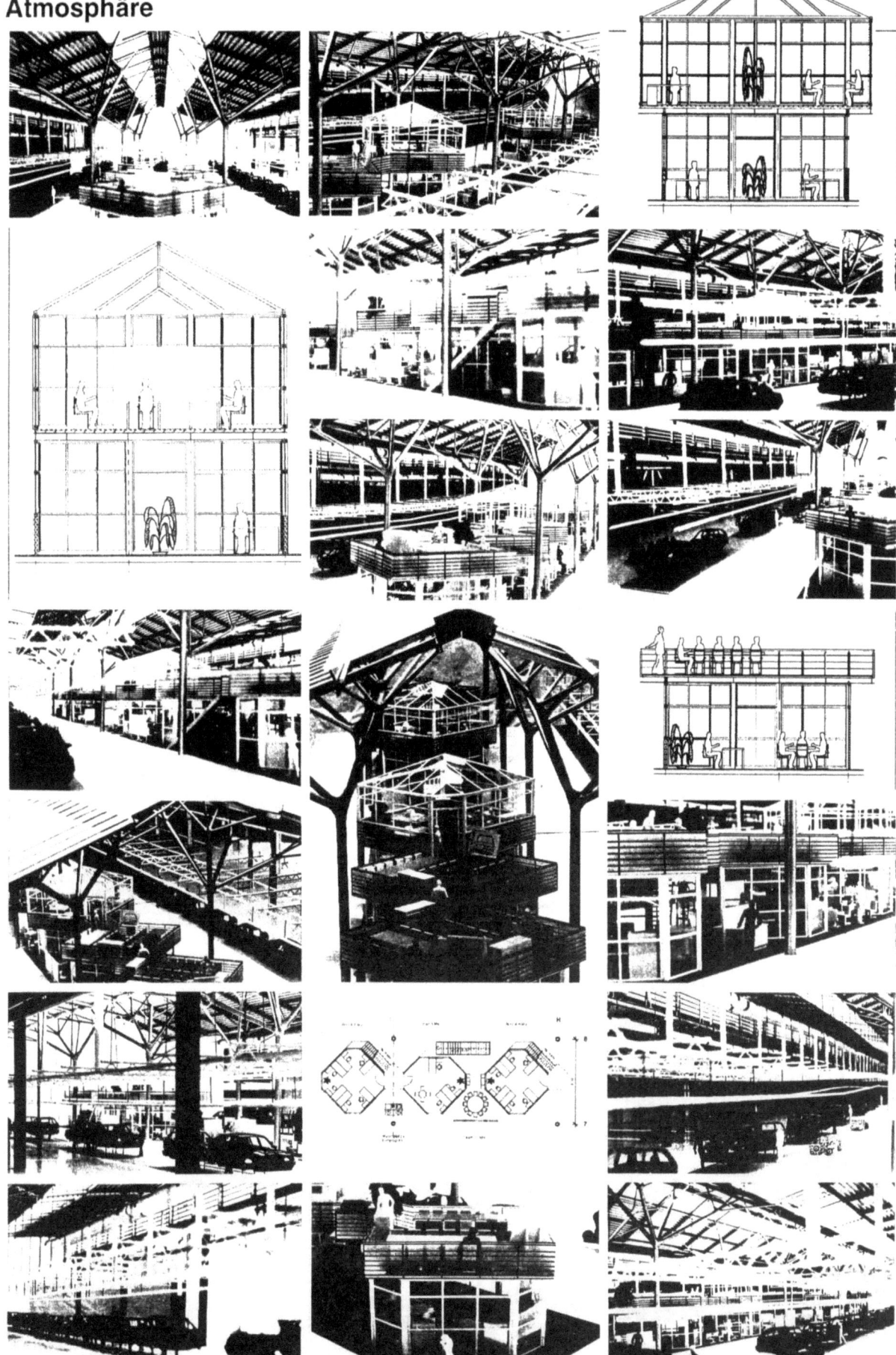

HENN Architekten Ingenieure

Form follows flow

Skoda Montagewerk – Realisierung

HENN Architekten Ingenieure

Die Form des Gebäudes folgt dem Fluß der Gedanken

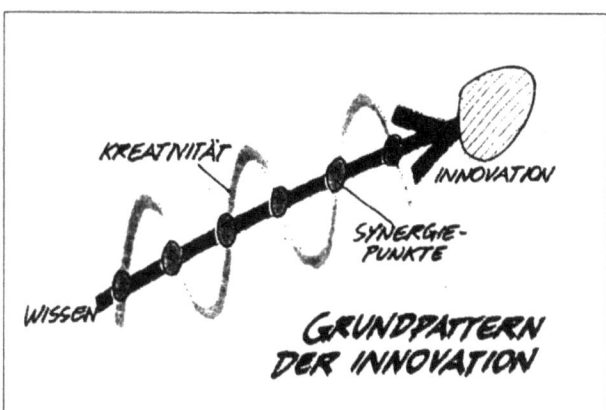

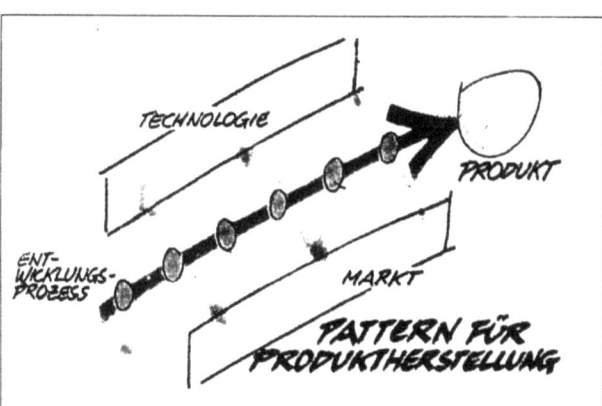

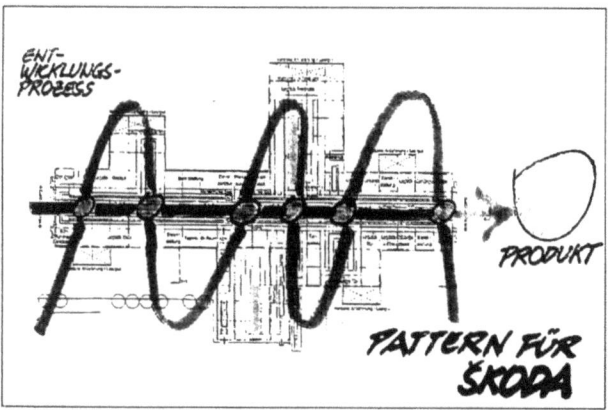

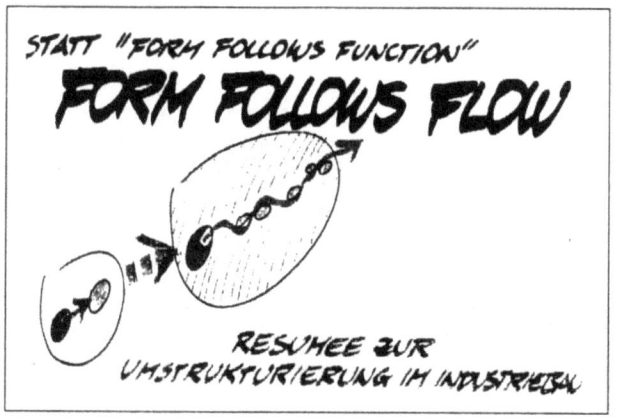

Der Entwurfsstruktur des neuen Montagewerkes von Škoda in Mladà Boleslav liegen zahlreiche PROGRAMMING-Analysen zugrunde. Aus deren Ergebnis wurde die passende Kommunikations-Landschaft entwickelt. Leitmotiv der Planung war möglichst viel Innovation aus dem Kreis der späteren Nutzer. Innovation entsteht, wenn Kreativität um eine Wissensachse osziliert. Über Synergiepunkte führt sie zur Innovation, sofern die Ausschläge solcher kreativen Schwünge zu ausreichend vielen Synergiepunkten führen.

Der Entwicklungs- und Produktionsprozess für ein innovatives Produkt pendelt zwischen Technologie und Markt. Je länger Spezialisten mit ganz unterschiedlicher Expertise zusammenarbeiten und je häufiger und spontaner sie miteinander reden können, desto besser für das gesamte Ergebnis.

Auf diese Einsicht muß ein im statischen Umfeld bewährtes Prinzip der Architektur des 20. Jhd. neu überdacht werden: "form follows function" - die Form folgt der Funktion. Dieses Prinzip war berechtigt, so lange Funktionen nebeneinander standen und hierarchisch organisiert waren.

Lebendige Organisationen stellen aber nicht auf Funktionen ab, sondern fokusieren auf den Prozess. Wesentlich sind Zeit und Dynamik, Veränderung und Evolution. Für prozessorientierte Bauten gilt daher, daß die Form nicht der Funktion folgt, sondern dem Fluß der Gedanken. Dieses Prinzip "form follows flow" umfaßt Kommunikations- und Wertschöpfungsprozesse ebenso wie solche im sozialen Bereich und zur Qualitätssicherung.

Wie eine Organisation ist auch ihre Architektur heute nicht mehr statisch definierbar. Eine heute geltende Funktion muß nicht morgen noch Gültigkeit haben. Zielsicher deduktive Folgerungen für Bauten sind damit unmöglich. Dennoch muß am Schluß eines architektonischen Entwurfs- und Planungsprozesses ein festes Gebäude entstehen. Es hat eine tragende Statik; Stützen und feste Wände können nicht ohne weiteres umgesetzt werden. Architektonische Struktur schafft Ordnungen - auch in Zukunft.

Bauliche Statik und prozessorientierte Dynamik gilt es infolgedessen in Gebäuden zu verbinden. Die Aufgabe ist: eine Gebäudeordnung zu finden, die Dynamik nicht nur nicht behindert, sondern fördert, ja sogar erzeugt. Architektur hat also eine Brücke zu schlagen zwischen der Beweglichkeit des Prozesses und der Festigkeit des Materials.

Sie benötigt dazu größtmögliche Offenheit für alle aus heutiger Sicht sinnvollen Prozesse. Das führt weg von einer starren Struktur hin zu einer lebendigen Organisation auch des Gebäudes. Nur so wird Kommunikation im Dienste der Selbstorganisation nicht nur zugelassen, sondern bewirkt und gefördert.

HENN Architekten Ingenieure

Form follows flow

Das Unternehmen als Wissensbörse

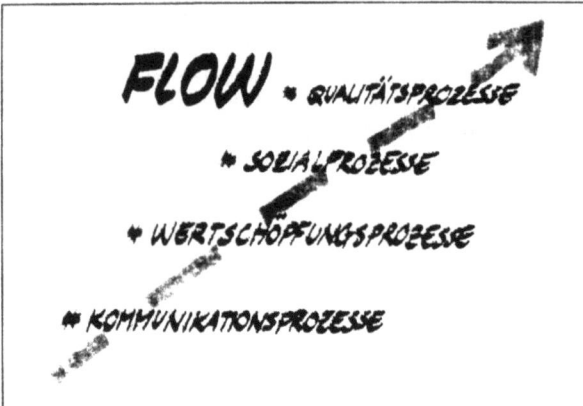

Der Mitarbeiter-Spine entsteht als zentraler Mittelpunkt durch Teilung der zentralen Montagelinie Die Kernfertigung erfolgt in zwei paralellen Montagelinien.

Die Arbeitsplätze entlang dieser Montagelinie wurden erweitert durch Teamräume, Try-out-Flächen, Besprechungsräume, Büros, Sozialeinrichtungen und Qualitätsorte.

Die Montagelinien der Kernfertigung sind gegliedert nach Abschnitten der unterschiedlichen Montage- und Fördertechnik: Skid, Gehänge, Plattenband.

Die Systembreite der Montagelinie beträgt 15 m, die Systemlänge 692 m, 128 Takte à 5,40 m.

Den einzelnen Arbeitsflächen sind entsprechende Logistikflächen zugeordnet.

Die module Ordnung spiegelt sich auch im Fassadenaufbau wieder.

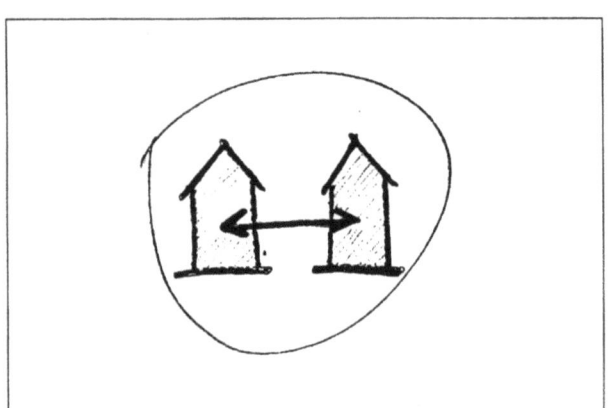
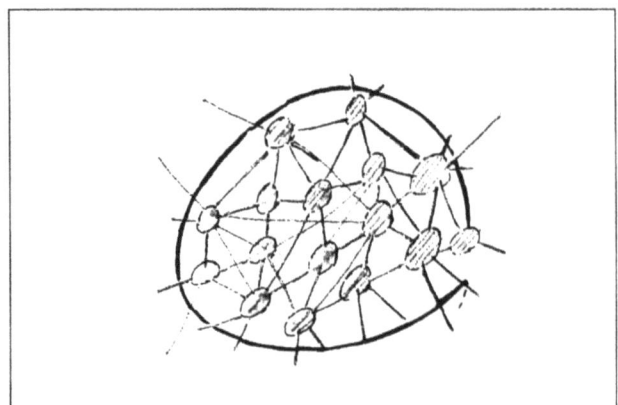

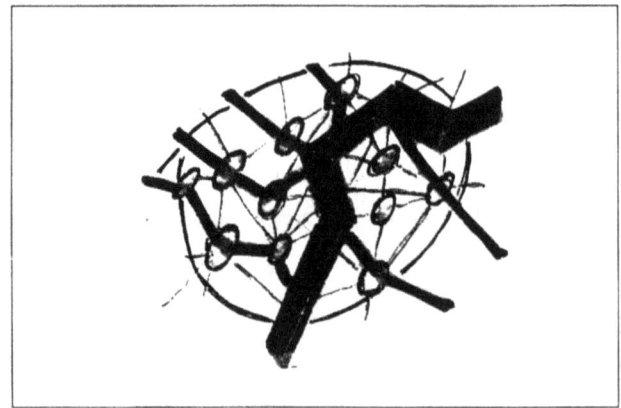

HENN Architekten Ingenieure

Strategien für die Produktion im 21. Jahrhundert

Bernd-Dietmar Becker

Strategien für die Produktion im 21. Jahrhundert

Bericht einer Untersuchung im Auftrag des Bundesministeriums für Bildung, Wissenschaft, Forschung und Technologie

Dr.-Ing. M.Sc. B.-D. Becker

Fraunhofer-Institut für Produktionstechnik und Automatisierung

November 1995

1. Einleitung

In jüngster Zeit wird das Thema der **Sicherung des deutschen Produktionsstandortes** immer häufiger diskutiert. Indizien scheinen tatsächlich eine Verminderung der Chancen für erfolgreiches Produzieren an deutschen Standorten zu unterstreichen. Organe und Medien zeichnen furchteinflößende Bilder einer "Entindustrialisierung" mit sinkendem Wohlstand, Verlust von Arbeit, des eigenständigen Produktions-know-hows und Fremdbestimmung in Bezug auf das Angebot an Arbeitsplätzen und Waren. Andere weisen jedoch auf die unübersehbaren Leistungen deutscher Produktionsstandorte, eine Historie von fast stetem Aufschwung, eine große Anpassungsfähigkeit der deutschen Industrie, guten Ausbildungsstand der Mitarbeiter und eine in Summe gute Position sowie positive Entwicklungen hin. Unstrittig ist sicher, daß die vorliegende Frage umfangreich und hochkomplex ist. Die enge Vernetzung aller Einflußgrößen und Erfolgsfaktoren, eine wechsel-volle Gegenwart und unsichere Zukunft machen es extrem schwierig, der einen oder der anderen Seite allein zuzustimmen. Das Feld der Diskussionen wird von Ansichten beherrscht, die zwar bestritten, oft aber nicht widerlegt werden können.

Sicher ist, daß eine erfolgreiche Standortsicherung nur durch **eigenständige, "offensive" Lösungen** unter optimaler Berücksichtigung bzw. Veränderung lokaler Rahmenbedingungen möglich sein kann. Die **alleinige Orientierung an Lösungswegen von Wettbewerbern anderer Kulturkreise** und auf **Kopieren** basierende Konzepte werden keinesfalls eine Führungsrolle des deutschen Produktionsstandortes erlauben. Lösungsansätze müssen also von heutiger Situation ausgehend nicht nur mittel, sondern ganz besonders auch langfristig wirksam und zukunftsweisend sein. Nicht "Einholen" sondern "Überholen" ist gefragt!

Dies schließt die besondere Aufmerksamkeit der Vorgänge mit ein, die mit den **Umwälzungen in Mittel- und Osteuropa** verbunden sind. Hier wurde in der jüngsten Vergangenheit augenfällig, wie schnell und unerwartet sich Rahmenbedingungen und Handlungsbedarf verändern kann. Die Gesamtsituation, namentlich in den **neuen Bundesländern**, birgt neben unbestreitbaren Schwierigkeiten auch große Chancen, die es in einem zukunftsorientierten Ansatz zu nutzen gilt. Der Umbruch im Osten muß als Anlaß grundlegender und weitreichender Lösungen für den Produktionsstandort Deutschland insgesamt gesehen werden. Die Handlungsmaxime muß das **Agieren mit dem Wandel**, statt der Reaktion auf den Wandel in den Vordergrund stellen.

Die **Attraktivität eines Produktionsstandortes** hängt von vielen, sich gegenseitig beeinflussenden Faktoren ab. Diese bestimmen die Lösungsmöglichkeiten für erfolgreiches Produzieren. Wettbewerbsfähig Produzieren heißt in Zukunft nicht nur Beherrschen von Technologie sondern zunächst treffsicheres und schnelles Erkennen oder Gestalten von Markt- und Kundenbedarf, effizientes Schaffen von neuen qualitativ hochwertigen Gütern und Leistungen für globale Markt und effektives Umsetzen von Technologie, Kreativität, Aufwand und Mut in Innovation. Die Denkrichtung erfolgreicher Unternehmen wird in Zukunft immer mehr bedarfsorientiert sein, beim Markt beginnen und bei der Bereitstellung von Wissen und der notwendigsten Ressourcen enden. Marktgeschehen war und ist immer schon immer Wandel unterworfen und Unternehmen müssen sich folglich mit Wandel auseinandersetzen. Allerdings nimmt die Geschwindigkeit des Wandels in einer heute immer enger durch schnelle Verkehrs- und Kommunikationssysteme vernetzten Welt ständig zu. Nur **das Unsichere wird sicher sein** und Erfolg in der Produktion wird immer weniger planbar. Für ein Unternehmen muß sich die Produktion an einem bestimmten Standort dennoch auf Dauer rechnen. Für den Staat, der das Wohl aller in gleichem Maß zu berücksichtigen hat, gilt es, möglichst vielen Unternehmen in Deutschland eine positivere Rechnung als an anderen Standorten zu ermöglichen.

> **Nur mit dem wirtschaftlichen Erfolg deutscher Produkte auf globalen Märkten können die eigentlichen Ziele, eine möglichst hohe Wertschöpfung, hohes Beschäftigungsniveau, hohe Qualität der Arbeit und langfristige Umwelt- und Ressourcenschonung, erreicht werden.**

Die Differenzierung der wandelbaren Erfolgsparameter eines Produktionsstandortes - ihre Flexibilisierung und schnelle Anpaßbarkeit - **gegenüber den statischen Determinanten,** ihre verläßliche und dauerhafte Ausrichtung entlang strategischer Achsen ist die Kunst unternehmerischer Innovation und optimaler staatlicher Gestaltung von Rahmenbedingungen, einer aktiven Standortverbesserung und der Initiierung einer klaren gemeinschaftlichen Verpflichtung für eine industrielle Spitzenposition im internationalen Wettbewerb zum Wohle aller am Produktionsstandort Deutschland lebenden Menschen.

In diesem Kontext hat der **Bundesminister für Forschung und Technologie** (BMBF) im ersten Halbjahr 1992 einen Beraterkreis ins Leben gerufen. Dieser erörtert unter dem Titel "**Strategien für die Produktion im 21.**

Jahrhundert" mögliche zukünftige staatliche **Förderung**, die Beiträge zur Klärung des Sachverhaltes, der Bestimmung von Leitbildern erbringen und durch Forschungs- und Entwicklungsarbeiten Anwendungsvisionen zukünftigen Produzierens entwickeln soll, um letzendlich zur Verbesserung der Position deutscher Standorte im Feld des internationalen Wettbewerbs beizutragen.

Wichtige Ergebnisse einer Voruntersuchung waren /4/

- die Erkenntnis, daß **Wandel** die bedeutendste Herausforderung für die Produktion der Zukunft sein wird und daß für viele Determinanten erfolgreichen Produzierens keine echten Szenarien außer einem sogenannten **Turbulenzszenario**, mit der Maxime "nur das Unsichere ist sicher", zu entwickeln wäre;

- die Schlußfolgerung, daß **Vernetzung** die bestimmende Antwort auf die Herausforderung des Wandels darstellt. Vernetzung ist hier in vielfacher Natur zu verstehen: z. B. als Zusammenarbeit aller produktionsrelevanten Akteure, wie Industrie, Gewerkschaften, Staat, Forschung, als Ganzheitlichkeit des Problembewußtseins und des Lösungsansatzes und als Interdisziplinarität in Forschung und Entwicklung.

Angriffspunkte ergeben sich insbesondere durch Aufgabenkomplexe, die umfassende vernetze Problemkreise untersuchen, durch Interdisziplinarität und Zusammenarbeit bisher divergierender Interessensgruppen, die Zielkonflikte auflösen helfen und neue Ansätze auf technischer und organisatorischer Seite zum Durchbruch bringen.

Parallel zur Voruntersuchung wurde eine Studie unter dem Titel "**Technologien zu Beginn des 21. Jahrhunderts**" vom BMBF gefördert /5/, die eine Liste von 87 Technologien vorlegt, die wichtige Impulse für künftige innovative Produkte und Verfahren erwarten lassen. Unabhängig von der oben gennanten Vorstudie konnten auch dort deutliche **Tendenzen der Vernetzung eines zukünftig erfolgreichen Technologieeinsatzes** in der Praxis berichtet werden /7/: "Die Technologie am Beginn des 21. Jahrhunderts ist nach herkömmlichen Gesichtspunkten **nicht mehr aufteilbar**. So verschieden die einzelnen Entwicklungsrichtungen auch sein mögen, sie wirken letzlich alle zusammen."

Zu beachten ist, daß im Sinne eines umfassenden, übergreifenden Ansatzes relevante europäische Initiativen wie "**Advanced Information Technology**"

(AIT) und "**Factory for the Future**" sowie Internationale Vorhaben, wie z. B. die Arbeiten zu "**Intelligent Manufacturing Systems**" (IMS) berücksichtigt werden, um einen relativen Vorteil zu erarbeiten.

2. Die Produktion der Zukunft in einer Welt des Wandels

Der stete Wachstumsprozeß bundesdeutscher Unternehmen der letzten Jahrzehnte und die stete Historie von Erfolgen bahnbrechender technologischer und innovatorischer Leistungen bewirkten eine nachhaltige Veränderung der Erscheinungsformen der industriellen Arbeit und Betriebsführung. Die Entwicklung war gekennzeichnet durch die Entkopplung der industriellen Leistungserstellung von der menschlichen Kraft (Mechanisierung), der menschlichen Ausführung (Automatisierung) und der menschlichen Informationsbindung (Informationalisierung).

Zwei grundlegende Paradigmen prägten diese Entwicklung. Auf der **naturwissenschaftlich/technischen Seite** war es das Newtonsche Axiom, das die Berechenbarkeit aller Zukunftsentwicklungen bei Kenntnis der Anfangsbedingungen und der Gesetzmäßigkeiten des betrachteten Systemes implizierte. Dieses Axiom begründete auch den Glauben an das Prinzip der Kausalität.

Auf der **produktionswirtschaftlichen** Seite waren die Aussagen und Empfehlungen von Frederic W. Taylor prägend, die dieser in seiner Abhandlung zur "wissenschaftlichen Betriebsführung" formuliert hatte /8/. Aufbauend auf diesen "Weltanschauungen" wurde versucht, in minutiöser Planung die Betriebe das ausführen zu lassen, was von der Unternehmensleitung zur Erfüllung der Unternehmensziele, -strategien und erwarteter, quasi berechenbarer Zukunftsentwicklungen als erforderlich eingestuft wurde. Im Vordergrund stand hierbei stets das ökonomische Prinzip der Effizienz, das den Quotienten aus Nutzen und Aufwand zu maximieren vorschreibt.

Seit einigen Jahren sind diese "Weltanschauungen" stark ins wanken geraten. Die in Zeiten von Verkäufermärkten immer weiter erhöhte Leistung produzierender Unternehmen wird heute von Übergang in Käufermärkte, zumindest in Ländern der "ersten Welt", mit stark zunehmenden **Sättigungseffekten** und **Segmentierung in spezialisierte Märkte** begrenzt. Verstärkt werden diese Tendenzen durch eine rasant zunehmende weltweite Vernetzung bei Transport,

Verkehr und Kommunikation, die einerseits globale Wettbewerber in unsere Regionen hereinträgt aber auch Chancen eröffnet, unsere Produkte außerhalb der EU, günstiger denn je, weltweit zu produzieren und zu vermarkten. Hierdurch erwächst wiederum neue Anpassungsnotwendigkeit, indem auf den Bedarf anderer Kulturkreise, deren soziale Anforderungen und finanzielle Möglichkeiten eingegangen werden muß. Es eröffnet aber auch Chancen, da eine Neuorientierung auf die neuen wachstumsstarken Märkte der Schwellenländer und die bevölkerungsreichen Märkte der dritten Welt ermöglicht wird /1/. Alles dies muß wiederum in Bezug zur relativ vorhersagbaren demographischen Entwicklung mit starker Alterungserscheinung der deutschen Bevölkerung und dem Wunsch nach langfristiger ökologischen Stabilität gesehen werden.

Es zeigt sich, daß die hieraus erwachsenden Konsequenzen langsamer als ihre Veränderung von den gültigen technischen und ökonomischen Leitbildern in wirkungsvoller Weise aufgegriffen werden. **Die industrielle Entwicklung hat gewissermaßen mit den Grenzen des Wachtums bei der Anwen-dung ihrer eigenen Erfolgsrezepte zu kämpfen**. Wie immer zu Zeiten des Umbruchs ändert der Mensch mit seiner nur linearen Anpassungsfähigkeit an exponentielle Entwicklungen /6/, sein Verhalten viel zu langsam und gerät (unnötigerweise) ins Hintertreffen gegenüber benötigter und oft leicht machbarer Veränderung.

Es ist eine vorrangige Aufgabe zukünftiger Forschungarbeit zur Sicherung des Produktionsstandortes Deutschland, **vorhersehbare und nicht vorhersehbare Trends relevanter Entwicklungen** mit ihren **Konsequenzen aufzuzeigen**, Vorschläge für **Lösungsmöglichkeiten zu entwickeln** sowie vor allem **Bewußtsein für schnellere Anpassungen** aller Akteure zu schaffen.

2.1. Visionen der Produktion der Zukunft

Man kann zwei zentrale Paradigmen für die Produktion ermitteln:

- die Erkenntnis, daß **Wandel** die bedeutendste Herausforderung für die Produktion der Zukunft sein wird und daß für viele Determinanten erfolgreichen Produzierens keine Prognosen außer der "**das Unischere ist sicher**" zu entwickeln wären;

- die Schlußfolgerung, daß **Vernetzung** die wichtigste Antwort auf die Herausforderung des Wandels darstellt.

Vernetzung ist in vielfacher Hinsicht zu verstehen: z. B. als Zusammenarbeit aller produktionsrelevanten Akteure, wie Unternehmen, Gewerkschaften, Forschung Staat einschließlich tangierender Bereiche wie Verwaltungen und Dienstleister; als Ganzheitlichkeit des Problembewußtseins und des Lösungsansatzes und als Inter- und Transdisziplinarität /7/ in Forschung und Entwicklung.

Nun sind dies noch sehr pauschale Aussagen, die hier verfeinert und konkretisiert werden müssen, um in einem ersten natürlich immer noch allgemeinen Schritt, Beschreibungen des **"Idealverhaltens einer wettbewerbsfähigen Produktion und der Idealsituation am Standort Deutschland"** zu erstellen. Diese dienen dann wiederum unter Berücksichtigung oben beschriebener Entwicklungsrichtungen von Rahmenbedingungen zur Ableitung der Probleme und Hemmnisse bei der Umsetzung des Idealverhaltens.

Bei den Arbeiten zur Studie "Factory for the Future" /3/ wurde erfolgreich ein Portfolio eingesetzt, das die einfache Differenzierung von Produktionsunternehmen nach zwei Ordnungsfaktoren:

- **Produkt und Prozeßkomplexität und**
- **Marktunsicherheit,**

erlaubt.

Produkt- und Prozeßkomplexität ist hierbei die Summe aller Forschungs-, Entwicklungs- und Produktionsaufwände. Sie ist z. B. bei einem Flugzeughersteller hoch und bei der Herstellung von Nägeln niedrig .

Marktunsicherheit unterscheidet nach der Vorhersagbarkeit des Bedarfes am Markt.

Die so aufgespannten Felder erlauben eine erstaunlich einfache aber doch umfassende und aussagekräftige Differenzierung unterschiedlicher Problemklassen für die erfolgreiche Produktion.

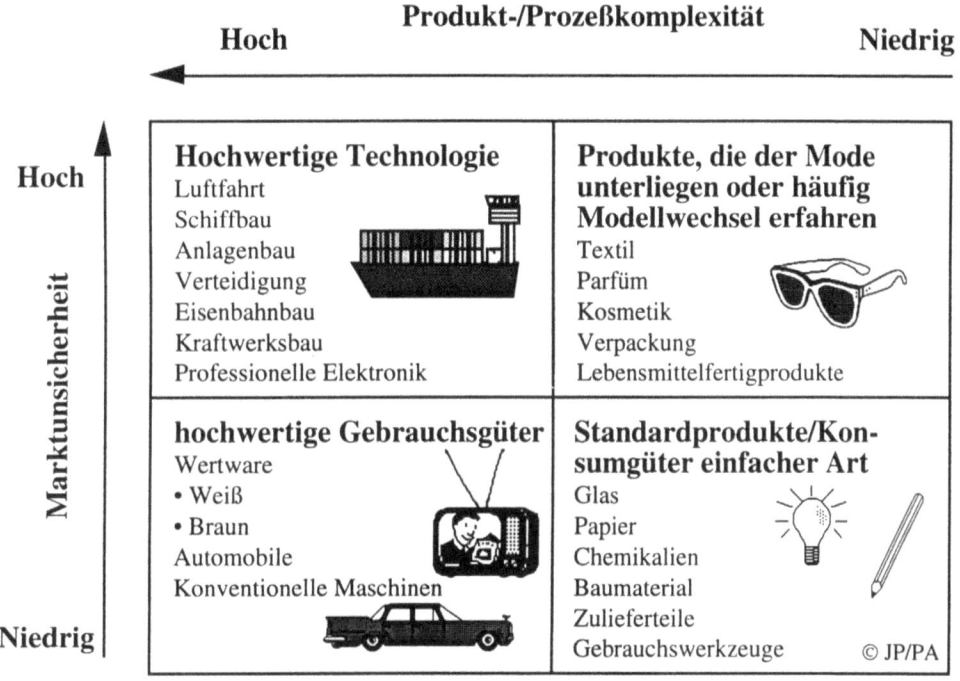

Bild 1: Produktklassifikation (nach /3/)

Die Einordnung einzelner Produktbeispiele soll nicht alle mögliche Varianten einer Produktklasse einschließen sondern vielmehr typische Vertreter kennzeichnen. Ein Sportwagenhersteller ist durchaus an eine andere Position im gezeigten Raster zu plazieren als ein Mittelklassewagenhersteller. Auch sagt der Feldtypus nichts über die Schwierigkeit anstehender Probleme einer Produktion in Deutschland aus. Gerade in den Bereichen der Konsum- und Standardprodukte können, angesichts bestehender umweltpolitischer Rahmenbedingungen oder hohem Lohnanteil der Produkte, Verbesserungen der Wettbewerbsfähigkeit enorme Aufwände mit hohem Forschungs- und Entwicklungsaufwand bedingen. Man erkennt leicht, daß in jedem Quadranten andere Voraussetzungen für erfolgreiches Produzieren gefordert sind.

Heute existierende Produktionsunternehmen beweisen zwar, daß sie in einer bestimmten Position erfolgreich Waren und Leistungen anbieten, die Schwierigkeiten bestehen jedoch darin, bei einem **Wegdriften des Marktsegmentes** - wie dies z. B. die mit manchen Uhren, Foto- und Hifi-Geräten durch eine Bewegung von relativ ruhigen, sicheren zu immer turbulenteren Märkten mit schnellem Modellwechsel, hohen Entwicklungsrisiken und Unsicherheiten war -

- **entweder ihm zu folgen**
- oder bei Beibehaltung der Position auf Basis eigener und evtl. zu ergänzender Kernkompetenzen **neue Märkte mit alten Produkten zu erobern oder alte Märkte mit neuen Produkten und Leistungen zu sichern**.

Eine Komponente idealen Verhaltens produzierender Unternehmen wird somit der **bewußte Kampf um die Beherrschung der immer schnelleren Bewegung von Märkten** und die **eigene optimale Positionierung** darin sein. Dies wird auf globalen Märkten mit globalem Wettbewerb, Internationalisierung der Technikentwicklung und Forschung, kürzeren Produktlebenszyklen, schwankender differenzierter Nachfrage, kurzen Reaktionszeiten, niedrigen Kosten, hoher Qualität und Diversifikation eine immer komplexere Aufgabe werden. **Unternehmer und Staat müssen dies nicht nur akzeptieren, sondern vielmehr den Prozeß beschleunigen helfen.** Der, der Turbulenz von Märkten bestimmen kann, hat entscheidenden Vorrang vor Nachzüglern, die sie nur zu Bewältigen versuchen. "Ideales staatliches Handeln" hat hierzu insbesondere auch den **strategischen Bedarf zur Ausführung mittel- und langfristig wirksamer Maßnahmen** abzudecken, um den Weg für erfolgreiches Produzieren kleiner und mittelständischer Unternehmen (kmU) zu bereiten und einen fruchtbaren Boden für die Gestaltung zukunftsorientierter Produktion zu bereiten.

Entscheidend ist, daß alle Beteiligten sich bewußt werden, daß die zunehmende Dynamik des Marktes die Sicherung des Produktionsstandortes zu einem Prozeß machen, der ständig optimiert werden muß und für den eine Einmalaktion zu kurz greift.

Wie in jeder Prozeßoptimierung, lohnt sich der Einsatz von Mitteln insbesondere an Engpässen. Die Arbeiten zur Standortsicherung müssen sich folglich an **Engpässen** ausrichten, die sich einer **Verbesserung der Standortqualität schon heute entgegenstellen oder morgen vermutlich erschweren werden**. Bei der Suche nach Engpässen, ist im Rahmen staatlicher, forschungsorientierter Handlungsbedarfe insbesondere die Beseitigung mittel- und langfristiger Wissensdefizite zu verfolgen.

Die Wandelbarkeit elementarer Wettbewerbsparameter der Zukunft und die prozeßhafte Optimierung der Standortqualität stellen mit Abstand die wichtigste Erkenntnis dar, die sich zu dem in der Voruntersuchung beschriebenen

Turbulenzszenario verdichten /4/. Deshalb ist nicht nur heute, sondern zu jedem Zeitpunkt der Zukunft eine Beschreibung wichtiger Parameter, deren Entwicklungsrichtungen zu finden und eine strategische Ableitung zu versuchen. Einige Trends sind bekannt und in ihrer generellen Richtung unbestritten. Das **Idealverhalten** von Unternehmen, Forschung und Staat muß sich an diesen Achsen spiegeln lassen:

2.1.1. Märkte der Zukunft

Die "**neuen turbulenten Märkte der Zukunft**" bestimmen den wirtschaftlichen Erfolg von Unternehmen und einer Volkswirtschaft. Alle Aktivitäten eines Unternehmens müssen folglich äußerst marktorientiert ausgerichtet sein und dabei stärker als heute unkonventionelle Marktchancen nutzen. Hierbei werden die wechselhaften und segmentierten Märkte der Zukunft durch intelligente Konzepte, die

- durch besondere **kreative Leistungen neue Produkte** mit modulare Bauweise, hoher Flexibilität, geringeren Entwicklungs- und Lagerkosten und völliger für den Kunden unvermuteter Verwandlungfähigkeit hervorbringen;
- dabei den Kunden bei der Erfassung des Marktbedarfs, der Produktdefinition und der Erstellung sowie dem **Recycling des Produktes** stärker einbeziehen;
- durch **Integration von Diensten** neue Marktbedürfnisse befriedigen;
- **globale Differenzierung der Produkte** ermöglichen;
- **logisitische Leistungen maximieren** aber **Aufwände minimieren**;
- **effiziente verteilte Entwicklung, Konstruktion und Produktion** erlauben und
- **umwelt-, menschen-, tierfreundliche Herstellungs-, Einsatz- und Wiederverwertungsmethoden** einschließen.

Dabei wird zunehmend das "humane" oder realistischer "menschorientierte" Unternehmen Vorsprung gewinnen, das mehr als nur "tote Technik", nämlich wertorientierte Konzepte bietet, wie z. B. "Vernunft und Mitmachen" (s. IKEA); verbesserte "Kundenwirtschaftlichkeit" durch Konfigurierbarkeit, Auf- und Umrüsten verspricht (s. JUNGHEINRICH, LINN); allumfassende "Erlebnisprodukte" von der Hardware bis zur Software (s. SONY) verkauft; das Produkte vertreibt, die nicht nur dem Käufer nutzen sondern gleichzeitig den Wohlstand ärmerer Länder des Südens hebt, der Vernichtung von natürlichen Ressourcen vorbeugen, Ausbildung,

Nahrung und Gesundheit schaffen (s. Dritte Welt Läden) oder das gesunde, natürliche Produkt (s. Yves Rocher, Stadtautos verschiedener Hersteller) anpreist. Viele weitere Beispiele werden dies bestätigen.

Marketing- und Technikpartnerschaften entstehen, die Beherrschung des Marktes wird durch **gesamtheitlicheres menschbezogeneres Denken**, **optimale Kommunikation** zu Kunden, Designern, Lieferanten, Forschung und Wettbewerbern, **vorausschauende Planung** und Training und **schnellstes trägheitsfreies Reagieren** ermöglicht. In allen Fällen ist eine **Erweiterung des Produkt- durch das Systemgeschäft, die Integration komplexer Zusammenhänge** und die **Dynamisierung von Strukturen** zu erkennen. Das Unternehmen, das für den **Wandel geschaffen** ist, **vernetzt denkt** und **handelt**, das mit Partnern **gleichzeitig Kooperieren und Konkurrieren** kann und kurzfristige **Nachteile internalisiert, um weitsichtigen und längerfristigen Nutzen mit den Kunden und Partnern zu teilen**, kommt dem Idealverhalten der Zukunft nahe.

Das marktorientierte Bewußtsein wird sich mittelfristig in ungewohntem Maße auch bei **Forschungsarbeiten** und **staatlichem Handeln** durchsetzen. Eine **markt-** und damit **umsetzungs-** und **industrieorientierte Sicht** wir sich auf breiter Front durchsetzen. Dies bedeutet jedoch nicht ein Versiegen grundlagenorientierter Forschung, sondern eher ein engeres Zusammenrücken mit angewandter Forschung und marktnaher Entwicklung der Unternehmen, um einen Effekt des

"simultanen Forschens, Entwickelns und Vermarktens"

mit **deutlicher Verkürzung der Umsetzungsdauer von Forschungsergebnissen** durch Parallelisierung von Grundlagenarbeiten, angewandter Forschung und Umsetzung zu erzielen.

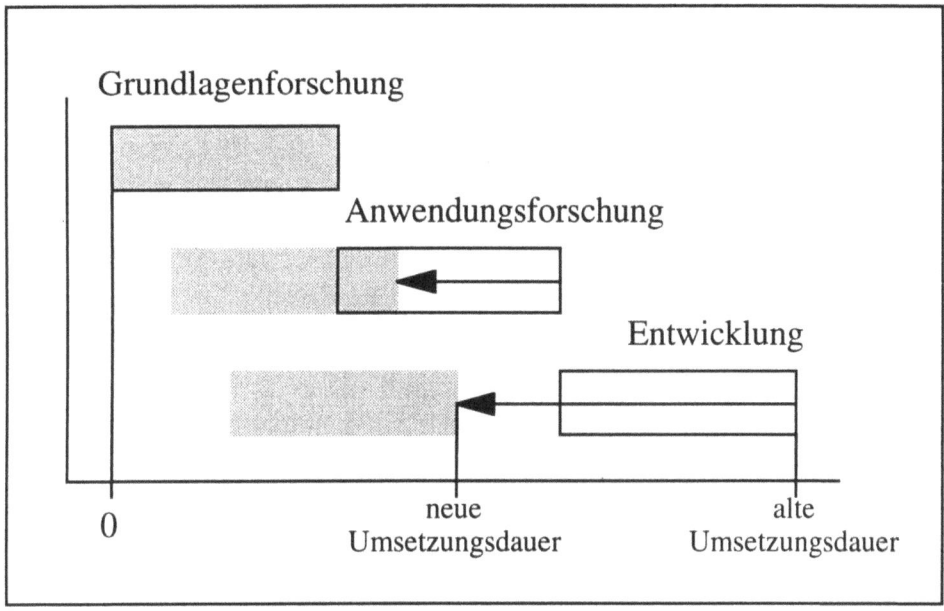

Bild 2: Reduzierung der Umsetzungsdauer von Forschungsergebnissen durch Parallelisierung

Staatliche Maßnahmen werden in verstärktem Maße übergreifendes Interesse von Unternehmen insbesondere der kmU wahrnehmen, die bisher nicht ausreichend genutzt oder meist nur durch größere Unternehmen betrieben werden konnten. Ein wichtiges Beispiel ist hier die Entwicklung **standardisierter Systemkomponenten,** die durch die Gesetze ökonomischer Skalenerträge bei neuen Produkten der Systemintegration, wie z. B. auf dem Wachstumsmarkt der Hard- und Softwareanwendungen, enorme wirtschaftliche Erfolge erwarten lassen. Der Staat wird hierbei, eingebettet in ein industriepolitisches Konzept, die Rolle der Anschub- und Beschleunigungsfinanzierung der Entwicklung zukunftswichtiger Standards übernehmen.

2.1.2. Visionen der Globalisierung von Markt, Forschung und staatlicher Industriepolitik

Ein zweiter, auf obiger Marktbetrachtung aufbauender Aspekt ist die konsequente **Globalisierung der Wertschöpfungskette**. Dies schließt alles unternehmerische Handeln vom Marketing über die Produktion, die Konstruktion, Entwicklung bis zur Forschung ein. Märkte werden in Zukunft wesentlich stärker in den ehemaligen Schwellenländern, Osteuropa aber auch der dritten Welt entstehen. Es gilt hier, ganz andere Bedürfnisse zu befriedigen als in den "reichen Ländern", die sich ein immer "schöner, kleiner, schneller und weiter" leisten können. Für die erfolgreiche Lieferung insbesondere ganzheitlicher Produktkonzepte in viele ärmere Länder wird der kulturelle Hintergrund und die sozialen Rahmenbedingungen zu berücksichtigen sein. **Wohlstandsbildung, Marktaufbereitung und -bedienung erfordern eine Beteiligung der Menschen in den Märkten weniger wohlhabender Länder an der Wertschöpfung.** Es ist politisch kurzsichtig, menschlich falsch, unrealistisch und letztlich aus Gründen der Sicherheit und Ökonomie unvernünftig, den Produktionsstandort Deutschland als autarke Festung gegen globalen Wettbewerb auf sozialer, innovativer und technologischer Ebene zu verteidigen. Deutschland darf keine Insel des alleinigen wirtschaftlichen Erfolgs sein und hat daher eher die Chance im Zentrum Europas als offenes und zukunftsweisendes Modell, mit erstrebenswertem Wohlstand für Viele und dem Bemühen, trotz Industrialisierung langfristig eine natürliche Lebensgrundlage zu sichern, zu wirken. Folglich wird man in der Produktion der Zukunft **Vernetzung** und **Verringerung der Fertigungstiefe des Standortes Deutschland** zugunsten internationaler Produktionsverbünde betreiben müssen. "Made in Germany" weicht heute schon einem "Made by company x" und wird morgen "Made by consortium y" lauten. Betrachtet man das schnelle wirtschaftliche Wachstum in Ländern außerhalb der OECD, so ist in Zukunft vielmehr mit einem Wettbewerb um deren Märkte und Beteiligung leistungsfähiger Gesellschaftsteile zu rechnen, als in den wachstumsschwachen ausgereizten Regionen der OECD, die heute noch umkämpft werden. Allerdings ist diese positive Entwicklung in ärmeren Ländern durch weltweite wirtschaftliche Schwächen, religiöse Rückbesinnung und der Verstärkung sozialer und politischer Instabilitäten von Gefahren und Widerständen begleitet, die es heute schon, aktiv durch Industrie und Forschung zu bekämpfen gilt.

Entscheidend für die Sicherung des deutschen Produktionsstandortes ist, bei genannter Zielsystematik und beim weltweiten Kampf um Wohlstand und Arbeit, nicht Abschottung sondern auch hier die gleichzeitige **Kooperation und Konkurrenz** mit den sich schneller entwickelnden Produktionskapaziäten und -qualitäten anderer Länder:

- **Kooperation** ist dabei durch konkretes unternehmerisches Handeln mit dem Ziel:
  des Exports von Denkweisen, von Wissen und Know-how, der Integration lokaler Kreativität, lokaler Anforderungen an Produkte und Leistungen, der Nutzung ökonomischer Vorteile sowie dem Aufbau von Wohlstand, sozialer Sicherheit, Frieden und der langfristigen Schonung von Ressourcen und Umwelt.

- **Konkurrenz** wird der Antrieb zur weiteren Effizienzsteigerung der Produktion, Senkung der Stückkosten und der Konzentration auf bestehende und neue Stärken deutscher Produktion sein. Insofern sind sie der Schlüssel für die Entwicklung eigenständiger Produkte, Produktionsprozesse und Technologien, die wiederum als "**kreative Systemkopfleistungen**" zurecht einen hohen "Wiederverkaufswert" und damit Rechtfertigung für wirtschafliche Erfolge sowie hohen Lebensstandard in Deutschland sein werden.

Staat und Forschung werden bei dieser Entwicklung wegbereitend sein. Einerseits wird internationale vorwettbewerbliche Kooperation, nicht nur in Europa, sondern weltweit gefördert werden. Allen Kooperationsbemühungen voran wird die Forschung sich am stärksten internationalisieren. In Technik und Naturwissenschaften macht es bereits heute keinen wesentlichen Unterschied mehr, ob man z. B. in einem Labor in Californien, Tokyo oder in Stuttgart Festkörperforschung betreibt. Arbeit dieser Art lebt heute schon von weltweiter Kooperation und Konkurrenz. Es wird in Zukunft beim Vorsprung bestimmter Forschungsstandorte weniger um Hautfarbe, Sprache oder Religion gehen, sondern vielmehr um seine Ausstattung, internationale Verbindungen, Konzentration einer kritischen Masse an Kompetenz und damit um die Lebensumstände der Forscher, Offenheit der Gesellschaft und Ethik und Ziele, die mit der Forschungsarbeit verbunden werden. Dem Beispiel der Forschung werden Unternehmen rasch folgen und immer stärker offen Beziehungen zu allen Märkten der Welt aufnehmen.

Staatliches Handeln wird in Zukunft, wie in der Forschung, **komplexere globale Vernetzung produzierender Unternehmen motivieren**, in denen es schwer sein wird, **kurzfristigen Nutzen** zu erkennen und Bedenken hinsichtlich **Risiken** für die eigentliche Sicherung des Standortes Deutschland mitschwingen. Der Staat wird in Zukunft aber auch industriepolitisch deutlich stärker intervenieren, um lokale Standortnachteile zu bereinigen oder **international vergleichbare Rahmenbedingungen für soziale und ökologische Standards** zu erlangen.

2.1.3. Mitarbeiter und die wandelbare Unternehmensorganisation der Zukunft

Unternehmen der Zukunft müssen in der Lage sein, in der Turbulenz zu agieren anstatt auf den Wandel zu reagieren. Hierfür soll vor allem der Mitarbeiter seine ganze Motivation, Intelligenz und Leistung in neuen Organisatorischen Strukturen des Unternehmens einbringen können.

Für eine erfolgreiche Unternehmensorganisation bieten sich hierzu zwei prinzipielle Stoßrichtungen an:

- **Reduzierung der Auswirkungen von Turbulenzeinflüssen**
- **Steigerung der Reaktions- und Anpassungsfähigkeit der Unternehmen**

Die Wirkung von "oben verordneter" Handlungsanweisungen sind immer weniger vorhersehbar und sind immer weniger entscheidend für den Erfolg oder Mißerfolg einer Produktion. Unternehmensstrategien für Wettbewerbsvorteile können daher zur langfristigen Standortsicherung nur mit dynamisch wandelbaren Kriterien in einem steten Prozeß der Anpassung und Verbesserung immer weiterentwickelt werden.

So muß z. B. für Unternehmen mit sehr hohen Anforderungen an stabile, lang laufende Prozesse (z. B. Chemie, Bildröhrenfertigung) nach Möglichkeiten gesucht werden, die Auswirkungen von Turbulenzeinflüssen für die Produktion (z. B. durch antisaisonale Produkte, turbulenzminimierende Vertriebs- oder Marketingkonzepte, etc.) zu reduzieren.

Unternehmen müssen in der Lage sein, äußere langfristige Entwicklungen frühzeitig zu erkennen - gewissermaßen vorauszubestimmen, um rechtzeitig intern auf diese reagieren zu können. Unternehmensintern muß dem steten Wandel durch **neue Organsiationskonzepte** begegnet werden, die eine **nachhaltige Steigerung der Reaktions- und Anpassungsfähigkeit** von Unternehmen in einem turbulenten Umfeld ermöglichen. Planungshilfsmittel wie Frühwarnsysteme können helfen, die Vorhersagezeit, in der Unternehmen auf Veränderungen reagieren können, zu erhöhen. Sie werden sich jedoch immer nur auf Trends und Grundströmungen stützen und (zumindest nach heutiger Erkenntnis) nicht in der Lage sein, Zukunftsentwicklungen quantitativ vorherzusagen. In solch komplexen Zusammenhängen, in denen Ereignisse vielfach auf subjektiven Entscheidungen beruhen, werden Unternehmen nicht umhin können, ihr Umfeld als prinzipiell **nicht vorausberechenbar** anzuerkennen. Deshalb wird es unerläßlich und in Zukunft überlebenswichtig sein, in dem jeweils erforderlichen Maße und der zur Verfügung stehenden kurzen Zeit auf Veränderungen zu reagieren und sich anzupassen zu können.

Ein neues erfolgversprechendes Organisationsprinzip ist die "**Fraktale Fabrik**" /9/. Durch selbststeuernde Regelkreise, teilautonome selbstorganisierende Einheiten und einer Dezentralisierung von Verantwortung und Kompetenz soll eine **ständige und hochdynamische Anpassung an die jeweiligen Erfordernisse** ermöglicht und die Innovationsfähigkeit und Kreativität sichergestellt werden. Hierzu müssen einerseits Kommunikations- und Steuerungswerkzeuge zur transparenten und schnellen Navigation der einzelnen Organisationseinheiten als auch Motivations- und Anreizmodelle für die Mitarbeiter in zunehmend weniger hierarchischen und sich wandelnden Strukturen geschaffen bzw. deren Einführung und Umsetzung vorangetrieben werden. Neben der schnelleren Umsetzung von Innovationen werden auch Methoden und Werkzeuge zur Selektion umsetzungswürdiger Innovationen/Ideen benötigt. Hierbei sollte bereits in einem sehr frühen Stadium sowohl die "Marktreife bzw. das Marktpotential" einer Produktidee als auch das Verbesserungspotential unternehmensinterner Prozeß- und Technologieideen validiert werden können.

2.1.4. Ressourcenschonendes Wirtschaften der Zukunft

Wirtschaften in Kreisläufen wird in der Regel nicht nur durch Technik, sondern auch durch ökonomische, ökologische, soziale und politische Randbedingungen begrenzt. Das zunehmend turbulenter werdende Umfeld, beispielsweise die sprunghafte Veränderung von Marktnachfrage, erfordert vom einzelnen Unternehmen die Fähigkeit einer flexiblen und raschen Anpassung; **Kreislaufsysteme sind hier zunächst reaktionsträge**, daher ist eine Auflösung dieses Zielkonflikts unabdingbar.

Grenzüberschreitende Stofftransporte in Form von Produkten, Halbzeugen und Grundstoffen konterkarieren eine national ausgeprägte Kreislaufwirtschaft. Sie stellt neue organisatorische, logistische und technologische Anforderungen, die international eingebettet werden müssen.

Wichtige technologische Elemente einer Kreislaufwirtschaft sind die Minimierung der Summe der Umweltbelastungen

- der Produktion,
- der Nutzung,
- dem Recycling und
- der Entsorgung

beispielsweise durch

- recyclingfähige Werkstoffe, Werkstoffverbunde und Bauteile,
- recyclingfähige Produktkonstruktion,
- angepaßte Produktionstechnologien,
- geeignete Verwertungstechnologien für Rezyklate und deren Verwendung.

Strategien müssen den Zeithorizont des Problems berücksichtigen: ein langfristig für sinnvoll gehaltenes und wahrscheinlich auch global anerkanntes Ziel soll angesteuert werden, wobei kurzfristig auftretende Nachteile vermieden bzw. möglichst kompensiert werden .

Elemente dieser Strategie sind:

- einen **gesellschaftlichen Konsens über die Zielsetzung** der nachhaltigen Wirtschaft zu finden;
- die nationale Zielsetzung möglichst rasch **zur Zielsetzung des europäischen und internationalen Wirtschaftsraums** zu machen;
- akute **Wettbewerbsnachteile für einheimische Unternehmen erkennen** und gegensteuern;
- **Innovationen**, die dem Leitbild dienen, fördern, **Risiken** gesamtgesellschaftlich tragen;
- Bedingungen schaffen, unter denen das Leitbild Kreislaufwirtschaft angesteuert werden kann, **ohne daß der Produktionsstandort Deutschland an internationaler Wettbewerbsfähigkeit einbüßt**;
- die **Technologieführerschaft** in der Kreislaufwirtschaft ansteuern;
- die Kreislaufwirtschaft in einem turbulenten Umfeld ermöglichen und die **rasche Reaktionsfähigkeit** der Unternehmen fördern.

2.1.5. Visionen zukünftiger Produktentwicklung, der marktorientierten Technikentwicklung und innovativer Produktionsverfahren

Zur Erfüllung der genannten systemischen Anforderungen zukünftiger Märkte hat der deutsche Produktionsstandort trotz bekannter **Hemmnisse** und erkennbarer **technologischer Rückstände** prinzipiell beste Erfolgschancen, wie folgende Darstellung zeigt.

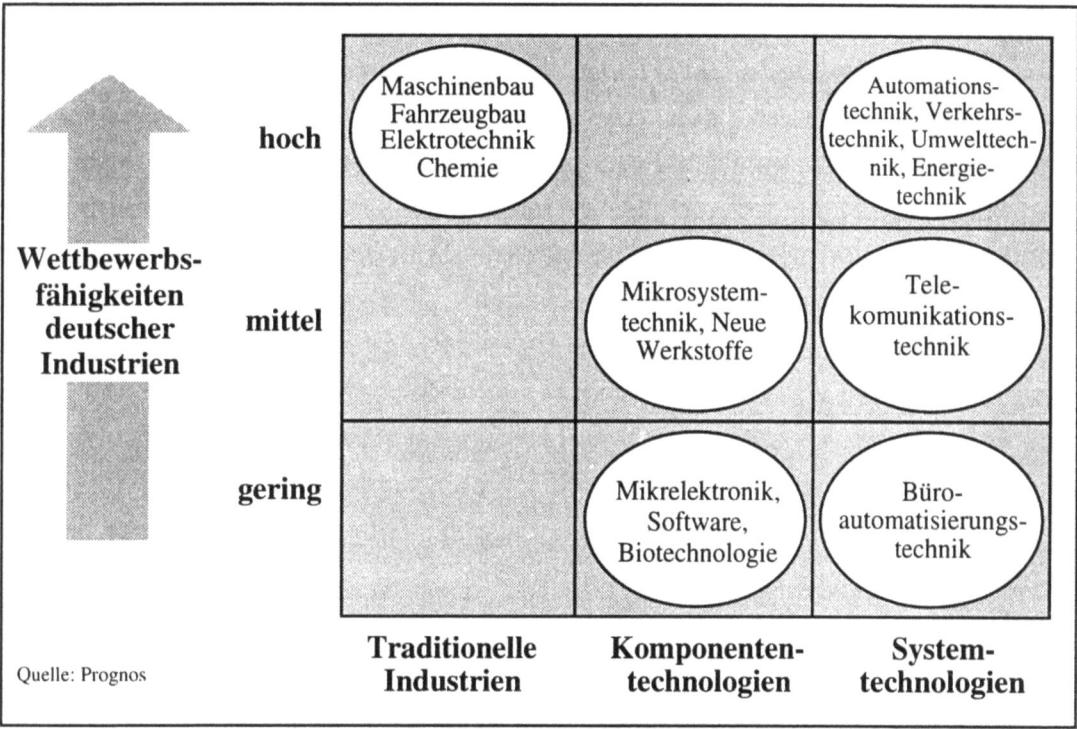

Bild 3: Ausgangsposition Deutscher Systemtechnologien

Obwohl der Anschluß an manche neue Spitzentechnologie verloren erscheint, könnten Nachteile kompensiert werden, da in Zukunft viel mehr die Verbindung ganzheitlicher Aspekte im Vordergrund stehen wird. Natürlich ist eine gute Position bei der Entwicklung neuer Technik unabdingbar und hier müssen schnelllstens wieder Spitzenpositionen erreicht werden! Aber die alleinige Fokussierung auf einzelne Rückstände läßt den Betrachter weitreichendere Chancen der globalen Technik- Produkt- und Marktentwicklung durch ihre konsequentere Umsetzung und der Bildung neuer Partnerschaften vergessen. Dies soll an vier strategischen Entwicklungspotentialen für die erfolgreiche Produktion an unserem Standort gezeigt werden:

1) Anreicherung und Verbindung beherrschter Techniken zur Entwicklung neuer innovativer Produkte

Statt scheinbar verpaßten Technologiechancen "hinterherzuweinen", gilt es, sich auf die wesentlichen Hebelwirkungen zu konzentrieren, durch neue Denkweisen **eigene Stärken auszubauen, bekannte Techniken mit neuen anzureichern, neue Technologien deutlich schneller in neue**

Nutzenpotentiale zu verwandeln und so neue Produkte mit beherrschten Techniken durch neue Verbünde und Werte zu entwickeln. Wie später vorgeschlagen wird läßt sich dies besonders einleuchtend am Beispiel von **Servicesystemen**, namentlich Servicerrobotern, zeigen. Auf diesem Feld kann die jahrhundertelang aufgebaute Stärke Mitteleuropas im Bereich **mechanischer Techniken** durch für diese Zwecke ausgezeichnet beherrschte neuere Techniken wie Elektronik, Mikrosystemtechnik, Sensorik, Rechnertechnik und Software angereichert werden. Eine Vielzahl von Produkten wäre hier denkbar, die in einer immer teureren Welt von Dienstleistungen sehr wirtschaftlich arbeiten können. Anwendungen gehen von automatischen Reinigungssystemen für Industrie, Handel, Krankenhäuser, Bahnen, Abwasser- und Röhrensysteme usw. über Unterstützung für den Single-Haushalt, automatische Lagersysteme und Betankung bis zu Hauspostboten, Pflege- und Krankenhaushilfen.

2) Kostenminimale aber hochflexible Herstellung einfacher Massenprodukte für den Weltmarkt durch intelligente Produkt- und Prozessentwicklung

Viel zu oft wird bei der Frage der Produktion der Zukunft immer nur der inzwischen wachstumsschwache Markt der OECD-Länder gesehen. Klar ist jedoch, daß einerseits **Schwellenländer zu wachstums- und kaufkraftstarken Regionen** geworden sind und andererseits die Länder der dritten Welt mit ihrem **riesigen Bevölkerungsmassen** ein in absoluten Werten gemessen **steigendes Marktvolumen** bieten. Der Produktionsstandort Deutschland muß in der Lage sein, interessante aber erschwingliche Produkte für den weltweiten Bedarf insbesondere der Länder außerhalb der OECD herzustellen. Hierzu sind mehrere Ziele gleichzeitig zu verfolgen:

- Vermeidung des massiven Abwanderns der Produktion einfacher Massenware in Niedriglohnländer
- Höchste Diversifikation und kürzere Entwicklungs- und Lieferzeiten, um den Markt schnell mit sehr aktuellen Produkten beliefern zu können
- Kostenminimale Gestaltung, Organisation und technische Optimierung der Produktion, um ihre Wirtschaftlichkeit bei gutem Lohnniveau zu sichern.

Typische Beispiele für umfassend neue Produkt- und Produktionskonzepte ist die Entwicklung der **SWATCH** und die Umgestaltung der Firma **Seppelfricke** zu einer Fraktalen Fabrik. Im ersten Fall konnte durch Modulkonzept und ideale

Abstimmung der Konstruktion und Produktion eine extrem hohe Diversifikation bei gleichzeitiger kostengünstiger weitgehend automatischer Montage erzielt werden. Im zweiten Fall konnte man am Standort Deutschland trotz ungünsitger Lohnsituation die Flexibilität und Effizienz der Herstellung von einfachen Gasherden durch geänderte Unternehmensorganisation und Selbststeuerung der Mitarbeiter enorm steigern und das Produkt vor Konkurrenz aus Niedriglohnländern schützen.

3) Herstellung hochtechnologischer aber niedrigpreisiger Produkte

Auch hier gilt es wie in 2) **den ganzen Weltmarkt mit erschwinglichen Produkten** zu beliefern. Allerdings bestehen für unseren Produktionsstandort in diesem Fall sogar deutlich bessere Chancen als in 2) da es hier wie z. B. in der Halbleitertechnik gilt, auf Basis hochtechnolgischer Produkte, die ein großes Knowhow, spezialisierte Ausbildung, große Anlageninvestitionen und eine gute Infrastruktur benötigen, niedrigpreisige am Weltmarkt erschwingliche Produkte herzustellen. Produktbeispiele sind medizintechnische Geräte, Pharmazeutika, Ernährungsprodukte, landwirtschaftliche Produkte, Elektronik für Spiel, Unterhaltung und Kommunikation, Verkehrs- und Transportmittel, Serviceautomaten.

Entscheidend für den Erfolg am Weltmarkt wird hier

- der kreative, technologische sowie produktionstechnische Vorsprung gegenüber anderen Industrieregionen sein;
- die Einbindung dieser Produkte in Mechanik und Systemlösungen zur aufwandsminimalen und logistikkostengerechten Endproduktion an zentralen Punkten des Zielmarktes sein;
- die Vertriebsorgansiation sein, die lokale Strategien verfolgt und die Produkte auf den lokalen Bedarf anpaßt.

Ein Beispiel für die kostenminimale zentrale Produktion eines hochwertigen Produktes zeigt eine **Vision von NISSAN**. Sie sieht das kostengünstigste Automobil als die gültige Zukunftsstrategie an. Hierbei wird Forschung, Entwicklung und Design in Industrieregionen, wie Japan, USA und Europa vollzogen und die Automobile in wenigen weltweit verteilten, großen zentralen Produktionsstätten hocheffizient produziert.

4) Systemkopfaktivitäten, Kundenintegration, vernetzte Technik- und Produktentwicklung und Produktion in neuen weltweiten Wertschöpfungsverbünden

Im Gegensatz zu den beiden letzten stark kostenfokussierten Strategien steht dieser Punkt, der eine völlige Verflechtung des Kunden und Marktes mit der Produktentwicklung, -herstellung und Produktlebenszyklusbetreuung vorsieht.

Technikeinsatz wird durch Märkte gesteuert. Kreativität spiegelt sich am Bedarf. Vernetzung ist die Antwort auf Wandel. Deutschland hat in seinem Portfolio Stärken, wie

- gute Infrastruktur, guter Ausbildungsstand, günstige räumliche Lage,
- kreative Potentiale,
- systemintegrierende Fähigkeiten.

Diese gilt es beim generell weltweit ablaufenden Wandel zu Käufermärkten zu stärken, da der **Bedarf für kreative kundenorientierte Systemlösungen wächst** und die **Integration weltweiter Kunden und Märkte in die Lösungsfindung und -erstellung** entscheidende Vorteile im Wettbewerb bieten wird. Eine **explosionshafte Kreativitätssteigerung** und **Diversifikation** von Produkten ist durch die Bildung **neuer Partnerschaften von Kunde, Marketing und Produktentwicklung** und die Unterstützung informationstechnischer Instrumente möglich. Einer **weltweiten Zusammenarbeit** steht durch Datenautobahnen und Weiterentwicklung von kooperativen Systemen (computer supported cooperative work (CSCW)) nichts im Wege. Gelingt es, rechtliche, kulturelle und vor allem Vorstellungsschranken zu überwinden, so kann in Deutschland ein enormer zusätzlicher Beschäftigungsschub durch großen Bedarf an neuer **intelligenter, kreativer Arbeit** wie

- Erfinden, Entwickeln Konstruieren, Design,
- Logistik, Global Sourcing,
- Projektmanagement,
- Pre- und After-sales Service

entstehen /1/.

Ein intensiver Einsatz von Informationstechnik ist hier notwendig, um vernetzte Kommunikation, Kooperation und Verarbeitung großer Datenmengen zu unterstützen.

- **Lebenslange Kunden und Produktbetreuung**. Kundenbetreuung, -service und Produktwiederverwertung binden über den Lebenszyklus des Produktes den Kunden, Lieferanten und Hersteller in eine enge "Schicksalsgemeinschaft" ein. Diese gilt es, als Partnerschaft zu begreifen und durch ganzheitliche Leitbilder wie z. B. beim "Wirtschaften in Kreisläufen" geschehen, zu unternmauern.

Bei diesem letzten Beispiel wird deutlich, wie in einer offenen vernetzten Produktionssystematik alle in diesem Kapitel angesprochenen Entwicklungspfade zu einem Gesamtkonzept zusammenfließen, dies gilt insbesondere für die Einbindung der querlaufender Fragen, wie die

- der **Innovation und interdisziplinärer Wissensaufbau**
- der **Kreislaufwirtschaft**
- der **Logistik**
- der **turbulenten Umwelt der Produktion**
- etc.

Ein Beispiel das in diese Richtung einer offenen global orientierten Produktionsstruktur tendiert ist eine **Vision von TOYOTA**, die besagt, daß im Jahr 2000 in jeder größeren Stadt der Welt eine kleine TOYOTA-Endmontage sein wird, die extrem schnell, kundennah, logistikkostenoptimal und mit hoher Diversifikation Fahrzeuge lackiert und endmontiert. Hiermit läßt sich der Bezug zum Kunden, seine Integration, die Diversifikation des Produktes und gleichzeitig durch die hier notwendigen neuen Produktstrukturen die Reparatur das Upgrading und die Demontage in Kreislaufsystemen bedeutend verbessern.

3. Identifizierte Forschungsfelder

Als Handlungsbedarf für das BMFT konnten folgende Forschungsfelder identifiziert werden. Bei der Auflistung handelt sich um übergeordnete Themen, die durch Forschungsaufgaben in einem Versuch zur ganzheitlichen Betrachtung weitergehend erschlossen werden. Darüber hinaus ist die Liste als offene Fassung zu verstehen, die im Zuge eines erfolgsorientierten Prozesses der Standortsicherung der ständigen Aktualisierung unterworfen werden soll.

FF 1: Standortsicherung als Prozeß
- FSP 1.1: Klärung zukünftiger gesellschaftlicher Umfeldbedingungen erfolgreicher industrieller Produktion
- FSP 1.2.: Schnelle Entwicklung produkt- und produktionsspezifischer Einzeltechnologien
- FSP 1.3.: Entwicklungsbegleitende Normung

FF 2: Innovation
- FSP 2.1.: Kooperationen zur inner- und überbetrieblichen Kopplung verteilter Know-how-Bestände im Innovationsprozeß
- FSP 2.2.: Abstimmung von Technik-, Organisations- und Personalentwicklung zur Bewältigung von Strukturinnovationen

FF 3: Vernetzung durch Kooperation und Logistik
- FSP 3.1: Kommunikations- und informationstechnische Unterstützung von Kooperationen
- FSP 3.2: Integrierte Produkt- und Prozeßmodellierung, -simulation und -optimierung

FF 4: Produkte und Prozesse
- FSP 4.1: Integrierte Produkt- und Prozeßentwicklung im turbulenten Umfeld
- FSP 4.2: Simultane Entwicklung von Produktionsmaschinen im turbulenten Umfeld

FF 5: Kreislaufwirtschaft
- FSP 5.1: Kreislauffähige Werkstoffentwicklung, Produktkonstruktion und Prozeßgestaltung
- FSP 5.2: Intelligentes Stoffstrommanagement im turbulenten Umfeld
- FSP 5.3: Innovative Verwertungstechniken

FF 6: Produzieren in turbulentem Umfeld
- FSP 6.1: Offene, lernfähige Organisation
- FSP 6.2: Gestaltung und Betrieb wandlungsfähiger Produktionssysteme

4. Literatur

/1/ Berger, Roland: **Märkte der Zukunft - Märkte für Deutschland?!?** In: Kuhnert, W. (Hrsg.): Menschen Maschinen Märkte; Springer Verlag, Berlin, Heidelberg, 1994

/2/ Berliner Kreis für industrielle Produktentwicklung (Hrsg.): **Denkschrift zur Förderung von Produktinnovationen**; 21.3.1994

/3/ Fraunhofer-Institut für Produktionstechnik und Automatisierung: **Basic Terms for the Factory for the Future Programme.** Unveröffentlichter Bericht im Projekt "Factory for the Future", Februar 1994

/4/ Fraunhofer-Institut für Produktionstechnik und Automatisierung: **Strategien für die Produktion im 21. Jahrhundert.** Voruntersuchung, Stuttgart, 8.4.1993

/5/ Grupp, H. (Hrsg.): **Technologie am Beginn des 21. Jahrhunderts.** Schriftum des FhG-ISI; Physica, Heidelberg, 1993

/6/ Kernig, Klaus: **Welttrend 2000. Zur Struktur und Eigendynamik moderner Gesellschaftssysteme**; Gas Erdgas GWF 2/1993

/7/ Meyer-Krahmer, Frieder: **Das Innovationssystem in Deutschland. Anforderungen am Beginn des 21. Jahrhunderts.** In: Kuhnert, W. (Hrsg.): Menschen Maschinen Märkte; Springer Verlag, Berlin, Heidelberg, 1994

/8/ Taylor, Frederich W.: **Die Grundzüge wissenschaftlicher Betriebsführung.** Nachdruck der Orginalausgabe von 1919; Raben Verlag, München, 2. Auflage, 1983

/9/ Warnecke, Hans-Jürgen: **Revolution der Unternehmenskultur. Das Fraktale Unternehmen**; Springer Verlag, Berlin, Heidelberg, 2. Auflage, 1993

/10/ Wissenschaftliche Gesellschaft für Produktionstechnik (Hrsg.): **Mittel- und langfristige Forschungsthemen**; Ergebnisse des WGP-Strategieausschusses vom 20.11.1992

Betriebszweig „Reduktion": „Missing-Link" auf dem Weg zum Materialkreislauf
Dirk Althaus

Dirk Althaus

BETRIEBSZWEIG "REDUKTION"

– missing Link auf dem Weg zum Materiekreiskauf –

Wir Menschen sind mit den Errungenschaften der abstrakten Sprache und der Zähmung des Feuers aus der Evolution entlassen. Unsere stammesgeschichtlich verankerten Eigenschaften des Artenegoismus (Anthropozentrik) und der linearen Ökonomie der einzelnen Art blieben erhalten und führen auf natürliche Weise zum Artensuizid. Unser Aussterben ist Ökologie.

Beginnt heute ein dritter Evolutionssprung zur Kreislaufgesellschaft? Baut eine biologische Art ein eigenes künstliches Ökosystem? Wie können die geistige und die materielle Welt der Zukunft aussehen? Wie kann dieser Überlebensschritt beginnen? Wie mag er in der Zukunft aussehen? Was mag sich hinter dem Titel "Betriebszweig Reduktion" verbergen?

Eines möchte ich Ihnen gleich zu Beginn verraten: "Reduktion" hat hier nichts mit jenem romantischen "small is beautiful" von E.F. Schumacher zu tun, mit dem sich die am Gang der Dinge verzweifelnden Menschen reduzieren und zurück auf die Bäume retten wollen. Ungeachtet der sicher Lebensqualität fördernden Reduktion unangemessener Ansprüche unserer sog. "Ersten Welt", wie es auch Schumacher meint, wird Reduktion hier im biologischen Sinn gebraucht: als Betriebszweig.

Kreislauf der Materie und maximale Energieeffizienz sind die Maximen des Naturhaushalts und damit folgt: «Betriebszweig Reduktion» den erkannten Wegen des Naturhaushaltes, der Ökologie, auch, wenn wir mit Erfüllung dieses "missing link" einen weiteren, den dritten großen Weitsprung aus dem Gefüge der belebten und unbelebten Natur vollziehen und damit die Evolution noch weiter verlassen.

Es gibt heute viele Anzeichen, die darauf hinweisen, daß wir uns an der Schwelle zur Kreislaufgesellschaft befinden, seien es die Reststoffsammlungen in den Haushalten, die Rücknahme von Autos ins Werk, selbst der grüne Punkt mit all seinen Problemen.

Das alles hat mich ermutigt, eine optimistischen Hypothese aufzustellen, die einer künstlichen Ökologie der menschlichen Kultur als dritten Evolutionssprung der Art Mensch. Sie hat viele Indizien, die sie stützen, und noch keinen Knockout durch entgegenlaufende Theorien erhalten. Ob sie denn eintritt, ist offen, auch, wenn sie augenscheinlich die einzige Chance zum Überleben darstellt. Vielleicht bewirken die Gedanken dazu ein wenig "Self fulfilling Prophesy".

Schauen wir einmal, wie es zu meiner Hypothese kommt:

ENTLASSEN AUS DER EVOLUTION

Konrad Lorenz hat recht. Wir sind aus der Evolution entlassen. Obwohl wir eines der jüngsten Lebewesen auf der Erde sind, haben wir im Laufe unserer Entwicklung Hilfsmittel zur besseren Sicherung der Art und zur weitestmöglichen Verbreitung gefunden, die kein anderes Lebewesen auf die von uns praktizierte Weise anwendet.

Das evolutionäre Wachstum im Naturhaushalt pflegt sich in sehr kleinen Schritten und allein nach Notwendigkeit zu vollziehen. Stehenbleiben, gar Rückschritt bedeuten Aussterben, daher meine Bedenken gegen diese Art der Reduktion. Ebenso gefährlich ist das übermäßige Wachstum, denn solche Mitglieder einer Lebensgemeinschaft können von dieser nicht mehr getragen werden.

Für den Menschen sollen zum Letzteren zwei bedeutende Evolutiossprünge herausgestellt werden, deren Folgen gravierender waren, als andere, ebenfalls bedeutende.

Erstens:
Die abstrakte Sprache

Jeder, der sich ein wenig mit unserer Entwicklungsgeschichte befaßt hat, weiß, daß die Entwicklung der abstrakten Sprache den wirksamste Hochgeschwindigkeitsschub darstellt, der die Menschen so weit über den "Rest der Welt" stellt.

In der Evolution werden unserer Erkenntnis nach generell Wissenserwerb und Erfahrung in der Selektion genetisch weitergegeben. Die inzwischen anerkannten Sprachformen anderer Lebewesen dienen der Augenblicksinformation, etwa, wo Honig zu finden ist. Ein gelehriges Zirkuspferd kann seinem Fohlen nicht die Kunststücke beibringen, allenfalls die Begabung vererben, solche auszuführen.

Die abstrakte Sprache der Menschen verleiht die Fähigkeit, zu verallgemeinern, zu antizipieren, im Voraus zu denken, planend zu handeln und kunstvoll mit Sprache zu spielen. Mit ihr kann ein Wissensschatz angelegt werden, der jedem zugänglich ist, den jeder erweitern kann. Die Sprache ist das Werkzeug, mit deren Hilfe der menschliche Geist als überindividuelle Ganzheit entstehen konnte.

Der wachsende Informationsgewinn durch die Sprache und das kollektive abstrakte Denken in ihren Bildern und Symbolen hat wachsenden Macht- und Energiegewinn zur Folge, die wiederum zu wachsendem Informationsgewinn führen. Eine positive Rückkoppelung.

Heute hat unsere Sprache durch die von Computermaschinen erzeugte Geschwindigkeit einen weiteren Schub erfahren, der im derzeit laufenden Entwicklungsstrang das Aussterben unserer Art beschleunigt.

Offen bleibt, ob es nicht vielleicht andere "Sprachen" hoher Kultur bei anderen Lebewesen geben kann, zum Beispiel bei den größten und ältesten Lebewesen der Erde, den Bäumen. Es könnten Sprachen sein, deren Artikulation weit jenseits unserer Wahrnehmungs- und Meßfähigkeit liegen mögen. Sollte es sie geben, haben sie jedoch nicht zu jener Macht und Dominanz geführt, die die Menschen innehaben.

Unsere Sprache ist die Frucht vom Baum der Erkenntnis.

Zweitens:
Die Zähmung des Feuers

Weniger populär, wenn auch von gleichem Range, ist die Zähmung des Feuers durch die Menschen, letzlich die Fähigkeit, mit Energie umzugehen.

Bis dato war der nutzbringende Umgang mit dem weit entfernten Feuer der Sonne allein den Lebewesen vergönnt, die durch Photosysthese jene von Fern kommende Energie unseres lebenserhaltenden Fusionsreaktors materiell binden konnten: Den Pflanzen. Immer noch - zum großen Neid, aber auch zum Forschungsansporn der Menschen - können sie Sonnenenergie am effizientesten materialisieren.

Feuer in der Natur bedeutet Katastrophe. Was fliehen kann, flieht. Für stationäre Lebewesen bedeutet Feuer den sichern Tod. Die Energiebilanz des Lebendigen erleidet Verluste, die Entropie steigt.

Der Mensch begann, das Feuer zu handhaben. Der aufrechte Gang und das Hand haben waren hilfreich, wichtiger aber ein mentaler Apparat, der planende Voraussicht im Umgang mit diesem gefährlichen Medium leisten konnte: Rechtzeitig die notwendige Menge Brennmaterial zu beschaffen, rechtzeitig die richtige Menge nachzulegen und das Feuer zu bewachen.

Der wichtige Sprung aber geschah, als man erkannte, daß mit Hilfe des Feuers Oxide zu gediegenem Material veredelt werden konnten. Mit der Bronze- und Eisenzeit kamen chemische Erkenntnisse zum Tragen. Endotherme und exotherme Prozesse verwandelten die Materie zu immer neuen Formen. Aus den vier Elementen Erde, Wasser, Feuer, Luft wurde das Periodensystem der Elemente, schließlich die Atomphysik und die Teilchenphysik der Quarks und Leptomen, vielleicht sogar einst die große einheitliche Theorie (GUT) als Traum der Physiker.

Von nun an konnten wir mit dem Rest der Welt spielen und experimentieren, wie wir wollten. Nichts war mehr heilig, alles war umwandelbar und zu operationalisieren. Von nun an konnte auch der Mensch Energie durch chemische Prozesse in Materie einbinden. Er war scheinbar vom "Konsumenten" in der Nahrungskette zum "Produzenten" geworden, scheinbar, weil er fossile Energie der Pflanzen nutzt. Seine Fähigkeit zur Solarnutzung ist noch gering.

Prometheus wurde grausam von den Göttern bestraft, als er das göttliche Feuer stahl.

GEFANGEN IN DER EVOLUTION

Der Sprung aus der Evolution ist den Menschen nicht vollständig geglückt. Es verbleibt noch ein gehöriges Maß an stammesgeschichtlichem Erbe, das der einstigen Rolle der Menschen entspricht, die, eingebunden in eine Lebensgemeinschaft, ihre angestammte Planstelle im Ökosystem einhielten. Während diese Eigenschaften im Rahmen eines Ökosystems belanglos, ja manchmal sogar lebensnotwendig waren, entpuppten sie sich nun, nach Verlassen der natürlichen Lebenswelt unter Anwendung der großen Errungenschaften von Sprache und Zähmung des Feuers, als Motoren der Selbstzerstörung.

Davon sollen zwei besonders wirksame stammesgeschichtliche Erblasten als wesentliche Ursachen für unser Aussterben dargestellt werden.

Erstens:
Die Linearität

Wir sprechen gern vom Kreislauf der Natur, bekommen dabei ein romantisches Leuchten in die Augen und hauchen zart das Wort "Ökologie". Fast alles aber im Ökosystem, selbst, wenn es in der Klimax steht, läuft linear ab, nur das Ganze nicht.

Der Energiehaushalt ist ein Input - Output - System aus Sonneneinstrahlung und Abstrahlung in den Weltraum, also linear. Das Energiegefälle wird mehr oder weniger effizient genutzt, seine Abstrahlung auf niedrigerem Niveau also verzögert. Davon existiert alles Lebendige.

Jede einzelne biologische Art in der Lebensgemeinschaft eines Ökosystems wirtschaftet linear, das heißt: sie frißt vorn und kotet hinten. Ihr alleiniges Interesse dabei liegt vorn, beim Fressen.

Nun stellt sich beim Ökosystem in der Klimax, dem ausgewogenen Optimalzustand einer Lebensgemeinschaft, ein Zustand ein, in dem die Reste der einen Art Ressourcen anderer Arten sind. So entsteht eine geschlossene Nahrungskette, deren Qualitätsniveau durch die Zufuhr von Sonnenenergie erhalten bleibt. Es gibt in der

Klimax keinen materiellen Müll! Der tropische Regenwald hat nahzu keine Humusdecke, alle Materie ist im Umlauf.

Die Lebensgemeinschaften verabreden sich nicht zu ihrem Tun, wissen nicht einmal davon, auch nicht, daß es den Individuen in der Gemeinschaft besser geht. Es gibt keine Gesetze, allenfalls erkennbare Tendenzen, nach denen sich solche Gemeinschaften zusammensetzen, und doch stellen sich diese Zustände vom Kleinen bis zum Globalen ein.

Dominiert eine Art zahlen- oder massenmäßig, können die anderen nicht mit den Resten fertigwerden und die Gemeinschaft verändert ihre Zusammensetzung, in der Regel ohne den Ausreißer.

Diese arteneigene Linearität hat der Mensch beibehalten. Er gräbt vor sich tiefe Löcher und schüttet hinter sich große Haufen auf. Er arbeitet dort an einer flächendeckenden Deponie, wo eigentlich sein Lebensraum ist, und nicht nur seiner. Diese natürliche, stammesgeschichtlich verankerte Eigenschaft sitzt tief und wird mit den genannten Errungenschaften zur existenziellen Gefahr. Diese Gefahr ist der Gang der Natur, ist Ökologie!

Zweitens:
Die Anthropozentrik

Wir sprechen auch gern von der Harmonie in der Natur, bekommen wiederum verklärte Augen und hauchen: "Ökologie". Fast alle Sozialstrukturen in der Natur, auch die gegenseitige Hilfe mancher Arten, beruhen auf Artenegoismus, der Motor für Arterhaltung und weitestmögliche Verbreitung der Art ist.

Die Lebensgemeinschaft beruht auf dem Ausgleich des aus diesem Motor erwachsenen "Innendrucks" eines einzelnen Partners und dem jeweiligen "Außendruck" aller anderen Mitglieder durch deren Innendruck. Ein Kräftespiel, bei dessen wunderbarer Ausgewogenheit alle am Besten fahren.

Evolution, die schrittweise Verbesserung durch Selektion, der Fortschritt im Lebendigen hat den Artenegoismus als Antrieb. Er schürt den Zwang zur Arterhaltung und zur weitestmöglichen Verbreitung. In der weitgehend gleichrangigen und ausgewogenen Welt der Natur ist diese Eigenschaft lebenserhaltend.

Der Artenegoismus der Menschen heißt Anthropozentrik. Sie ist so tief verwurzelt, wie die Linearität. Der dadurch bestehende Hang zur Arterhaltung und weitestmöglichen Verbreitung ist schier unendlich, hat sogar schon die Erde verlassen. Wir machen uns die Erde untertan, operationalisieren sie allein für unsere Zwecke und schaffen uns mit eigenen Göttern sogar die geistige Basis dafür: Die großen Religionen der Welt sind zutiefst anthropozentrisch.

Mit den unermeßlichen Möglichkeiten, die wir über die Chancen aller anderen Lebewesen hinaus errungen haben, stellt unser natürlicher und tief eingegrabener Egoismus die andere große Gefahr zur Selbstzerstörung dar, und zwar wiederum auf natürlichem Wege. Auch das ist Ökologie.

Konrad Lorenz hat recht, vielleicht auch Arthur Koestler, der uns Menschen als "Irrläufer der Evolution" beschrieben hat.

HINAUS AUS DER EVOLUTION

Ein "Zurück zur Natur" gibt es nicht, ist es doch der natürliche Weg, der unsere Art aussterben läßt und Rückwärtsgang, ja bereits Stehenbleiben bereiten gleichfalls das Aussterben vor.

Also vorwärts muß es gehen!

Vorwärts könnte es gehen, wenn es gelänge, jene beiden in unserer heutigen Situation gefährlichen natürlichen Eigenschaften Linearität und Anthropozentrik künstlich zu ändern, oder - wie es hier versucht wird - die Tendenz zu einem weiteren Evolutionsschritt zu postulieren, bzw. künstlich inszenieren zu lassen.

Das muß zweigleisig begonnen werden, sowohl ganz pragmatisch in unserer materiellen Welt, als auch vorbereitend und grundlegend in unserer geistigen Welt.

Das eine Gleis:
Die materielle Welt: Kreislaufwirtschaft

Als Antwort auf die heute für uns bedrohliche, leider aber stammesgeschichtlich verankerte Linearität ist eine menschliche Gesellschaft zu denken, in der alle Materie in Kreisprozessen läuft und in der recht bald die zur Erhaltung und Entropievermeidung notwendige Energiemenge allein von der Sonne kommt, und zwar mit maximaler Effizienz.

Dieser Ansatz, dessen zaghafte Schritte wir heute beobachten können, den wir selbst mitgestalten und dessen Zeugen wir sind, hat aus Sicht der Evolution ungeheure Bedeutung. Er stellt den dritten großen Evolutionssprung dar, der den beiden vorgenannten - Sprache und Zähmung des Feuers - gleichrangig ist:

Keine biologische Art in den Äonen des Lebendigen hat es je fertiggebracht, eigene, allein auf die Art bezogene Kreisprozesse der Materie zu inszenieren. Keine Art hat jemals über die eigene Linearität hinweggeschaut, sich um ihre Restprodukte bemüht, sie gar verwertet. Wir sind die Ersten und die Einzigen, die damit beginnen, wir sind aber auch die Ersten und Einzigen, die das bitter nötig haben.

Setzt Evolution nicht immer dort ein, wo eine Not beginnt?

Es tut sich in der Welt der Evolution, der Ökologie, der Biologie des Lebendigen etwas völlig Neues auf, so neu, wie einst die Entwicklung abstrakter Sprache und die Zähmung des Feuers.

Unsere Generation stottert noch mühsam daran und verbrennt sich laufend die Finger, wir sind blutige Anfänger und wollen schon alles können. Natürlich kann ein "Duales System" nicht auf Anhieb klappen, auch nicht die Rücknahme von Automobilen, schon lange nicht jene rührenden Absichtserklärungen zur Reduktion von CO_2 Abgabe in die Atmosphäre. Wo noch die Linearität dominiert, können Kreisprozessansätze allenfalls firmenintern fruchten, denn sie enthalten Aufwendungen, die in der linearen Wirtschaft völlig selbstverständlich der Allgemeinheit zugemutet werden: Externe Kosten.

Die lineare Wirtschaft hat jene bekannte materielle "Fruchtfolge":

Rohstoffbergung -> Produktion -> Konsum -> Entsorgung

Dabei wurden die beiden Randposten, insbesondere die Entsorgung, der Allgemeinheit zugemutet.

Die Kreislaufwirtschaft bekommt einen neuen Betriebszweig, den ich, angelehnt an das über Äonen funktionierende Vorbild der Nahrungskette von Ökosystemen, die "Reduktion" nenne. Hier heißt die "Fruchtfolge":

Produktion -> Konsum -> Reduktion -> Produktion -> Konsum -> Re...

Dieses Bild ist uns allen aus dem Biologieunterricht in der Schule bekannt.

Gleichzeitig verliert die Kreislaufwirtschaft den Begriff: "Entsorgung", mit dem jenes Anhäufen von Restmaterie in der Allgemeinheit, in Boden, Wasser, Atmosphäre, dem "Rest der Welt", in der linearen Wirtschaft kaschiert wird. In Wirklichkeit hat es noch nie Entsorgung gegeben, nicht einmal durch Abschuß in das Universum.

Jede Restmaterie muß "ver"sorgt werden, und das ist Aufgabe der "Reduktion". Nur so können wir überleben!

Damit ist das Graben tiefer Löcher und das Schütten großer Haufen beendet, die Bedrohung einer flächendeckenden Deponie abgewendet, denn in der menschlichen Kultur bewegt sich die zu ihrer Aufrechterhaltung notwendige Materie im Kreislauf, wie in jenen bewunderswerten Ökosystemen. Unser Lebensraum ist gegen die Gefahr der Selbstvernichtung durch Linearität gesichert.

Die ideale Kreislaufwirtschaft kennt keine "externen" Kosten, wie sie in der auf interne Kostensteuerung fixierten "Kostenrealität" der heutigen Ökonomie gehandhabt wird. Sie entspricht der "Kostenwahrheit", die "interne" und "externe" Kosten gleichermaßen erfasst.

Die uns bevorstehende Aufgabe ist unermeßlich. Allerdings braucht es weder wissenschaftlicher noch technologischer Kaninchen, die aus Zylindern gezogen werden müssen, es geht mit dem vorhandenen Wissen, wenn es nur in der angegebenen Richtung angewendet würde.

"Müll ist Mangel an Phantasie" ist der Kategorische Imperativ zu diesen neuen Ansätzen, die fundamentale Aufforderung zu höchster Kreativität und Ingeniosität. Und doch: Es wird noch Vieles nach Murphy's drei Hauptsätzen schieflaufen, und es wird viele Generationen dauern müssen.

Das zweite Gleis:
Die geistige Welt: Integration

Warum tun wir's nicht, wenn es doch realisierbar wäre? Warum starren wir wie das Kaninchen auf die Schlange?

Weil wir die Größten sind, und weil wir uns Kirchen geschaffen haben, die diesen Wahn bestätigen. "Stuttgart grüßt den Rest der Welt" heißt der Autoaufkleber.

Anthropozentrik, der menschliche Artenegoismus, macht sich die Erde untertan. Wir nehmen uns das Recht, allein und nur für uns jenen "Rest der Welt" zu operationalisieren und auszubeuten. Seit der Heiligsprechung des Erfolgs durch die Christlich Kirche verspricht diese Einstellung Gottes Liebe und ein ewiges Leben. So sagt Carl Amery in seinem Buch aus den Sechzigern: "Das Ende der Vorsehung - die gnadenlosen Folgen des Christentums".

In der Tat hinkt das geistige Weltbild dem naturwissenschaftlichen um einige Längen hinterher, und das wohl ausschließlich aufgrund kirchlicher Vollbremsungen. Ist nicht erst kürzlich Galilei durch den Pabst "rehabilitiert" worden?

Das naturwissenschaftliche Weltbild hat sich über das geozentrische des Ptolemäus, in dem die Erde Mittelpunkt des Universums war, über das kopernikanisch-galileische heliozentrische mit der Sonne als universalem Mittelpunkt zum kosmischen Weltbild erweitert, das die Erde als einen mittleren Planeten eines mittleren Sternes am Rande einer Galaxie unter Billionen von Galaxien im von uns wahrnehmbaren Universum beschreibt.

Wachsende Erkenntnis führt zu zunehmend marginaler Bedeutung, ohne den eigenen Wert irgendwie schmälern zu wollen, ja vielleicht sogar, das Wunder unserer Existenz im Universum zu unterstreichen.

Geistig stehen wir heute noch auf der Ebene des ptolemäischen Weltbildes: Der Mensch ist der Mittelpunkt der Welt. Dabei ist er im kosmischen Geschehen und in der Periode des Lebendigen auf der Erde sehr jung. In meinem Buch: "Müll ist Mangel an Phantasie" habe ich hierzu ein Erweiterungsmodell unseres geistigen Weltbildes dargestellt, das die Ebene des heutigen naturwissenschaftlichen Bildes erreicht. Trotz der Marginalisierung der eigenen Bedeutung aus erweitertem Blickfeld heraus ist für uns keine "Wertminderung" auszumachen. Es könnte in der indianischen Weisheit zusammengefasst werden, daß wir nicht Besitzer der Erde sind, sondern daß wir der Erde gehören. Vom Herrn über den Rest der Welt kommen wir zur "Geschwisterlichkeit mit der Natur", wie es der Philosoph Rudolf Prinz zur Lippe einmal sagte. Das geistige Weltbild erweitert sich zur Integration in das Lebendige, nicht altruistisch im Naturschutz als höchste Form des Egoismus, nein, gleichwertig und eingebunden. Ob die Kirchen wohl diese neue Heiligsprechung schaffen werden? Die Geschichte zeigt, daß es möglich ist, denn die Kirche trennt sich zwar nie von Gut und Geld, aber gern von Glaubenssätzen, wenn es ihrer Machtstellung hilfreich erscheint.

ANFÄNGE DER KREISLAUFWIRTSCHAFT

Unterstellen wir also zur Inszenierung der Kreislaufgesellschaft den geistigen Wandel zu integralem Denken für die kleine Schicht der Bildungsbürger und den kirchlichen Wandel für alle anderen Menschen.

Unterstellen wir weiter die Verdichtung der zu beobachtenden Phänomene der Abkehr von der Linearität zur Kreislaufwirtschaft, deren wachsende Treffsicherheit und ihre Dominanz in der Wirtschaft.

Welchen Weg hätten wir von Heute, aus der bitteren Tiefe der Linearität in die lebenserhaltende Zukunft der Kreislaufwirtschaft zu unternehmen? Wie können wir das so weit fortgeschrittene Wissen in die zukünftig notwendigen Bahnen dirigieren? Bevor ich nun endlich auf jenen neuen Betriebszweig Reduktion komme - Sie ahnen bereits seine Funktion - möchte ich noch eine unbedingt dazugehörige Tendenz in Forschung und Entwicklung nennen:

Das Bilanzprinzip

Für Wissenschaft, Forschung und Entwicklung ist das Schwergewicht vom bisher für die Stoffumsätze geltende Grenzwertprinzip auf das Bilanzprinzip zu verlagern. Grenzwerte für Reststoffe sind ein Konstrukt der Entsorgung, die es in der Kreislaufwirtschaft nicht mehr gibt. Sie haben das Forschungsinteresse allein auf Verdünnungstechniken gleichgroß bleibender Abfallmengen ausgerichtet und das bedeutet physikalisch betrachtet Entropiebeschleunigung, ökologisch betrachtet flächendeckende Deponierung.

Das Bilanzprinzip stellt die "Null-Option" an Abfall in das Forschungsinteresse und nicht die Verdünnung gleichbleibender Mengen. Hierbei wird Restmenge so wertvoll, wie sie Kosten verursacht, und das regt ingeniöse Kreativität an der richtigen

Stelle an: Vermeidung und Verwertung. Das Schlagwort "Müll ist Mangel an Phantasie" umreißt die Tendenz zur Kooperation, Vernetzung, Materiekaskaden in der industriellen Produktion. Die Bedeutung des Handwerks wächst mit der Pflege, Aktualisierung und Erhaltung der Produkte im Konsumbereich sowie der fachgerechten Aufnahme zur Reduktion.

Dieses Prinzip wird zum Selbstläufer, sobald die Kosten für Rohstoffbergung (tiefe Löcher graben) und Deponien (dicke Haufen machen) das Recycling von Materie überschreiten. An dieser Schwelle scheinen wir zu stehen. Sie kann durch steuerliche Lenkung vorverlegt werden, z.B. durch hohe Kosten für Abfälle, steuerliche Hilfen für Vermeidung und Zuschüsse für Wieder- oder Weiterverwendung.

Wir können hiermit nicht früh genug anfangen, denn es scheint keine Gegenargumente zu geben.

... und nun endlich:
Betriebszweig: Reduktion

Hier trifft es die konventionelle Wirtschaft tief ins Herz, denn nur in sehr wenigen Sparten, etwa bei den Goldschmieden, ist die Rücknahme von Materie die Regel und immer und überall werden Reststoffe in den "Rest der Welt" abgesetzt, physisch externalisiert. Für die Führung und Organisation der meisten Betriebe muß ein völliges Umdenken einsetzen.

Das ist die Sternstunde der neuen Logistik, die sich an der Nahrungskette im Naturhaushalt orientiert:

.....Produktion -> Konsum -> Reduktion -> .....

Im Idealfall liegt der Energieinput, der die Kette erhält, im Produktionsbereich, wie es in der Natur gilt. Eigentlich aber ist für eine Kreislaufwirtschaft überall Energieinput angemessen, wo Entropie droht. Wertstofferhaltung ist das Zauberwort für Energiemanagement.

Wie aber beginnt man, wenn rundherum die Konkurrenz ihre Aufwendungen für Reduktion als Entsorgung externalisieren und steuerliche Förderung nicht global ziehen kann?

Offensichtlich in kleinen Schritten. Über die Zielvorstellung hinaus ist gerade hier, im Übergang, ein hohes Maß an Phantasie und Kreativität gefordert, denn natürlich darf man an keiner Stelle der Verwandlung hinter die Konkurrenz fallen. Zunächst wird man firmenintern und in Teilbereichen operieren. Vielleicht sind schon externe Vernetzungen in Aussicht. Langsam kann sich die ganze Firma zum kleinen künstlichen Ökosystem entwickeln, etwa, wie ein Baum, der in vielen Betriebszweigen als Lebensgemeinschaft tausender Arten selbständig lebt. Das "Buisiness Council for Sustainable Development" vereint eine Vielzahl von großen und kleinen Einzelfirmen, die nach derartiger Sanierung in den schwarzen Zahlen wirtschaften.

Ein Wald ist das noch lange nicht. Der entsteht erst flächendeckend in gegenseitiger Vernetzung und unter stringenter logistischer Planung, denn die kulturelle Verknüpfung von Produktionen zu einer "Lebensgemeinschaft", in der der Output des einen die Ressource des Nächsten ist, ist Management und Logistik pur: Die künstliche Ökologie, die industrielle Ökologie. An dieser Stelle überlasse ich Sie Ihrer eigenen Phantasie, denn Sie sind die Fabrikplaner und Logistiker, Chefs und Manager, die Ihren Betrieb kennen und auf die neuen Dinge abklopfen sollten. Natürlich - und das haben Sie hoffentlich gemerkt - habe auch ich genügend Phantasie, solche neuen Möglichkeiten mit zu inszenieren, schließlich ist mein Beruf insbesondere planend. Sie aber, die vorn in der Gesellschaft stehen, sind gefragt!

Nicht allein der Mensch auf der Straße, der aus Angst um sein eigenens leibliches Wohl "Ökologie!" ruft, bewegt die Welt, allenfalls beugt man sich dem potentiellen Wähler und Konsumenten, denn ohne die vielen Damen und Herren Menschen geht nichts in der Gesellschaft. Es werden die Führungen der großen Firmen sein, die maßgeblich an der Kreislaufwirtschaft und an der Kreislaufgesellschaft wirken werden. Hier liegt die Hoffnung.

Und wenn es denn zu spät sein sollte, sagt Carl Amery, so war es schön, darüber nachgedacht zu haben, wie es hätte sein können.

Zugabe: Das Meridianmodell

Wenn wir noch länger leben bleiben, dürfen wir uns auch Gedanken machen, wo das in Zukunft sein wird. Wir alle kennen die Geschichte so weit, daß die unterschiedlichen Hochkulturen immer neue Schwerpunkte auf der Erde gefunden haben, die unter anderem abhängig von den Ressourcen und deren Logistik waren.

Unterstellen wir den Kreislauf der Materie, also Unabhängigkeit von anderen Rohstoffquellen, und als einzige Energiequelle die Sonnenstrahlung, da sie kontaminationsfrei nutzbar ist und mittels Wasserstofftechnologie und Photovoltaik allen energetischen Ansprüchen genügt.

Wo können wir mit unseren Energieansprüchen dann noch leben?

Sicher dort, wo viel Sonne scheint.
So sind die westlichen Industrienationen geografisch out. Dieses Outing verstärkt sich vielleicht durch die Folgen kleiner Katastrophen unseres Alltags, Mangel an Ozon in der Höhe und Überfluß am Boden und ähnlichen Apokalypsen.

Das Land der Zukunft ist die Äquatorialzone! Die von uns arrogant zur dritten Welt gestempelte Region ist von der Sonne geküßt und wird die erste Welt, in der die Kreislaufgesellschaft lebt, denn an irgendwelche Rohstoffquellen ist sie nicht mehr gebunden. Afrika, um die 15. nördliche Breite, wird die größte Industrieregion. Alle Kultur- und Dienstleistungseinrichtungen folgen der Industrie, denn alles ist miteinander vernetzt. Ein Energiegürtel umspannt den Äquator. Unter dem Halbschatten von Solarzellen blüht eine üppige Landwirtschaft. Städte sind natürlich klimatisiert.

Es herrscht Gemächlichkeit bei präziser Zeitplanung. Luftschiffe und Segler transportieren just in Time. Produktionen laufen vollautomatisch oder kreativ in Gruppen, das Handwerk verbindet den Konsum verantwortlich mit Produktion und Reduktion.

Eine integrale Weltreligion - die Päbstin sitzt in Kampala - wacht mit dem Schlüssel zu Ewigkeit über die Einhaltung des Kreislaufkatechismus. Verstärkt wird dieser Trend durch die höhere Bereitschaft der Menschen am Äquator, die integrale Denkweise ihrer Vorfahren wieder anzunehmen, die Geschwisterlichkeit mit der Natur.

Die Regionen hoherer Breitengrade werden in meridianen Energieadern mehr oder minder versorgt. Die Kultur nimmt ab, denn die Kulturträger sind am Äquator. Langsam bewaldet Europa wieder. Es ist ein armes Agrarland mit hehrer Vergangenheit, die Menschen sind erfindungsreich und pfiffig, mit dem bißchen Sonne auszukommen, aber zu einer Hochkultur vergangener Zeiten und auf Kosten anderer reicht es nicht mehr.

Eingeleitet wurde diese Migration zur Sonne von den Reduzenten, den Firmen, die im 21. Jahrhundert das Sagen in der Weltökonomie erlangten, das sie unabkömmlich waren. Mit den unermeßlichen Geldern, die sie aus dem Zwang zum Materialrecycling gewannen, konnten sie den äquatorialen Energiering aufbauen und hielten zwei wichtige Wirtschaftsgrößen fest in der Hand: Energie und Reduktion. Die herkömmliche Produktion geriet dadurch ins Hintertreffen und konnte energie- und materialoptimierend gesteuert werden. Die Konsumenten haben ihre Rolle nahezu beibehalten.

Die Logik dieses Modells ist unbestechlich. Wer es verärgert als Science Fiction abtut, sollte über sich nachdenken, besser über seine Enkel. Der richtige Schritt wäre der sofortige Griff zum Handy und die Anweisung zur Einrichtung eines neuen Betriebszweiges Reduktion. Es ist Aufgabe von Führungskräften, aus dem bestehenden Rahmen herauszulauschen und es zeichnet den umsichtigen Manager aus, sich sofort ein Plätzchen an der Sonne zu sichern. Das gilt hier wörtlich!

Dirk Althaus - 15.9.1995

If you have any concerns about our products,
you can contact us on
ProductSafety@springernature.com

In case Publisher is established outside the EU,
the EU authorized representative is:
**Springer Nature Customer Service Center GmbH
Europaplatz 3, 69115 Heidelberg, Germany**

Printed by Libri Plureos GmbH
in Hamburg, Germany